"十三五"国家重点出版物出版规划项目

海 洋 生 态 文 明 建 设 丛 书

国家出版基金项目
NATIONAL PUBLICATION FOUNDATION

基于海陆统筹的
我国海洋生态文明建设战略研究
——理论基础及典型案例应用

石洪华 丁德文 霍元子 夏 涛 等●著

U0202099

海洋出版社

2017年·北京

图书在版编目（CIP）数据

基于海陆统筹的我国海洋生态文明建设战略研究：理论基础及典型案例应用/石洪华等著.
—北京：海洋出版社，2017.12

ISBN 978-7-5027-9987-8

Ⅰ.①基…　Ⅱ.①石…　Ⅲ.①海洋环境-生态环境建设-研究-中国　Ⅳ.①X145

中国版本图书馆 CIP 数据核字（2017）第 302319 号

责任编辑：朱　林　高　英
责任印制：赵麟苏

海洋出版社 出版发行

http://www.oceanpress.com.cn

北京市海淀区大慧寺路 8 号　邮编：100081

北京朝阳印刷厂有限责任公司印刷　　新华书店发行所经销

2017 年 12 月第 1 版　2017 年 12 月北京第 1 次印刷

开本：889mm×1194mm　1/16　印张：13.5

字数：358.8 千字　定价：88.00 元

发行部：010-62132549　邮购部：010-68038093　总编室：010-62114335

海洋版图书印、装错误可随时退换

编　委　会

（以姓氏笔画为序）

丁德文　王媛媛　韦章良　石洪华　池　源　李　芬
吴海龙　沈程程　张志卫　张俊海　郑　伟　段元亮
夏　涛　徐惠民　郭　振　黄凤洪　麻德明　霍元子

前 言

　　生态文明是基于可持续发展和基于生态系统的管理等理念发展形成的区域新型发展方式、目标和途径。生态文明建设已成为中国特色社会主义理论的重要内容，是当前我国最重要的国家可持续发展战略和发展路径之一。海洋生态文明建设是全面推进国家生态文明建设的重要内容，是沿海地区贯彻落实科学发展观、促进海洋经济持续稳定发展和维护海洋生态系统健康的当务之急。党中央、国务院高度重视生态文明建设，先后出台了一系列重大决策部署推动生态文明建设。十八大报告将生态文明建设纳入"五位一体"的总体布局，指出"必须树立尊重自然、顺应自然、保护自然的生态文明理念，把生态文明建设放在突出地位"，并提出了建设"海洋强国"的战略目标。中共十八届三中、四中全会对生态文明制度体系、法律制度等方面的建设做出了重要部署。中共十九大报告提出"坚持陆海统筹，加快建设海洋强国"。当前我国海岸带部分地区生态系统破坏严重，海洋生态系统功能退化，海洋产业内部结构不合理，海陆经济关系不协调。国家海洋局高度重视海洋生态文明建设，于2012年就发布了《关于开展"海洋生态文明示范区"建设工作的意见》（国海发〔2012〕3号），提出了加强海洋生态文明建设的要求。通过海洋生态文明示范区建设，积极探索沿海地区经济社会与海洋生态协调发展的科学发展模式，是落实科学发展观、推动我国海洋生态文明建设的重大举措。

　　根据海岸带复合生态系统思想，海陆统筹的区域除了传统意义上的近岸陆域和近岸海域之外，还应追溯到能够对近岸海域生态系统产生影响的更广阔的陆地区域。根据不同地理空间特征，海岸带地区包括海湾和海岛等典型区域。海湾的海陆统筹应考虑流域-河口-海湾综合管理，海岛的海陆统筹应综合考虑海岛陆地及其周边海域。区域海洋生态文明建设应体现不同区域的具体特征。滨海城市海洋生态文明建设总体呈现出机遇和挑战同在、动力与压力并存的特点。一方面，滨海城市由于其自身明显的区位优势，在海洋资源环境承载能力、海洋经济发展等方面具有优势；另一方面，滨海城市承载了大量社会经济活动，近岸海域生态系统健康受到威胁。滨海城市海洋生态文明建设应加强海洋环境污染防治与生态修复，优化海洋产业结构，发展海洋循环经济，加强海洋生态保护与建设，提升海洋生态文明意识。海岛本身的独特性使其在进行海洋生态文明建设时优劣势可以相互转化。海岛资源环境承载能力有限，社会经济基础较为薄弱，但海岛的独特性和完整性使得海岛生态文明建设对探索海洋生态文明建设具有重要的示范作用。海岛生态文明建设应健全重要生境保护与管理网络，发展海洋经济，突出比较优势，加强生态与环境整治修复，提升防灾减灾与应急能力，做好海洋生态文明宣传教育。

　　本书以滨海城市和海岛两个典型区域为案例研究，提出了海洋生态文明建设对策建议。首先，我国海洋生态文明建设应坚持海陆统筹发展、突出区域一体化、保护与开发并重、深化改革开放、推进产业高端化五个原则。其次，应以海岸带复合生态系统、海陆统筹理念为指导，以流域-河口-近岸海域为对象，以观测/监测、评价/评估、规划/设计、管理/控制、预测/预警为基本手段，重点完善滨海城市污染防控和治理机制，加强围海造地规划与管理，加快建立海岸带生态健康监测评估和预测预警机制，保障城镇化影响下近海生态系统健康，实现人与自然全面协调可持续发展。第三，海洋生态文明建设应以海洋资源环境承载能力为基础，加快建立海洋资源环境承载能力监测预警机制，科学制定海洋资源环境承载能力评价指标体系，加快制定并完善海洋生态红线，提升区域可持续发展水平。第四，健全海洋生态文明制度，以点带面，推进海洋生态文明示范区建设。

本书以海岸带复合生态系统理论为基础，通过剖析我国生态保护和海洋经济发展现状及问题，以典型封闭性海湾为例，研究了海湾生态修复的策略；以典型滨海城市和海岛为例，分析了区域海洋生态文明建设的优劣势及重点任务；基于陆海统筹和海岸带复合生态系统调控的思想，提出了城镇化背景下我国海洋生态文明建设的对策建议。本书理论与实践相结合，全局分析与案例研究相支撑，梳理了我国海洋生态文明建设的重要理论和关键技术，提出了当前加快推进海洋生态文明建设的发展策略。本书得到中国工程院咨询项目"基于海陆统筹的我国海洋生态文明示范区建设战略研究"和海洋公益性行业科研专项经费项目"封闭海湾典型生境物理修复和生物修复的关键技术研究与集成示范"（201205009）等资助。近十年来，课题组作为国家海洋局环保司"海洋生态文明建设指标体系"、山东省海洋生态文明建设规划、威海市国家级海洋生态文明示范区建设规划、长岛县国家级海洋生态文明示范区建设规划研究和编制的技术支撑团队，在国家海洋局环保司、科技司、法制与岛屿司，山东省海洋与渔业厅，威海市海洋与渔业局和长岛县海洋与渔业局的支持下，开展了海洋生态文明建设战略的理论与应用研究，对于提高对海洋生态文明建设的理论认识和技术研发水平起到了重要推动作用。《海洋学报》编辑部陈茂廷编审、高英编审、朱林编辑为本书的编辑出版付出了大量心血。在此，对为本书的完成提供支持和帮助的各位领导、老师和同仁深表谢意！

本书由作者合作完成。石洪华和丁德文负责全书总体设计。石洪华、丁德文、霍元子和夏涛负责全书统稿。第1章由石洪华、沈程程、郑伟等执笔，第2章由石洪华、沈程程、丁德文、郑伟、吴海龙等执笔，第3章3.1节由夏涛等执笔、3.2和3.3节由石洪华等执笔，第4章由郭振、石洪华等执笔，第5章由王媛媛（5.2～5.5节）、沈程程、李芬、池源（5.7节）、麻德明（5.6节）、石洪华等执笔，第6章由霍元子、韦章良、段元亮等执笔，第7章由沈程程、石洪华等执笔。徐惠民、张俊海、刘康、黄风洪、李衍祥、覃雪波、乔明阳、张志卫、刘鹏、高莉媛、刘永志、王晓丽、李捷、刘晓收、彭士涛、王媛等也参加了项目调研和本书的编写、研讨或校对工作。各章成稿后，石洪华组织相关作者和专家对全书进行了修改和校对。丁德文院士带领的海洋生态环境科学与工程国家海洋局重点实验室海岸带系统科学与工程研究团队在海岸带复合生态系统、海陆统筹等方面开展的大量研究工作为本书的编写提供了重要基础。本书在编写过程中，还参考了国家相关部门、部分沿海省、市、县相关规划、公报、管理制度与政策、统计年鉴和大量文献资料等，我们尽量将这些参考和引用文献在文后予以标注，但限于作者能力和编写时间有限，仍难免挂一漏万。如有遗漏或错误，请相关作者和单位予以批评指正。

作　者
2017 年 11 月 7 日

目　录

第1章　海洋生态文明的相关概念

生态文明观把以当代人类为中心的发展调整到以人类与自然协调共存为中心的发展上来，是对可持续发展观、基于生态系统管理等生态伦理观的综合与发展。海洋受到多种人类活动以及气候变化交互影响，使得人类社会经济活动与海洋生态环境较难达到协调发展的状态，海洋可持续发展面临严峻挑战。海洋生态文明是生态文明在海洋领域的具体表征，是沿海地区深入贯彻落实科学发展观、建设生态文明的重要内容。深入开展海洋生态文明建设，应根据区域不同条件，选择一批地区、区域开展多层次的海洋生态文明建设试点示范，探索符合我国国情的海洋生态文明建设模式。

1.1　生态文明

1.1.1　可持续发展的理念及发展

伴随着工业文明而产生的全球生态危机和区域生态退化，为人类生存与发展敲响了警钟。随着人类对自身生存与发展以及人与自然关系的探讨不断深入，一种倡导人与自然和谐发展的观念——"可持续发展"逐渐成为当今社会发展的主导观念。

1972年国际著名学术团体罗马俱乐部发表研究报告《增长的极限》，提出"持续增长"和"合理、持久的均衡发展"概念。1987年联合国世界与环境发展委员会发表了报告《我们共同的未来》，第一次阐述了可持续发展的概念。1992年的联合国环境与发展大会通过了《21世纪议程》、《气候变化框架公约》等文件，提出了可持续发展战略，标志着可持续发展从理论探讨走向实践。1994年国务院通过了《中国21世纪议程——中国21世纪人口、环境与发展白皮书》，首次把可持续发展战略纳入我国经济和社会发展的长远规划。1997年中共十五大把可持续发展战略定为我国"现代化建设中必须实施"的战略。2002年中共十六大把"可持续发展能力不断增强"作为全面建设小康社会的目标之一。可持续发展已成为人类社会理想的发展模式和一种普遍的政策目标（中国科学院可持续发展战略研究组，2002）。

《我们共同的未来》报告将可持续发展定义为"既能满足当代人的需要，又不对后代满足其需要的能力构成伤害的发展"。该定义是目前影响最大、流传最广的定义，包含了可持续发展的公平性原则、持续性原则和共同性原则。在此基础上，不同领域学者将其延伸到各自学科领域，包括经济学、社会学和生态学3个主要方向。可持续发展是一个涉及自然科学、社会学、经济学、政治学等多学科领域的复杂性、综合性的系统工程，包括生态环境的保护与改善、资源的永续利用、经济的持续发展以及社会的可持续性发展等各个方面。从人类可持续发展角度来说，社会可持续发展是目的，而经济可持续发展是社会可持续发展的基础，生态可持续是经济可持续的条件。三者是统一的整体，共同推动人与自然和谐发展。在对国际社会影响最大的生态文明理论与实践中，可持续发展被认为是最具影响力和代表性的概念（关道明等，2017）。

1.1.2　基于生态系统的管理

为了应对近几十年愈发严重的生态危机，生态学家基于长期理论积累于 20 世纪 80 年代提出了基于生态系统的管理，倡导用生态系统的原理和方法来管理自然环境和资源。Agee 和 Johnson（1988）提出了生态系统管理的理论框架，奠定了生态系统管理的基础理论，指出人类参与生态系统过程的重要性，提倡将复杂的人类社会因素考虑在管理过程内。Ludwig 等（1993）强调了生态系统对于管理措施响应的较大不确定性，认识到生态系统的动态变化与管理措施的静态属性，为适应性管理原则奠定了理论基础。Grumbine（1994）第一次对生态系统管理进行了全面系统的总结，将其定义为"以长期保护生态系统整体性为目标，将复杂的社会、政治以及价值观念与生态科学相融合的一种生态管理方式"。后续的研究进一步指出基于生态系统的管理以维持生态可持续为主要目的，是一种以不确定性和风险分析为依据的适应性管理过程，它将人类作为生态系统的重要组成部分而非存在于外部的影响因素（Larkin，1996；Stanford 和 Poole，1996；石洪华等，2012）。

除了基于生态系统的管理，当前资源环境管理领域应用较为广泛的创新性管理模式还包括可持续管理（Costanza 等，1998）、海岸带综合管理（Olsen，2003）、预防性管理和适应性管理（Torell，2000；Jacobson 等，2014）等。可持续管理理念是资源环境管理的基本指导思想，包括责任感、尺度匹配、预防性管理、适应性管理、全成本分担和参与性等管理原则（Costanza 等，1998），是基于生态系统管理的根本目标。海岸带综合管理是一种整体性的系统管理理念，在实践中往往侧重陆域的社会经济管理。预防性管理和适应性管理主要针对生态系统的不确定性和不可预知性而提出，有助于宏观决策的具体落实。这几种创新性的管理理念体现了当前环境管理的不同导向和立足点，但它们根本上都是基于生态系统的管理，主要任务都是通过调控人与自然的关系来维持生态系统的持续健康发展（孙儒泳，2001；沈国英等，2010；石洪华等，2012；Long 等，2015）。

1.1.3　生态文明的概念内涵

人口、环境与资源是当前人类共同面临的三大问题，三者相互作用且相互制约，使人类生存与发展面临严峻挑战。我国人口基数大，资源人均占有量少，一些地区环境恶化趋势明显，部分产业运营仍以高投入、高能耗、低产出的方式为主。随着我国经济持续高速增长，生态环境、自然资源与经济社会发展的矛盾日益突出，亟需确立符合我国国情的生态文明观，探索一条人口、经济、社会、环境与资源相互协调的可持续发展道路。

文明是人类发展的趋势，是人类改造世界的物质和精神成果的总和，是人类社会进步的标志。从人类文明发展史看，人类经历了传统的以"天人合一"为主导思想的农业文明，近代以"征服自然、改造自然"为指导的工业文明，当前正在走向以人类社会与自然界和谐共存为价值取向的生态文明。工业文明创造了巨大的物质和精神财富，但以高速掠夺自然资源为价值取向的工业文明造成了人口、环境、资源与发展的困境。而生态文明观以工业文明为基础，以生态伦理为价值取向，把以当代人类为中心的发展调整到以人类与自然协调共存为中心的发展上来，从根本上确保了人类的世代延续和社会-自然复合系统的持续发展（刘宗超，1997）。

在现代意义上的生态学诞生以前，马克思、恩格斯开创了研究人类经济活动和自然生态环境辩证关系理论的先河，其中蕴含着人与自然和谐统一的生态文明理论取向。从世界生态马克思主义思想史看，于20世纪70年代兴起的西方生态学马克思主义是人类文明发展从工业文明向生态文明创新转型的一种社会主义理论形态。中国学者于20世纪80年代中后期率先提出生态文明概念并构建了社会主义生态文明理论框架，从自然、人、社会有机整体性的层面揭示了生态文明的社会主义本质属性（刘思华，2014）。

国内大多数人理解并广泛使用的生态文明是指"人类遵循人、自然、社会和谐发展这一客观规律而取得的物质和精神成果的总和，是指人与自然、人与人、人与社会和谐共生、良性循环、全面发展、持续繁荣为基本宗旨的文化伦理形态"（潘岳，2006）。该定义被认为是生态文明在哲学辨析意义上的概念，类似的定义被写入党的十七大报告辅导读本之中。有学者认为，将生态文明的形态界定为"文化伦理形态"具有片面性，它同时也是"以重塑和实现自然生态和社会经济之间整体优化、良性循环、健康运行、全面和谐与协调发展为基本内容的社会经济形态"（方时姣，2014；刘思华，2014）。在实践层面，生态文明是一种全新文明模式及社会经济模式，而生态文明建设就是构建一种与以往不同的全新的文明建设模式及社会经济发展模式（方时姣，2014；刘思华，2014）。生态文明建设的主要目标是实现自然生态系统和社会生态系统的最优化和良性运行，从而实现生态、经济、社会的可持续发展。

生态文明建设是关系人民福祉、关乎民族未来的长远大计。加快推进生态文明建设是加快转变经济发展方式、提高发展质量和效益的内在要求，是坚持以人为本、促进社会和谐的必然选择，是全面建成小康社会、实现中华民族伟大复兴中国梦的时代抉择，是积极应对气候变化、维护全球生态安全的重大举措。党的十七大首次把"建设生态文明"写入党代会报告。党的十八大做出"大力推进生态文明建设"的战略决策，把生态文明建设纳入"五位一体"总体布局中，指出"面对资源约束趋紧、环境污染严重、生态系统退化的严峻形势，必须树立尊重自然、顺应自然、保护自然的生态文明理念，把生态文明建设放在突出地位，融入经济建设、政治建设、文化建设、社会建设各方面和全过程，努力建设美丽中国，实现中华民族永续发展"。以习近平为总书记的中共中央进一步提出"绿水青山就是金山银山""像对待生命一样对待生态环境""保护生态环境就是保护生产力，改善生态环境就是发展生产力""山水林田湖是一个生命共同体"等一系列大力推进生态文明建设的新论断，为我国开创社会主义生态文明新时代指明了方向。党的十九大将生态文明作为习近平新时代中国特色社会主义思想的重要内容，指出要牢固树立社会主义生态文明观，建设"人与自然和谐共生的现代化"。

1.2 海洋生态文明

随着人口快速增长和经济加快发展，陆地资源日趋紧缺，科学开发利用海洋资源环境已成为实现人类可持续发展的重要途径。我国大陆海岸线长逾18 000 km，面积大于500 m² 的岛屿7 300多个，管辖的海域面积约 $300×10^4$ km²，内水和领海主权海域面积 $38×10^4$ km²。全国海洋资源种类繁多，主要包括海洋生物、石油天然气、固体矿产、可再生能源、滨海旅游资源等。东部沿海地区是我国改革开放的重要载体，是建设海上丝绸之路的桥头堡，在我国实施区域协调发展战略和全面建成小康社会的总体布局中起着引领和带动作用。占陆域国土不到30%的沿海经济带承载着全国40%

以上的人口，创造着70%以上的国民生产总值，吸引着80%以上的外来直接投资，生产着90%以上的出口产品。近10年来，海洋生产总值占国内生产总值（GDP）的比重基本都在9%以上，海洋经济高于同期国民经济增长水平，已成为国民经济的重要组成部分和新的增长点。海洋可持续发展是我国全面建成小康社会的重要内容，是社会经济可持续发展的基本保障。

频繁的人类活动，特别是高强度的开发利用行为，加上全球气候变化剧烈导致的日益复杂的海洋气候变化，给海洋生态环境造成了严重干扰。海水的流动性和连通性使得海洋生态环境对人类活动的响应呈现与陆域环境截然不同的特征，主要表现为时间上的累积性和空间上的异质性。这使得海洋方面的问题往往呈现资源、环境和生态的统一性，海洋开发与管理具有高度复杂性与不确定性，导致人类社会经济活动与海洋生态环境较难达到协调发展的状态。海洋可持续发展面临严峻挑战。海洋生态文明是生态文明中举足轻重的部分，而海洋的特点决定了海洋生态文明建设有着与陆地生态文明建设截然不同的独特性，成为生态文明建设中压力最大、任务最重、协调最难的部分。我国社会经济与海洋生态环境发展很不协调，主要存在海洋产业结构单一、空间布局不合理、开发无度无序等缺点。当前我国近岸海域陆源污染入海排放量剧增，围海造地活动速度快、面积大、范围广，导致近岸海域生态系统结构破坏，生态系统功能和服务受损或丧失，生态灾害频发，大部分海湾、河口以及大型城市周边海域生态系统长期处于亚健康或不健康状态。由此可知，当前我国海洋资源破坏、环境污染、生态恶化等问题突出，亟需生态文明理念指导，促进近岸海域生态系统持续健康发展。

海洋生态文明，是生态文明在海洋领域的具体表征，是沿海地区深入贯彻落实科学发展观、建设生态文明的重要内容。目前关于海洋生态文明的理论研究较为薄弱，相关定义尚未形成统一认识（关道明等，2017）。根据当前的生态文明理念以及海洋的特点，可以认为海洋生态文明是对人海关系的认知、海洋开发与保护行为的规范、海洋管理体制、海洋经济运行方式、海洋资源供需关系、有关人海关系的物态和精神产品等方面的体制、决策、资源开发、环境保护、生活方式、生产方式、公众参与等方面的有效性以及人海关系的和谐性。海洋生态文明建设，也就是逐步形成环境友好、资源节约、开发有度、排放有序、管理有据、全民参与的人海关系和谐的良好局面，基本形成节约海洋资源和保护海洋生态环境的海洋产业结构、增长方式、消费模式。加强海洋生态文明建设，提升海洋可持续发展能力，已成为沿海地区贯彻落实科学发展观的当务之急，是全面推进国家生态文明建设的重要组成部分，也是建设海洋强国的重要内容。

随着经济全球化进程的加快，我国人口、产业快速向沿海集聚，海洋在生产力布局中的战略空间地位正日益突出。党的十六大提出"实施海洋开发"的战略要求，党的十七大进一步做出"发展海洋产业"的重要部署。当前海洋经济已成为我国国民经济的重要组成部分，是我国经济发展的重要引擎。党的十八大报告做出"大力推进生态文明建设"的战略决策，并提出了"发展海洋经济，保护海洋生态环境，坚决维护国家海洋权益，建设海洋强国"的战略部署。党的十九大报告强调"坚持陆海统筹，加快建设海洋强国"。为了实现建设海洋强国和美丽海洋的总目标，应坚持问题导向、需求牵引，坚持海陆统筹、区域联动，以海洋生态环境保护和资源节约利用为主线，以制度体系和能力建设为重点，以重大项目和工程为抓手，将海洋生态文明建设贯穿于海洋事业发展的全过程和各方面，实行基于生态系统的海洋综合管理，推动海洋生态环境质量逐步改善、海洋资源高效利用、开发保护空间合理布局、开发方式根本转变，为建设海洋强国、打造美丽海洋，全面建成小康社会、实现中华民族伟大复兴做出更积极、更重要的贡献。

1.3 海洋生态文明示范区

由于不同区域海洋资源禀赋、产业结构、社会经济基础和人才科技储备不同，对海洋生态文明的认识存在差距，海洋生态文明建设的目标和进度也有所不同。深入开展海洋生态文明建设，应根据不同发展阶段、资源环境禀赋、主体功能定位等条件，选择一批地区、区域开展多层次的海洋生态文明建设试点示范，鼓励各示范区大胆探索，突破创新，及时总结经验，发挥试点示范的带动效应，探索符合我国国情的海洋生态文明建设模式。

海洋生态文明示范区是以海洋生态文明为建设导向的系统工程，它是以海洋生态保护为基础，沿海地区经济发展为主体，海洋文化建设为保障。海洋生态文明示范区建设是贯彻落实党的十八大关于生态文明建设的总体部署，大力推进海洋生态文明建设的一个重要载体。通过海洋生态文明示范区的建设，积极探索沿海地区经济社会与海洋生态协调发展的科学发展模式，是落实科学发展观、推动我国海洋生态文明建设的重大举措。

海洋具有流通性、开放性等特征，特别是我国近岸海域接纳了流域地区排放的大量污染物，其生态压力和承载体存在空间错位，这一方面表明海洋生态文明建设与陆域相比，具有更大的复杂性和特殊性，另一方面则说明当前我国海洋资源利用与环境保护必须坚持海陆统筹的理念。海洋生态文明示范区建设的主要任务在于优化沿海地区产业结构，转变发展方式；加强污染物入海排放管控，改善海洋环境质量；强化海洋生态保护与建设，维护海洋生态安全等。国家海洋局对国家级海洋生态文明示范区实行鼓励政策，在海洋生态环境保护、海域海岛与海岸带整治修复及海洋经济社会发展等领域，优先给予政策支持与资金安排。沿海各级政府及有关部门应积极扶持海洋生态文明示范区建设，加大对海洋环境保护、生态修复、能力建设等领域的政策支持和资金投入，形成若干个发展良好、各具特色的海洋生态文明示范区，以点带面，加快形成我国海洋生态文明局面。

参考文献：

方时姣.2014.论社会主义生态文明三个基本概念及其相互关系[J].马克思主义研究(7):35-44.

关道明,马明辉,许妍,等.2017.海洋生态文明建设及制度体系研究[M].北京:海洋出版社.

刘思华.2014.生态马克思主义经济学原理(修订版)[M].北京:人民出版社.

刘宗超.1997.生态文明观与中国可持续发展走向[M].北京:中国科学技术出版社.

潘岳.2006-09-05.社会主义生态文明[N].学习日报.

沈国英,黄凌风,郭丰,等.2010.海洋生态学(第三版)[M].北京:科学出版社.

石洪华,丁德文,郑伟.2012.海岸带复合生态系统评价、模拟与调控关键技术及其应用[M].北京:海洋出版社.

孙儒泳.2001.动物生态学原理(第三版)[M].北京:北京师范大学出版社.

中国科学院可持续发展战略研究组.2002.2002中国可持续发展战略报告[M].北京:科学出版社.

Agee J K,Johnson D R.1988.Ecosystem management for parks and wilderness[M].Seattle:University of Washington Press.

Costanza R,Andrade F,Antunes P,et al.1998.Principles for sustainable governance of the oceans[J].Science,281(5374):198-199.

Grumbine R E.1994.What is ecosystem management? [J].Conservation Biology,8(1):27-38.

Jacobson C,Carter R W,Thomsen D C,et al.2014.Monitoring and evaluation for adaptive coastal management[J].Ocean & Coastal Management,89:51-57.

Larkin P A.1996.Concepts and issues in marine ecosystem management［J］.Reviews in Fish Biology & Fisheries,6(2):139 −164.

Long R D,Charles A,Stephenson R L.2015.Key principles of marine ecosystem−based management［J］.Marine Policy,57:53 −60.

Ludwig D,Hilborn R,Walters C.1993.Uncertainty,Resource Exploitation,and Conservation:Lessons from History［J］.Science, 260(5104):17−36.

Olsen S B.2003.Frameworks and indicators for assessing progress in integrated coastal management initiatives［J］.Ocean & Coastal Management,46:347−361.

Stanford J A,Poole G C.1996.A protocol for ecosystem management［J］.Ecological Applications,6(3):741−744.

Torell E.2000.Adaptation and learning in coastal management:The experience of five East African initiatives［J］.Coastal Management,28(4):353−363.

第 2 章　海洋生态文明建设的相关理论与技术

海岸带地区作为海陆交错带和人海关系集中区，是海洋生态文明建设的重点区域。开展海岸带地区的人海关系调控，促进人海和谐发展，是当前海洋生态文明建设的重点。海岸带复合生态系统是指导人海关系调控的重要理论。海洋生态文明建设应以海岸带复合生态系统理论为指导，坚持海陆统筹的原则，将人类开发利用活动和海洋生态系统在不同压力下的响应统一到一个系统内综合考虑，促进社会经济与海洋生态协调发展。海洋资源环境承载力、自然资源资产负债表等是区域海洋生态保护与资源开发利用的重要依据，生态补偿制度、海洋生态修复技术等是海洋生态文明建设的重要技术方法。

2.1　海岸带复合生态系统

2.1.1　海岸带的基本特征

海岸带是地球表层系统的重要组成部分（陆地、深海大洋、海岸带），是五大圈层（水圈、生物圈、岩石圈、大气圈、智能圈）交汇、四大营力（太阳营力、地球内部营力、自然营力、人为活动）集中作用的场所。海岸带是人海关系最集中的区域，是经济活动的密集区和社会发展的支撑区。距离海岸线 60 km 的海岸带区域集中了世界上 60%的人口和城市，是社会进步和经济发展的基础和活跃地带，人类对海洋的开发利用与保护活动主要集中在海岸带区域（Small 和 Nicholls，2003）。海岸带地区主要包括以下方面特征：

（1）从地理特征上说，海岸带地区属于海陆交错带（或过渡带），海陆相互作用频繁，影响因素多样，影响机制复杂；

（2）从生态系统类型来说，海岸带生态系统是包含以城市生态系统、农业生态系统为主的人工生态系统和以近岸海域生态系统为主的自然生态系统的复合生态系统，包含社会经济和自然环境两方面组分；

（3）从社会经济因素来看，当前海岸带地区社会经济发达，且需要承载愈来愈多的地区社会经济活动，由此产生的对近岸海域生态系统的人为干扰也越来越大；

（4）从自然环境方面来看，近岸海域生态系统作为海岸带地区社会经济发展的生态支撑，其健康与否在很大程度上决定了人类发展程度，但是水域生态系统抵抗力稳定性较低，易受人为干扰影响，且生态系统承载力有限，一旦超过其界限便难以恢复。相比较于较为开阔的近岸海域，海湾生态系统在相同的海域面积下支撑了更多的社会经济活动，受人为干扰更大。

作为海陆交错带和人海关系集中区，海岸带地区是海洋生态文明建设的重点区域。由于受到日益多样且复杂的人类活动干扰，当前海岸带生态系统严重退化，生物多样性下降，自然灾害频发。开展海岸带地区的人海关系调控，促进人海和谐发展，是当前海洋生态文明建设的重点。其中，海岸带复合生态系统是指导人海关系调控的重要理论。

2.1.2　海岸带复合生态系统的概念

根据海岸带地区的基本特征，社会经济和自然环境的协调发展是海岸带地区持续健康发展的前提。对海岸带的管理应该是整合社会经济与自然环境的综合管理，需要耦合社会经济与自然环境的复合生态系统（Complex Ecosystem）理论作为指导。

复合生态系统将社会经济系统与自然生态系统看做一个统一的整体，通过调整系统内部各组分之间的相互关系，使系统功能得到充分发挥。国际上将复合生态系统划分为自然和非自然两方面，一般定义为"人类-自然耦合系统（Coupled Human and Natural System）"或"社会-生态耦合系统（Coupled Social and Ecological System）"。一般通过生态系统服务将社会经济系统与自然生态系统联系起来。也有学者利用生态系统的理念研究人类学，提出"人类生态系统（Human Ecosystem）"，从而产生了"人类生态系统生态学"（简称"人类生态学"），这是一门是研究人与生物圈相互作用，人与环境、人与自然协调发展的科学（马尔腾，2012）。20世纪80年代初，中国生态学家马世骏和王如松（1984）在总结了整体、协调、循环、自生为核心的生态控制论原理的基础上，开创性的提出了"社会-经济-自然复合生态系统（Social-economic-natural Complex Ecosystem）"理论，指出可持续发展问题的实质是以人为主体的生命与其栖息劳作环境、物质生产环境及社会文化环境间的协调发展。我国著名地理学家吴传钧（1981）提出关于"人地关系地域系统是地理学研究的核心"论断，从地理学角度探讨了"人地关系"，人地关系的思想为其他地域关系的研究提供了指导（陆大道和郭来喜，1998）。

我国著名海洋生态与环境学家、寒区环境科学与工程学家丁德文院士于2002年在海洋生态环境科学与工程国家海洋局重点实验室等平台的基础上组建海岸带系统科学与工程科研团队，围绕"海岸带复杂系统与人海关系调控"展开研究，并结合海岸带地区的特征，提出"海岸带复合生态系统（Coastal Complex Ecosystem）"（丁德文等，2009；石洪华等，2012）。海岸带复合生态系统是"人类-自然耦合系统"和"社会-经济-自然复合生态系统"在人海关系范畴的集中体现，是"人地关系地域系统"理论在海洋领域的延伸，也是人地关系的天然组成部分。海洋生态文明建设是一个系统工程，在海岸带区域尤为突出，从海岸带复合生态系统角度开展海洋生态文明建设是实现人海关系和谐的必然要求。

2.1.3　海岸带复合生态系统的结构

2.1.3.1　组成结构

海岸带生态系统是个开放的复杂巨系统，包含的组分繁多，类型多样。从海岸带生态系统物质循环、能量流动过程方面，包括资源、环境、社会和经济子系统（图2-1）。每个子系统又可分为若干种类，如海岸带资源包括生物资源、非生物资源；海岸带环境包括近海水质环境、沉积环境以及海岸带自然地理状况；经济主要指海岸带各种产业活动；而社会指海岸带区域人的生产、生活、消费方式等。当然，该系统还同时受到全球变化和经济、环境问题全球化的影响。

海岸带复合生态系统在组分结构上的重要体现，是将人纳入到生态系统中。生态系统在营养结构上，除了非生物环境外，包括生产者、消费者和分解者。而将人纳入进来后，要注意人的多重性。不同的人类活动可以分别扮演生产者、消费者和分解者的角色，但最重要的是人在复合生态系统中的调控作用。因此，人在复合生态系统中最独特的作用是作为调控者参与了海岸带复合生态系统所有的能流、物流和信息交换过程。人类是海岸带复合生态系统环境压力的主要缔造者，也是这些环境问题的解决者与适应者，人类活动是海岸带生态系统演变的主要驱动力。由此可知，海岸带复合生态系统研究最主要的关注点在于人海关系调控，而形成人海关系和谐的良好局面正是海洋生态文明的建设目标。

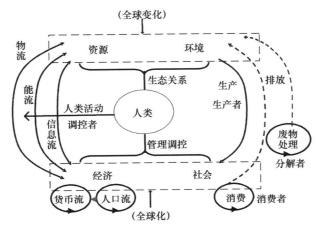

图 2-1　海岸带复合生态系统

2.1.3.2　功能结构

海岸带复合生态系统是一个复杂的生命有机体。根据医学术语在系统学领域的隐喻，一个结构稳定、功能良好且可持续的系统被认为是一个健康的系统。形容一个系统"健康"一般是将研究对象拟生命化后对功能结构给出的状态评价。杨多贵等（2008）在探讨国家健康时，将其描述为建立在国家代谢、国家免疫、国家神经和国家行为4个子系统自身运行良好以及相互之间整体自洽、平衡、协调、和谐基础之上的一种相对完好的状态。类似地，从功能结构上来看，海岸带复合生态系统也存在免疫系统、行为系统、神经系统和代谢系统。

（1）代谢系统是支撑海岸带生命活动的基础和动力，主要表现在一个海岸带的人口健康和发展、资源利用和消耗以及"三废"排放和综合利用等方面。

（2）免疫系统是维护海岸带运行有序、协调、安全的屏障，主要表现在一个区域自然资源禀赋的丰度和持续性、经济抗风险能力、社会和谐有序等方面。

（3）神经系统是实现海岸带生态系统自我调控，保障系统良好运行的调节中枢，主要表现在一个生态系统能够敏捷地感知内外环境的变化，进行科学决策并付诸于实施的能力。

（4）行为系统是反映海岸带区域生态系统生产、人类活动的内在特征和外在表现的综合表达系统，主要表现在一个区域的生态系统服务功能及其价值等方面。

海岸带复合生态系统的免疫系统、行为系统、神经系统和代谢系统这四部分功能是多种海洋生态系统服务与功能的整体性体现，构成了海岸带复合生态系统的功能结构，从而维持该系统的持续健康发展。

2.1.4 海岸带复合生态系统的功能

海岸带复合生态系统的功能具有高度的多样性，它具备了自然生态系统固有的生产、消费、分解功能，还具备社会系统中休闲娱乐、科研教育等文化功能。Costanza 等（1997）认为在全球 17 大类生态系统服务类型中，海洋生态系统提供了其中的 12 类，即气体调节、气候调节、干扰调节、营养循环、废物处理、生物控制、栖息地、食品生产、原料生产、基因资源、休闲娱乐和文化功能；联合国千年生态系统评估将生态系统服务划分为 4 大类，即支持服务、供给服务、调节服务和文化服务（MA，2005）；结合全球专属经济区生态系统提供的服务，Halpern 等（2012）关注食品供给、人工捕鱼机会、天然产品、碳存储、海岸保护、观光旅游、地方感、清洁水源和生物多样性这 9 类生态系统服务以及表征海岸带经济特征的沿海生计与经济。

海岸带复合生态系统作为自然系统，具有生态系统服务功能，同时也是沿海地区社会经济发展的重要承载体，是人类开发、利用海洋的重要依托。海岸带资源环境承载力是海岸带复合生态系统功能的具体体现。海岸带资源环境承载力是一类基于近岸海域生态系统的综合承载力，表征为海岸带区域在社会系统的支持下维持人类发展的能力，涵盖了社会系统与生态系统之间的相互作用、相互依赖。该功能主要包括资源供给、生态调节、环境保障等基础能力，同时受到沿海社会经济、科技发展水平的重要影响（图 2-2）。海岸带资源环境承载力的基础承载力是近岸海域生态系统可以提供的潜在承载力，它本质上由海洋生态系统结构和功能确定。海岸带资源环境承载力顾名思义包括资源供给能力和环境保障能力，此外还包括海洋生态系统在自我维持和自我调节过程中发挥的功能。因而，基础承载力主要表征为 3 个方面：（1）海洋生态系统进一步提供维持人类发展所需资源的能力；（2）海洋生态系统在维持自身基本生态系统过程以及保持良好环境的能力；（3）海洋生态系统在自我调节过程中为人类提供服务和效益的能力。由于社会系统和自然系统之间相互作用，海岸带资源环境承载力的实际表现受区域社会经济条件的影响。已有对可持续发展的指标研究认为其人文影响因素主要包括技术创新、当地居民生活和文化水平、单位能耗等（中国科学院可持续发展战略研究组，2013）。

由于受区域生态系统类型及其所处区域社会经济条件影响，海岸带资源环境承载力表现出明显的区域特征。海湾、河口周边区域往往是社会经济发达区、聚集区，形成了滨海城市群。相较于开阔的近岸海域，海湾、河口生态系统在相同海域面积内承载了更多的人类活动，导致海湾、河口生态系统遭受的人为干扰复杂多样且交互影响。滨海城市海岸带区域的自然系统与社会系统相互作用更加复杂多样，相互依懒性更高。海岛生态系统是由岛陆、岛基、岛滩及环岛浅海 4 个小生境及其各自拥有的生物群落构成的相对独立的生态系统，是一种较为独特的海岸带复合生态系统。海岛生态系统主要包括海岛陆地生态系统、潮间带生态系统和周边海域生态系统 3 个子系统，三者相互作用、相互依赖，共同构成海岛生态系统这个整体。海岛基础承载力应涵盖海岛的 3 个子系统及其交互作用。由于海岛地理隔离且面积相对较小，海岛开发往往根据自身生态系统确定特定的发展重点，这与发展目标多样化且互相竞争的大陆近岸海域生态系统或半岛生态系统有显著差异（Halpern 等，2012）。海岛往往远离大陆，其发展情况受海岛及其邻近大陆的社会经济条件影响。比如，淡水资源匮乏往往是海岛开发的限制因子，但随着邻近大陆引水、雨水收集或海水淡化等方式的普

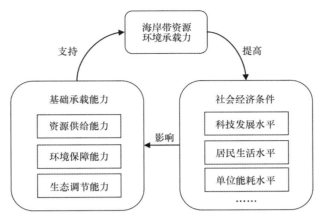

图 2-2　海岸带资源环境承载力构成

及，海岛本身的淡水供应不再是海岛可持续发展的限制指标。

2.1.5　海岸带复合生态系统的调控模式

海岸带复合生态系统是一个开放的复杂巨系统，海岸带地区管理借助系统工程的方法提供科学有效的模式框架。"驱动力-压力-状态-影响-响应（Driving force-Pressure-State-Impact-Response，DPSIR）"是当前广泛应用于环境领域的系统工程框架，由欧洲环境局综合压力-状态-响应（Pressure-State-Response，PSR）和驱动力-状态-响应（Driving force-State-Response，DSR）两种模型的优点而提出。其中，PSR 是 20 世纪 80 年代末国际经济合作与发展组织提出，而 DSR 是联合国在 PSR 基础上提出。DPSIR 模型被认为是一个系统考察人类活动与自然环境之间因果关系的基本而有效的工具，被广泛应用于分析资源环境-经济社会方面的问题。

DPSIR 模型可以为海岸带地区的管理调控提供参考框架，而考虑到海岸带复合生态系统又是一个生命有机体，应该对 DPSIR 模型进行修改以便从物理范畴扩展到生命科学范畴。生态系统本身也是一个生态体，体现在营养结构上，就是说包括生产者、消费者和分解者，从而使得生态系统具有物质循环、能量流动、信息传递的功能。海岸带复合生态系统将人纳入进来后，重点考虑人作为调控者的存在。由此可知，海岸带复合生态系统的特殊性在于人的调控作用。作为一个生命有机体，海岸带复合生态系统具有主动调控的功能。由此，海岸带地区的管理调控从应从人的被动响应转变到人的主动调控。

另一方面，发挥生产者、消费者和分解者这些不同角色作用的人类活动，归根究底可以分为两类，即以社会经济发展为目标的开发（利用）活动和以生态环境健康为目标的保护（管理）活动。上述两方面的目标是产生不同人类活动的驱动力，分别会造成对生态系统的压力和影响。海岸带复合生态系统将系统工程中作为外部作用力的驱动力内化为产生不同人类活动的目标，从而可以通过意识层面的教育指导行为方式。从狭义上说，海岸带地区海洋环境管理行为属于以生态环境健康为目标的保护管理活动；从广义上说，则是一种调控行为，而调控归根究底也就是发挥人的主观能动作用以协调社会经济发展和生态环境健康。这方面的实现，就是如何根据自然过程对调控的反馈，特别是生态环境状态的反馈，使社会经济发展适应当前的生态环境健康状况以及未来的影响。

　　由上述可知，根据系统工程经典的 DPSIR 模型思路，提出海岸带复合生态系统指导下的调控模式如图 2-3 所示，可以称为目标-压力-状态-影响-调控模型。对于海岸带地区来说，此处的 PSI 代表包括物理过程、化学过程和生物过程在内的近岸海域一系列自然过程，主要是指近岸海域生态系统。生态系统的变化情况是对调控的重要反馈，这也符合基于生态系统管理的含义。在该模式下，调控主要包括以下 3 个方面：（1）压力调控，指减少人类活动对近岸海域生态系统的干扰，具体措施包括围填海强度控制、污染物入海总量控制、养殖压力控制、捕捞总量控制等，即制定生态红线；（2）影响调控，指根据近岸海域生态系统的生态过程，直接采取有利于海域生态环境健康的行为，具体措施包括建立海洋牧场、生态修复等；（3）目标调控，主要指使得人类在发展社会经济的同时考虑生态环境健康，从而引起行为方式的改变，使得开发利用模式考虑到对生态环境的影响，这方面的调控包括生态环境保护意识层面的公众教育，更包括对发展模式与产业结构的优化与改革，是生态文明建设的重要体现。根据当前海洋开发利用现状，压力调控和影响调控是当前应对严重的生态环境问题所亟需的调控手段，目标调控是实现社会经济和生态环境协调发展的根本手段。

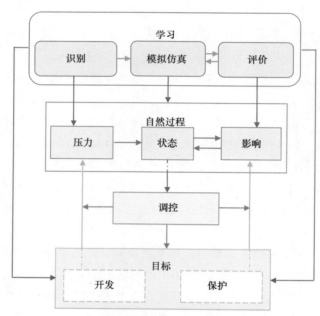

图 2-3　海岸带复合生态系统调控模式

2.2　海陆统筹

2.2.1　海陆统筹是海洋生态文明建设与海岸带复合生态系统管理的必然要求

　　随着社会经济发展的加快和产业转型，海岸带区域人类开发利用活动日益多元化。除了农业生产和盐业与盐化工业等传统产业，海洋油气业、海洋矿业和海洋交通运输业等海洋产业优势明显，沿岸城镇建设和港口建设已具规模且随着社会经济发展的需求增加而进一步规划建设。通过构建节约海洋资源和保护海洋生态环境的海洋产业结构、增长方式和消费模式等，海洋生态文明建设的主要目标在于实现人海关系和谐。人类活动对近岸海域生态系统的影响主要包括两方面，一方面是直接利用近岸海域资源，另一方面是流域地区社会经济活动产生的污染通过入海河流排放入海。流域地区社会经济活动往往多样化且相互作用，使得近岸海域所需容纳的污染来源、方式和类型多元化，陆源与海源、点源与面源、营养盐污染与有机物污染并存，造成海域污染负荷重且难以控制，导致海洋生态系统自净能力无法有效响应。由此可知，人类开发利用活动对海洋生态系统带来的压力包括陆源和海源两部分，其中陆源是当前压力更多且相互作用更为复杂的部分，从而使得人海关系呈现"压力在陆上，响应在海上"的区域特点。因而海洋生态文明建设必须坚持海陆统筹的原则，将海洋与陆地作为一个整体，将人类开发利用活动和海洋生态系统在不同压力下的响应统一到一个系统内综合考虑，促进社会经济与海洋生态协调发展。

海岸带复合生态系统将人纳入生态系统中，作为复合生态系统中的调控者发挥重要作用。海岸带复合生态系统研究最主要的关注点在于人海关系调控。海洋生态文明建设可以认为是如何在海岸带复合生态系统中进行有效人海关系调控的问题。海岸带复合生态系统理论要求海岸带地区管理应考虑海陆统筹，以生态优先为原则，关注近岸海域生态系统的健康持续发展。人类开发利用活动对海洋生态系统产生的压力多元且复杂。在海岸带复合生态系统海陆统筹思想的指导下，海洋生态文明建设应在传统意义上的近岸陆域和近岸海域的基础上，增加海岸带入海河流的流域地区及其入海河口地区，遵循河海并举的原则，综合考虑流域-河口-近海，这是海陆统筹理念在海岸带研究区域方面的具体体现，为海洋生态文明建设提供了地理空间上的考量范畴。对于海洋生态文明建设来说，管理的地理单元不再限于行政单元，而应以流域为管理单元。

2.2.2　海陆统筹的基本内容

海陆统筹是指在区域社会经济发展过程中，综合考虑海、陆的资源环境特点，系统考察海陆的经济功能、生态功能和社会功能，在海、陆资源环境生态系统的承载力、社会经济系统的活力和潜力基础上，以海陆两方面协调为基础进行区域发展规划、计划的编制及执行工作，以便充分发挥海陆互动作用，从而促进区域社会经济和谐、健康、快速发展。

海陆统筹将海洋与陆地作为一个整体，将海作为区域社会经济发展的支撑之一，也将陆地看作是海洋变迁的影响因素之一，将海陆作为一个整体考虑。海陆统筹包括经济、社会、自然的各个方面，既包括物质层面，也包括文化、精神层面，更包括制度层面。海陆统筹是规划、实践的指导思想，是有效解决海岸带所面临的威胁和破坏、促进海岸带区域可持续发展的指导思想。

按照海陆统筹思想，解决海洋，尤其是近海所面临的问题，不仅仅要考虑海洋因素以及海岸因素，也要考虑陆源中面源排污的影响，考虑入海河流的影响；既要考虑减少对海洋的索取，也要考虑陆地（包括内陆）人的思维观念；既要考虑滨海地区社会发展，同时也要考虑内陆地区，尤其是入海河流流域内经济的布局；既要提高海洋管理水平，也要提高流域内的管理水平；既要考虑海岸带区域生态系统的稳定与恢复，又要考虑区域社会生活安定与人民的生活水平。要从国家层面上综合考虑陆海相互作用，综合设计管理工程，从制度、规划、工程等角度，按照人海关系调控理念进行工作。

2.2.3　海陆统筹的研究框架

人类活动对近岸海域生态系统的影响主要包括两方面，一方面是直接利用近岸海域资源，另一方面是陆地上的社会经济活动产生的污染排放入海。因此，在海岸带复合生态系统海陆统筹思想的指导下，海陆统筹的研究区域除了传统意义上的近岸陆域和近岸海域之外，还应追溯到能够对近岸海域生态系统产生影响的更广阔的陆地区域。根据不同地理空间特征，海岸带地区可大致分为海湾和海岛两类典型区域。海陆统筹研究框架的构建应体现不同区域的具体特征。

2.2.3.1　海湾、河口生态系统管理的海陆统筹

海湾和河口周边区域往往是人类活动的聚集区，形成了大部分城市群。我国东部沿海地区是社会经济发展的龙头，由南向北相继形成了珠江三角洲、长江三角洲和环渤海湾地区 3 个经济圈。在我国已经形成的 12 个国家级城市群中（截至 2017 年 3 月），有 7 个国家级城市群位于东部沿海地区，包括依托于辽东湾和辽河口的辽中南城市群，依托于渤海湾的京津冀城市群，依托于莱州湾和黄海的山东半岛城市群，依托于长江口和杭州湾的长江三角洲城市群，依托于台湾海峡的海峡西岸城市群，依托于珠江口的珠江三角洲城市群，依托于北部湾的北部湾城市群（图 2-4）。由此可知，海湾和河口周边区域大多是社会经济发达区，多种发展目标相互作用，人海关系复杂，是海洋生态文明建设的重点区域。

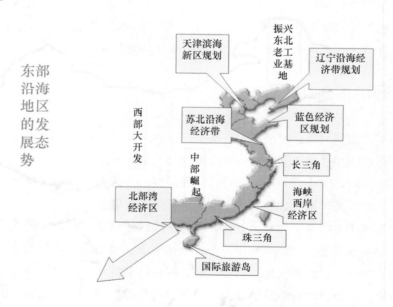

图 2-4　我国东部沿海地区重大战略规划区分布

海湾承接了众多的陆源污染物，尤其是入海河流带入的工业和生活污染物、农业面源入海的农药等污染物（国家统计局，2010）。生态环境的变化，近岸的过度捕捞，众多工业、旅游业用海所导致的海岸线变化，促使海湾生态系统健康状态下降，生物多样性减少（国家海洋局，2010~2017；农业部渔业局，2010~2015）。陆域的人类活动对近岸海域生态系统的影响体现在流域地区社会经济

活动产生的污染通过入海河流排放入海。因此，在海岸带复合生态系统海陆统筹思想的指导下，海陆统筹的研究区域应在传统意义上的近岸陆域和近岸海域的基础上，增加海岸带入海河流的流域地区。而河口作为连接流域与近岸海域的枢纽，可以看作是社会经济和近海生态系统的中间变量，理应作为研究区域的重要组成部分。由此可知，海陆统筹应遵循河海并举的原则，综合考虑流域–河口–近海。而当管理对象是海湾生态系统时，由于海湾的半封闭性，整个海域区域特征明显，因而研究区域应当扩展到流域–河口–海湾生态系统。

具体来说，从地理空间上，海湾综合管理不能仅限于沿岸城市的管理，应该包括流域的综合管理。从管理目标上，海湾综合管理以生态系统健康为目标，以生物多样性稳定为具体指标。从管理思路上，海湾综合管理以海陆统筹为指导思想，将整个流域作为管理对象，跨越行政区域，协调行政部门；以海湾生态系统综合承载能力为基础，协调全流域的国土主体功能区划、产业发展规划、产业布局规划、土地利用规划以及资源开发规划；以生态补偿为手段，协调各行政区域内的社会经济发展规划、城市建设规划及环境保护规划；以科学发展观为指导，协调各行政区域内的社会文化建设规划。从管理制度上，加强海岸带管理相关法律建设，形成健全的法律法规体系；加强战略环境影响评价的区域特征，扩大战略环境影响评价的区域范围；成立海湾流域管理协调部门，协调流域内各相关规划。加强海湾生态监控区建设，形成以生物多样性为基础的海湾生态完整性评价报送机制，指导流域内相关规划的编制与修订工作，保障相关管理工作的顺利进行。

2.2.3.2　海岛管理的海陆统筹

海岛是国土资源的重要组成部分，是国家海洋积极发展的前沿阵地。我国近岸海域分布着丰富的岛屿资源，在国家权益、安全、资源与生态等方面具有十分重要的地位，不仅是缓解陆域土地资源紧张的重要区域，也是我国防御领土、拓宽空间、走向外海的重要依托。随着海洋经济的快速发展，海岛开发与管理对经济发展的促进作用越来越大，已成为普遍关注的焦点。积极探索海岛开发模式，改善海岛居住环境，维护海岛权益，保护海岛生态系统持续健康发展，对我国社会经济建设具有深远影响。

海岛生态系统及其资源环境承载能力的独特性，使得海岛生态文明建设具有不同于一般滨海城市的特点，是海洋生态文明建设的重要区域。由于海岛面积狭小且远离大陆，海岛生态系统本身非常脆弱，极易受人类活动影响且较难恢复。当前我国大部分海岛的开发与保护工作力度不足，海岛可持续发展面临严峻挑战。我国海岛开发与保护需要大力推广海洋生态文明建设，统筹海岛保护和开发利用，通过典型案例示范建设，积极探索海岛发展新模式。海岛生态系统具有完整性，其人为干扰相对于滨海城市较为简单，可以作为海洋生态文明建设的典型实验区，对探索海洋生态文明建设具有重要的示范作用。

海岛生态系统是由岛陆、岛基、岛滩及环岛浅海 4 个小生境及其各自拥有的生物群落构成的相对独立的生态系统。从管理空间上，海岛的海陆统筹主要是统筹海岛陆地及其周边海域。相对于海湾综合管理而言，海岛综合管理的目标更集中且管理更易于操作。海岛综合管理以岛上陆域人口承载力为基础，控制人口分布；在此基础上，以周边海域综合承载力为基础，合理分布养殖容量与品种布局；控制污染型企业的建设；以海岛综合承载力为基础，合理发展旅游业。海岛综合管理目标中，生物多样性保护和维持至关重要。在发展近岸海水养殖的同时应注意对海洋生物多样性的影响，引种的同时注意保护本地物种，防范生物入侵风险。

2.3 海洋资源环境承载力

近百年来，承载力的概念不断发展，由种群承载力和人口承载力，到单一资源或环境要素的承载力，再发展至资源环境承载力（徐琳瑜等，2005；池源等，2017）。"资源环境"实质是指社会经济发展依托的自然基础，"承载能力"通常是指一个承载体对承载对象的支撑能力，而"资源环境承载能力"是指作为承载体的自然基础对作为承载对象的人类生产生活活动的支持能力（樊杰等，2015）。这里，自然基础包括影响人类生产生活活动的所有自然条件，如资源、环境、生态、灾害等，资源环境承载能力中的"资源环境"只是综合自然条件的代名词（樊杰等，2013）。

资源环境承载力的研究可追溯至20世纪60年代末到70年代初，美国麻省理工学院的梅多斯等组成的"罗马俱乐部"，采用系统动力学模型对世界范围内的资源环境与人的关系进行评价，并深入分析了人口增长、经济发展同资源过度消耗、环境恶化和粮食生产的关系（梅多斯等，1984）。此后，诸多专家和学者针对不同资源环境要素的承载力开展了大量的研究工作（Daily 和 Ehrlich，1992；Seidl 和 Tisdell，1999）。近年来，承载力研究逐渐重视综合的、多维度的研究，关注人类活动和生态系统的交互作用（Duarte 等，2003；Liu 和 Borthwick，2011；Shi 等，2016；池源等，2017）。

当前，资源环境承载力已经引起了研究者和管理人员的广泛关注，并构建了一系列的资源环境承载力评估方法。中共十八届三中全会《中共中央关于全面深化改革若干重大问题的决定》明确指出"建立资源环境承载能力监测预警机制，对水土资源、环境容量和海洋资源超载区域实行限制性措施"。开展资源环境承载能力监测预警工作是全面深化改革的一项创新性工作，对提升政府社会治理能力、转变经济发展方式、优化国土空间开发格局、推进可持续发展具有重大意义。2016 年 9 月 26 日，国家发改委、国家海洋局等 13 部委联合下发"关于印发《资源环境承载能力监测预警技术方法（试行）》的通知"（发改规划〔2016〕2043 号）（以下简称《技术方法（试行）》），要求各地和有关部门参照执行。

海洋资源环境承载力是区域海洋生态保护与资源开发利用的基础，其承载状态是制定区域发展规划的重要依据。海洋资源环境承载力评价技术是海洋生态文明建设的重要技术方法。

2.4 海洋自然资源资产负债表

2013 年，中共十八届三中全会《中共中央关于全面深化改革若干重大问题的决定》明确提出"探索编制自然资源资产负债表，对领导干部实行自然资源资产离任审计"。自然资源资产负债表的提出，有其重要的历史意义和现实意义，通过对领导干部在地区经济发展过程中自然资源的开发利用状况以及生态环境的破坏程度进行考核，减少 GDP 在政绩考核中的过高比重，对合理利用自然资源、有效保护生态环境和顺利构建生态文明制度具有重要意义（杨海龙等，2015；陈玥等，2015）。

自然资源资产负债表实质上是将不同自然资源以资产负债表（账户）的形式来表达自然资源的使用和再生情况。主要包括两部分：自然资源资产分类实物量表与综合价值量表（封志明等，

2014）。自然资源资产负债表用以核算自然资源资产的存量及其变动情况，全面记录当期（期末−期初）自然和各经济主体对自然资源资产的占有、使用、消耗、恢复和增殖活动，评估当期自然资源资产实物量和价值量的变化（图 2-5）（封志明等，2014）。

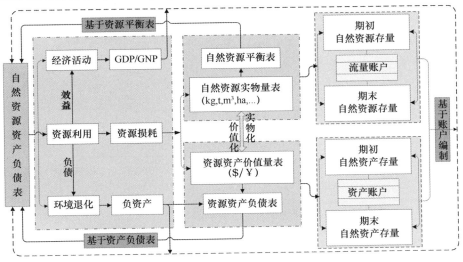

图 2-5　自然资源资产负债表框架（封志明等，2014）

海洋自然资源资产负债表的研究和实践仍处于探索阶段（刘大海等，2016）。编者课题组针对海岛生态系统，开展了海岛自然资源资产负债表总体设计（石洪华等，2016）。结合海岛典型特征，构建了包含自然资源和生态服务 2 个一级类、6 个二级类和 14 个三级类的海岛自然资源资产实物类型，提出了海岛自然资源资产负债表实物账户和价值账户的设计方法（表 2-1、表 2-2、表 2-3）。研究成果能够为海岛自然资源资产负债表的编制提供参考，为合理开发利用海岛、维护海岛生态平衡、建设海岛生态文明提供依据。

表 2-1　海岛自然资源资产实物分类

	一级类型	二级类型	三级类型
海岛自然资源实物分类	A1 海岛自然资源	B1 空间资源	C1 岛陆空间资源
			C2 岸线空间资源
		B2 水资源	C3 地表水资源
			C4 地下水资源
		B3 生物资源	C5 植物资源
			C6 动物资源
	A2 海岛生态服务	B4 供给功能	C7 食品生产
			C8 氧气生产
		B5 调节功能	C9 生物多样性维护
			C10 气候调节
			C11 涵养水源
		B6 文化功能	C12 休闲娱乐
			C13 文化用途
			C14 科研价值

表 2-2　海岛自然资源资产实物账户设计

项目	A1 海岛自然资源			A2 海岛生态服务		
	B1 空间资源	B2 水资源	B3 生物资源	B4 供给功能	B5 调节功能	B6 文化功能
期初存量	$B1_a$	$B2_a$	$B3_a$	$B4_a$	$B5_a$	$B6_a$
存量增加	B1+	B2+	B3+	B4+	B5+	B6+
自然增加	B1+n	B2+n	B3+n	B4+n	B5+n	B6+n
人为增加	B1+h	B2+h	B3+h	B4+h	B5+h	B6+h
存量减少	B1−	B2−	B3−	B4−	B5−	B6−
自然减少	B1−n	B2−n	B3−n	B4−n	B5−n	B6−n
人为减少	B1−h	B2−h	B3−h	B4−h	B5−h	B6−h
期末存量	$B1_b$	$B2_b$	$B3_b$	$B4_b$	$B5_b$	$B6_b$

注：a 代表期初存量，b 代表期末存量；+代表存量增加，−代表存量减少；n 代表自然增加或减少，h 代表人为增加或减少。

表 2-3　海岛自然资源资产价值账户设计

项目	A1 海岛自然资源				A2 海岛生态服务			
	B1 空间资源	B2 水资源	B3 生物资源	总计	B4 供给功能	B5 调节功能	B6 文化功能	总计
期初存量	$B1_a$	$B2_a$	$B3_a$	$A1_a$	$B4_a$	$B5_a$	$B6_a$	$A2_a$
存量增加	B1+	B2+	B3+	A1+	B4+	B5+	B6+	A2+
自然增加	B1+n	B2+n	B3+n	A1+n	B4+n	B5+n	B6+n	A2+n
人为增加	B1+h	B2+h	B3+h	A1+h	B4+h	B5+h	B6+h	A2+h
存量减少	B1−	B2−	B3−	A1−	B4−	B5−	B6−	A2−
自然减少	B1−n	B2−n	B3−n	A1−n	B4−n	B5−n	B6−n	A2−n
人为减少	B1−h	B2−h	B3−h	A1−h	B4−h	B5−h	B6−h	A2−h
期末存量	$B1_b$	$B2_b$	$B3_b$	$A1_b$	$B4_b$	$B5_b$	$B6_b$	$A2_b$

注：a 代表期初存量，b 代表期末存量；+代表存量增加，−代表存量减少；n 代表自然增加或减少，h 代表人为增加或减少。

2.5　海洋生态补偿

生态补偿机制是生态文明建设不可缺少的制度安排。针对人类活动对海洋生态系统服务功能造成的影响及调控机制研究，课题组曾在《典型人类活动对海洋生态系统服务影响评估与生态补偿研究》（郑伟等，2011）探讨了海洋生态补偿的内涵、补偿原则、补偿类型、补偿标准和补偿方式，并以围填海为例探讨了海洋生态补偿的评估步骤和评估方法等基础技术框架。关于海洋生态补偿的理论与方法在此不再赘述。

2.6　海洋生态修复

2.6.1　海洋生态修复的背景

随着全球人口增长、科技迅猛发展、城市化进程加速和陆地自然资源日益枯竭,以获取生存空间和自然资源为主要目标的人类用海活动不断加剧,对海洋的依赖程度越来越高,目前世界上大约60 %的人口集中在距离海岸线60 km的地带(Small 和 Nicholls,2003),到2020年,海岸带地区的世界人口比例可能提高到75%。中国海岸带地区交通方便、人口稠密、经济发展迅速,汇集全国70%以上的大中城市和55%的国民生产总值,是中国经济发展最发达的地区。然而,海岸带作为陆地生态系统与海洋生态系统的交接地带,地质构造复杂、自然环境脆弱。人类社会的高速发展给海岸带环境造成了巨大压力,已对海岸带生态环境的可持续发展构成了巨大的威胁,这些威胁包括滩涂围垦、河道侵占、过度倾废、过度捕捞、环境污染、生境破坏、外来种入侵、无控制的旅游活动等,而与全球变暖和海洋酸化等全球性气候变化的耦合影响也越发明显。从而导致海水养殖产业退化,海洋生态系统破坏,甚至于海底荒漠化的出现。尤其是海洋富营养化背景下,高浓度的氮、磷营养输入导致的赤潮、绿潮、金潮和养殖动物病害频发以及底栖藻场退化等已经成为近海生态系统受损的显著特征(周名江和朱明远,2006;Zhou 等,2006)。

2.6.2　海洋生态系统的自我修复能力

自然生态系统都有一定的自我修复功能,包括纳污自净能力和正向演替潜力。营养盐进入环境后,通过迁移和转化与其他环境要素和物质发生物理化学的作用。营养盐在海洋中从水平和垂直两个方向进行物理迁移、化学迁移和生物迁移,其中,以水平方向迁移为主。营养盐在迁移过程中同时会发生物质形态的转变,包括生物转化和化学转化过程。海水中氮以氨化作用、硝化作用和同化作用相互转化(Lefebvre 等,2001),磷的转化形式包括生物磷、与铁结合的磷、自生磷以及有机磷,分别占总磷的26%~61%、3%~9%、2%~8%和6%~17%(Babu 和 Nath,2005)。水体中的无机氮、磷通过植物吸收进入食物循环转化成有机态,而有机态的动植物残体、碎屑又经需氧细菌重新矿化为无机态,从而使营养元素在有机和无机之间转化循环,从而呈现出一定的纳污和自净能力。与此同时,随着营养元素被浮游植物和水生植物吸收,植物群落不断扩大,生态系统逐渐恢复(黄通谋等,2010;Wang 等,2009)。

然而,由于营养盐的生物转化是通过不同营养级的生物所进行光合作用和新陈代谢等作用来实现,受到物种和海洋环境的制约。营养盐的迁移转化受季节,海水盐度,海水动力等因素的影响,并且各种营养盐彼此发生作用,春季营养盐的迁移速度会比秋季高(Bahamon 等,2003)。营养盐的垂直迁移受到其附着的沉降颗粒的沉降速度的影响,沉降颗粒沉降速度分别在0.011 m/s 和0.000 6 m/s 时,营养盐的沉降最大。而浮游生物对营养盐的主动运输随海水深度增加而增强(Steinberg 等,2002)。在微生物的作用下,N、P 在有氧条件下的转化产物分别为 NO_3^- 和 $H_2PO_4^-$,在缺氧条件下的转化产物分别为 NH_4^+ 和 HPO_4^{2-}(张娇和张龙军,2008)。

因此，不同环境敏感性的生态系统往往呈现不同的恢复能力。当受到外力冲击之后，如果系统仍能在相应的时间尺度内恢复至原来的状态，那么这个系统是绝对稳定的；如果系统不能恢复原状但可以在新的状态下达到平衡，那么这个系统是相对稳定的；如果系统非但不能恢复原状，甚至不能在新的状态下达到平衡，而是继续向坏的方向发展，直至丧失其基本生态功能，那么这个系统就是绝对不稳定的。绝对稳定和相对稳定的系统均能实现自我修复，而绝对不稳定系统通常会走向极端，造成不可逆的生态灾难。同时，由于环境冲击力，如营养输入等对环境的冲击往往是持续的，因此，生态系统的稳定性也是相对的。此时，对系统施加人工影响推动受损生境的修复，从而保持生态系统的健康可持续就显得尤为重要，由此所建立的理论基础、技术手段和工程实践即为生态修复。

2.6.3 海洋生态修复理论基础及其研究思路

20 世纪 70 年代初，《人与生物圈计划》（MAB）围绕人类经济社会活动与生态的关系，初次提出将人与自然及其资源作为一个系统加以研究，水域系统被认为是由水、气、土和生物（包括人）这些相互影响的要素构成的生态系统，且强调人是生态系统的组成部分，在生态系统管理和恢复工作中，着眼于恢复和维持生态系统的物理、化学和生物的完整性，而《生物多样性公约》认为"生态系统管理是操纵将生物同其非生物环境联系起来的物理、化学和生物工程和管制人类行动，以产生理想的生态系统状态"。生态系统管理是"基于对生态系统组成、结构和功能过程的最佳理解，在一定的时空尺度范围内将人类价值和社会经济条件整合到生态系统经营中，以恢复或维持生态系统整体性和可持续性"。针对水域生态系统，先后形成了"社会-经济-自然"复合生态系统理论和生态系统具有生态功能、经济功能和社会功能的三大服务功能区划。

导致滨海生境受损退化的因素虽然很多，但从本质上看却是由于滨海系统及其子系统物质和能量输入与输出不平衡所造成的，与其环境自净能力弱、环境容量小，易形成物质（泥沙、污染物）积累关系最为密切。因此，基于复合生态系统理念，一方面从减少滨海生态系统的物质输入、提高物质输出入手，通过各种技术手段减少物质积累，另一方面对生态系统内部损伤组分进行恢复，建立和健全完善的系统内物质循环和能量、信息流通渠道已经成为解决滨海生境退化问题的关键所在，也是海洋生态修复的要义所在。

海洋生态修复是区别于陆上水域的生态修复，其修复目标的大尺度性和环境的不稳定性导致了传统的物理、化学手段收效甚微，甚至于毫无成效。因此，以生物手段为主，物理手段为辅针对生态系统进行修复的生态修复研究成为当年海洋修复领域的主流。近年来，海洋生态修复研究的理论和技术日新月异，已经由单一技术手段发展到技术体系的构建，并通过生态工程等管理措施的实施实现对生态系统修复的目的。当前，海洋生态修复主要以近岸海域和滨海湿地生态系统修复为主要目标，该区域陆海相互作用强烈，受人类活动特别是陆源污染和生境破坏的影响，属于典型的生态交错带，其生态系统相对脆弱；同时，该区域也成为陆地至深海之间的天然屏障，其稳定性对于海洋生态系统的相对稳定至关重要。在生态修复理论中，修复的目的是将生态系统的结构、功能与信息流通恢复到原初或接近原初水平。然而，在修复实践中，修复的过程受到人类活动、环境变化等各种因素的复合效应，导致修复的最终结果往往具有不可预测性（生态修复流程图如图 2-6 所示）。

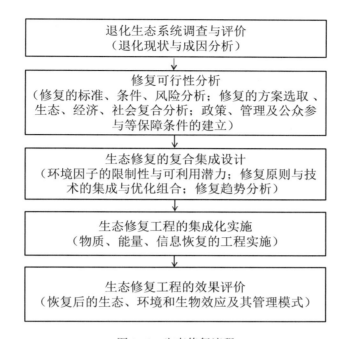

图 2-6　生态修复流程

2.6.4　海洋生态修复效果评价

生态修复是生态系统自我恢复、发展和提高的过程，在生态修复中，生态系统的结构及其群落由简单向复杂、由单功能向多功能转变。生态修复并不是对某个物种的简单修复，而是对生态系统的结构、功能、生物多样性和持续性等进行的全面有效恢复，因此生态修复过程应充分发挥生态系统的自然调节、恢复和进化功能充分发挥（Tovar 和 Moreno，2000）。

海洋生态修复是帮助海洋生态系统实现自我恢复的一种过程，海洋生态系统能够实现恢复后，便可以不再需要人工措施的干预即可维持海洋生态平衡。在海洋生态修复的过程中，海洋生态系统的结构和功能都在不断的转变，物种群落不断丰富，海洋生态系统结构更为复杂化，海洋生态系统的功能也在由简单逐步向复杂的功能多样化实现转变，受损退化海洋生态系统的成功修复对于海洋生态系统维持平衡和可持续具有极其重要的作用，健康的生态系统对于缓解全球气候、经济发展压力作用显著。

而对于生态修复效果的判定，目前尚未有标准化的评判指标，但综合来讲，判定体系是在耦合生态系统成分、结构和功能的基础上构建的。而其能力的衡量是判定的重要参考，包括恢复后系统的自维持能力，该能力体现在成分、结构、信息等的稳定性。而生态整合能力是系统结构与功能的融会贯通以及生物生态与人类活动、经济社会形态之间的关联性。同时，稳定的系统还体现在对外来污染胁迫的消解和转换能力以及结构功能的不断自我完善能力。而修复后，生态系统与原初生态系统相比，均不可能完全一致，因此呈现的状态，如生物组成要素相同的同质状态、结构与功能相同的同型状态，功能相同的同功状态以及成分、结构均不同的异质状态。

生态系统的恢复是一个从不健康到亚健康最终恢复到健康的过程，该过程涉及生物、环境、生态、经济和社会的各个层面。评价标准方面，目前确定参照系统和评价标准主要有两种方法，即将同一生物地理区系内未受干扰或少受干扰的同一生态类型作为参照系，或将被评价系统在较少受到人类干扰条件下的系统状态作为参照系统和评价标准。在对修复效果进行评价时应综合考虑，全面系统地进行评价，具体从以下几个方面进行。

（1）生物及群落评价。恢复后生态系统的生物个体生长情况及生物群落的结构和功能的评价成为生态恢复效果评价的重要内容。生物及群落评价主要通过实地跟踪监测和调查展开，主要的指标包括生物量、生存密度、生物均匀性和生物多样性等。

（2）水质评价。在水域生态系统，水质评价是生态恢复效果评价的必要内容，常用指标包括无机营养盐浓度（活性磷、溶解性无机氮、总氮和总磷等）、有机质含量（POM 等）、细菌微生物含量等。这些指标的数据一般靠实地监测或采样分析获得。

（3）生态价值评价。生态价值的评价主要包括直接经济效益和间接生态服务价值，其中直接经济效益主要为生物质产品和旅游产业；间接生态服务价值包括水质、底质改善、生态多样性等，这些生态服务价值通过影子工程法、市场价格法等方法计算为可进行度量的货币价值。

（4）基于复合生态理论的综合评价。当前生态恢复和重建的研究和实践已经从关注自然转向关注人关系的协调，生态恢复的目标、技术模式等已经显现出较强的综合性。生态恢复效果的综合评价通常根据研究区的具体情况建立一套多要素多指标多层次的评价体系，指标数据除生态系统各方面的监测数据外，还包括各种社会学统计数据，通过一定的数学方法得到相应的综合指数来进行评价（吴丹丹和蔡运龙，2009）。

（5）生态系统健康评价。生态系统健康体现在生态和经济的可持续，对于修复后生态系统健康的评价比较被认可的主要有两种系统，第一种评价系统包括：没有严重的生态胁迫症状；可从自然的或人为正常干扰中恢复过来；没有或几乎没有投入的条件下，具有自我维持功能；对相邻或其他系统不造成压力；不受风险因素的影响；经济可行；可维持人类和其他生物群落的健康。另一种评价系统包括活力、恢复力、组织性、生态系统服务功能的维持、管理选择、外部输入减少、对邻近系统的影响及人类健康影响。健康的海洋生态系统必须对自然干扰有着较强的抵抗力和较快的恢复速率，且海洋生态系统的组织性越复杂就代表越健康（祁帆等，2007）。

（6）经济社会效益评价。生态修复带来的游客量增加和旅游业收入增加，是生态修复的最明显的社会效益，我们通常也把生态修复产生的旅游业产值增加的部分叫做生态修复项目的游憩价值。海洋旅游业主要靠海洋景观、海洋产品以及海洋体验互动方式来吸引游客。不同的生态修复方式对海洋旅游业的影响不同，基于人工鱼礁的海洋生态修复主要通过改善海水水质，提高水产品质量，建设游钓休闲渔业基础设施的途径来实现其游憩价值。不同的生态修复工程的游憩价值也能客观反映生态修复建设方式，从而推算出制氧的经济价值即生态修复氧气调节价值量（符小明，2016）。

结合目前我国生态恢复效果评价存在的问题和实际需要，生态恢复效果评价研究尚需开展更多的工作。如理论框架的完善和评价思路的拓展，具体来讲，应该在现有研究的基础上，加强多学科之间的合作，在多学科合作的基础上拓展评价思路。其次，加强生态恢复监测，完善评价指标体系及评价标准针对目前指标体系不全面的问题。在理论层次上确定不同评价方面各指标使用的可行性，并可基于区域或特定的生态恢复模式建立相应的指标体系。其三，加强评价方法、技术的创新和不同评价方法之间的对比，并及时跟进相关学科的研究进展尝试各种新方法。第四，加强生态恢复效果评价与生态恢复机理研究的衔接加强生态恢复效果评价与生态恢复机理研究之间的衔接，探索利用生态恢复效果评价的信息来反向推进生态退化和恢复机理。最后，加强生态恢复效果评价对生态恢复后续工作的指导作用，研究并建立起良好的生态恢复效果评价的执行机制。在未来评价手段的应用上，可以引入最新的技术手段，例如把遥感、地理信息系统、卫星定位系统、计算机模拟等技术应用到生态恢复的监测中，还可以应用计算机模拟技术推动生态恢复过程数学模型研究和深化机理研究。在评价方面，模糊数学、灰色系统理论、人工神经网络、遗传算法等定量方法都可以应用到生态恢复效果评价中，以提高评价的精确性和科学性（吴丹丹和蔡运龙，2009）。

2.6.5　海洋生态修复技术选择策略

海洋生态修复技术的开发和应用是基于不同的修复目标和标准，针对不同的层次和环节进行，其研究尺度也有显著差异。按照研究手段，生态修复技术的种类包括物理、化学和生物手段（鄢恒珍等，2009）。其中，物理手段以减少外源输入为主要目标，也针对地质、地形、底质和水文等问题；化学手段针对外源输入物的化学处理和系统内化学要素的控制等方面；生物手段着眼于以生物手段对外源输入物进行生物处理，对损伤退化生态系统中生物群落进行恢复与重建。然而，在实际的生态修复过程中，单一的修复手段效果有限，往往需要多种手段协同进行。基于复合生态修复理论，形成了多种集成化的修复技术体系，如基于海洋自净能力提升和外源输入控制的陆海统筹修复理念及技术体系；结合网络、卫星定位和地理信息系统的诊断与预测预警系统，对生态系统变化和退化态势的进行风险管控的监测技术体系；基于不同层次生态系统生物和非生物组分恢复的生态系统重建与优化技术。

退化生态系统的生态与经济价值协同恢复集成技术，包括生态恢复过程中及恢复后的生态存量及其价值，系统恢复后经济效益，生态和经济价值的双重恢复是技术有效性的重要体现；在生态系统物质和能量系统流通恢复后，以实现信息网络的生态系统重建与延展技术显得尤为重要，该网络涵盖人、生物和非生物多重因素。在不同的时空尺度上，针对不同恢复目标和效益标准，生态修复实践应采取不同的技术模式和管理方法。生态修复实践是在一定的理化环境条件下，通过系统组分的适当添加促进系统结构和功能的形成。如在生物修复中，生物物种介入的时空顺序尤为重要，如按自然生态演替顺序进入，适应性强的先锋物种的进入，而在修复实践中，往往不是单种的介入，因此，物种组合方式及人的介入方式就成为影响生态恢复的重要因素。

在近岸海域生态修复研究方面，20 世纪 80 年代以来国内外都开展了卓有成效的工作。如日本的濑户内海和英国的泰晤士河口整治、修复，是在控制外源污染物排放总量和治理污染源的基础上，利用各种生物（包括植物、动物和微生物）的生命活动，吸收、降解、转化环境中的污染物，成功地使受污环境得到改善和修复（Terawaki 等，2003）。美国路易斯安娜萨宾自然保护区和德克萨斯海岸带地区，则利用"梯田湿地"技术，在浅海区域建造缓坡状湿地，种植互花米草及其他湿地植被，以保护海滩及海洋生物的栖息地，达到修复海岸带生境之目的。韩国启动了以大型海藻作为近海水域生物过滤器和生产力系统的计划，对近海富营养化海域进行生态修复（Chung 等，2002）。我国在利用底栖多毛类沙蚕、湿地植物红树林等改善底质和大型海藻改善水质研究上也取得了显著进展。在众多的生态修复手段中，尤以大型海藻为生物过滤器的生态修复研究工作最为广泛，其中，涵盖多系统、多层次生态修复的综合养殖生态修复（IMTA）逐渐兴起（Chopin，2013）。

海洋生态修复技术已经由采用单一技术对单一区域或生态环节的修复发展到综合性、多时空维度的技术体系构建。其核心是以生物群落恢复为手段的特定生态系统的恢复或重建。根据修复区和修复生物的不同，可分为不同的技术种类与体系。在人工岛礁或完全退化区域，构建基于生物膜构建的生物群落恢复工程（Singh 等，2006）。在岸滩区域主要采用植物或动物对岸滩底质进行改造，植物的应用根据生态位的不同，建成群落带从陆至海分为茅草、蓬草、三棱藨草和红树林构建。在近岸海域，主要采用藻类或贝类对水质进行净化，藻类涉及经济海藻的大规模养殖、自然藻的打捞与资源化利用，海底藻礁、海草床的建立（Chai 等，2014；Wu 等，2015a）。贝类涉及滤食性贝类的养殖和人工贝礁的建设。贝类与藻类综合时空配置及其营养输入输出平衡模式的构建已经成为近岸海域尤其是网箱养殖等富营养化区域的主要手段（Wu 等，2015b）。而更深入的研究已经发展出了藻类、贝类、鱼类和底栖动物综合养殖模式与工程（图 2-7）。

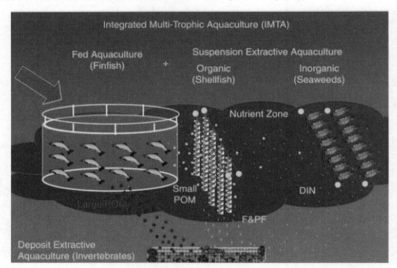

图 2-7　综合养殖系统（Chopin，2013）

相对于内陆水域修复，滨海生态工程的实施具有大尺度性，因而其工程的实施需沿海各省份共同推进，应积极开展海洋生态恢复的科学研究，通过税收优惠、财政援助等方式扶持海洋生态恢复实用技术的研发和推广应用。制定海洋生态恢复检验和验收标准，对达标者给予奖励，对造成海洋生态退化者加大处罚力度，规定高额的经济责任，从而引导其自动寻求海洋生态恢复技术并应用于海洋开发实践中。寻求适合的海洋生态恢复技术来提高收益的需求和海洋生态恢复技术研发成果的供给必将促使海洋生态恢复技术市场的形成和发展。建立海洋生态补偿机制，设立海洋生态恢复专项基金，对造成海洋生态损害者征收海洋生态补偿费，明确征收海洋生态补偿费的目的、原则、对象、类型、费率、方法以及海洋生态补偿费的管理和使用。要求海洋生态恢复的受益者为海洋生态环境质量改善支付相应的补偿费，以此鼓励人们恢复海洋生态系统的行为。同时需整合政府、企业和研究工作者，从而形成合力，共同推进海洋生态文明建设。

参考文献：

陈玥,杨艳昭,闫慧敏,等.2015.自然资源核算进展及其对自然资源资产负债表编制的启示[J].资源科学,37(9):1716
　　-1724.

池源,石洪华,孙景宽,等.2017.城镇化背景下海岛资源环境承载力评估[J].自然资源学报,32(8):1374-1384.

丁德文,石洪华,张学雷,等.2009.近岸海域水质变化机理及生态环境效应研究[M].北京:海洋出版社.

樊杰,王亚飞,汤青,等.2015.全国资源环境承载能力监测预警(2014 版)学术思路与总体技术流程[J].地理科学,35
　　(1):1-10.

樊杰,周侃,陈东.2013.生态文明建设中优化国土空间开发格局的经济地理学研究创新与应用实践[J].经济地理,33
(1):1-8.

封志明,杨艳昭,李鹏.2014.从自然资源核算到自然资源资产负债表编制[J].中国科学院院刊(4):449-456.

符小明.2016.人工鱼礁修复海洋生态系统的效果评价[D].上海:上海海洋大学.

国家海洋局.2010.2009年中国海洋环境质量公报[R].

国家海洋局.2011.2010年中国海洋环境状况公报[R].

国家海洋局.2012.2011年中国海洋环境状况公报[R].

国家海洋局.2013.2012年中国海洋环境状况公报[R].

国家海洋局.2014.2013年中国海洋环境状况公报[R].

国家海洋局.2015.2014年中国海洋环境状况公报[R].

国家海洋局.2016.2015年中国海洋环境状况公报[R].

国家海洋局.2017.2016年中国海洋环境状况公报[R].

国家统计局.2010-02-11.第一次全国污染源普查公报[R].

黄通谋,李春强,于晓玲,等.2010.麒麟菜与贝类混养体系净化富营养化海水的研究[J].中国农学通报,26(18):419.

刘大海,欧阳慧敏,李晓璇,等.2016.海洋自然资源资产负债表内涵解析[J].海洋开发与管理,33(6):3-8.

陆大道,郭来喜.1998.地理学的研究核心:人地关系地域系统——论吴传钧院士的地理学思想与学术贡献[J].地理学
报,53(2):97-105.

马尔腾G.2012.人类生态学——可持续发展的基本概念[M].北京:商务印书馆.

马世骏,王如松.1984.社会—经济—自然复合生态系统[J].生态学报,4(1):1-9.

梅多斯等著.1984.增长的极限[M].于树生译.北京:商务印书馆.

农业部渔业局.中国渔业统计年鉴[M].北京:中国农业出版社,2010-2015.

祁帆,李晴新,朱琳.2007.海洋生态系统健康评价研究进展[J].海洋通报,26(3):97-104.

石洪华,池源,郑伟.2016.海岛自然资源资产负债表设计基本思路[J].中国海洋经济(2):138-145.

石洪华,丁德文,郑伟,等.2012.海岸带复合生态系统评价、模拟与调控关键技术及其应用[M].北京:海洋出版社.

吴传钧.1991.论地理学的研究核心——人地关系地域系统[J].经济地理,11(3):1-4.

吴丹丹,蔡运龙.2009.中国生态恢复效果评价研究综述[J].地理科学进展,28(4):622-628.

徐琳瑜,杨志峰,李巍.2005.城市生态系统承载力理论与评价方法[J].生态学报,25(4):771-777.

鄢恒珍,龚文琪,梅光军,等.2009.水体富营养化与生物修复技术评析[J].安徽农业科学,37(34):17003-17006.

杨多贵,周志田,李土.2008."国家健康"的内涵及其评估[J].科技导报,26(7):96-97.

杨海龙,杨艳昭,封志明.2015.自然资源资产产权制度与自然资源资产负债表编制[J].资源科学,37(9):1732-1739.

张娇,张龙军.2008.有机物在河口区迁移转化机理研究[J].中国海洋大学学报,38(3):489-494.

郑伟,王宗灵,石洪华,等.2011.典型人类活动对海洋生态系统服务影响评估与生态补偿研究[M].北京:海洋出版社,

中国科学院可持续发展战略研究组.2013.2013中国可持续发展战略报告——未来10年的生态文明之路[M].北京:科
学出版社.

周名江,朱明远.2006."我国近海有害赤潮发生的生态学、海洋学机制及预测防治"研究进展[J].地球科学进展,21(7):
673-679.

Babu C P,Nath B N.2005.Processes controlling forms of phosphorus in surficial sediments from the eastern Arabian Sea im-
pinged by varying bottom water oxygenation conditions[J].Deep-Sea Research Ⅱ(52):1965-1980.

Bahamon N,Vslasquez Z,Cruzado A.2003.Chlorophyll *a* and nitrogen flux in the tropical North Atlantic Ocean[J].Deep-Sea
Research Ⅰ(50):1189-1203.

Chai Z,Huo Y,He Q,et al.2014.Studies on breeding of *Sargassum vachellianum* on artificial reefs in Gouqi Island,China[J].
Aquaculture,424-425(2):189-193.

Chopin T.2013.Aquaculture,Integrated Multi-trophic（IMTA）[M].Springer New York:542-564.

Chung I K,Kang Y H,Yarish C,et al.2002.Application of seaweed cultivation to the bioremediation of nutrient rich effluent[J].Algae,17(3):187-194.

Costanza R,d'Arge R,De Groot R,et al.1997.The value of the world's ecosystem services and natural capital[J].Nature,387:253-260.

Daily G C,Ehrlich P R.1992.Population,sustainability,and Earth's carrying capacity[J].BioScience,42:761-771.

Duarte P,Meneses R,Hawkins A J S,et al.2003.Mathematical modelling to assess the carrying capacity for multi-species culture within coastal waters[J].Ecological Modelling,168:109-143.

Halpern B S,Longo C,Hardy D,et al.2012.An index to assess the health and benefits of the global ocean[J].Nature,488(7413):615-620.

Lefebvre S,Bacher C,Meuret A.2001.Modelling nitrogen cycling in a mariculture ecosystem as a tool to evaluate its outflow[J].Estuarine,Coastal and Shelf Science（52）:305-325.

Liu R Z,Borthwick A G L.2011.Measurement and assessment of carrying capacity of the environment in Ningbo,China[J].Journal of Environmental Management,92:2047-2053.

Millennium Ecosystem Assessment（MA）.2005.Ecosystems and Human Well-Being:Synthesis.Washington D C:Island Press.

Seidl I,Tisdell C A.1999.Carrying capacity reconsidered:From Malthus' population theory to cultural carrying capacity[J].Ecological Economics,31:395-408.

Shi H H,Shen C C,Zheng W,et al.2016.A model to assess fundamental and realized carrying capacities of island ecosystem:A case study in the southern Miaodao Archipelago of China[J].Acta Oceanologica Sinica,35(2):56-67.

Singh R,Paul D,Jain R K.2006.Biofilms:implications in bioremediation[J].Trends in Microbiology,14(9):389-397.

Small C,Nicholls R J.2003.A global analysis of human settlement in coastal zones[J].Jounal of Costal Research,19(3):584-599.

Steinberg D K,Goldthwait S A,Hansell D A.2002.Zooplankton vertical migration and the active transport of dissolved organic and inorganic nitrogen in the Sargasso Sea[J].Deep-Sea Research I（49）:1445-1461.

Terawaki T,Yoshikawa K,Yoshida G,et al.2003.Ecology and restoration techniques for *Sargassum* beds in the Seto Inland Sea Japan[J].Marine Pollution Bulletin,47(1/6):198-201.

Tovar A.,Moreno C.2000..Environmental implications of intensive marine aquaculture in earthen ponds[J].Mar Poll Bull,40:981-998.

Wang X H,Li L,Bao X,et al.2009.Economic cost of an algae bloom cleanup in China's 2008 Olympic sailing venue[J].Eos Trans,AGU,90(28):238-239.

Wu H L,Huo Y Z,Zhang J,et al.2015a.Bioremediation efficiency of the largest scale artificial *Porphyra yezoensis* cultivation in the open sea in China[J].Marine Pollution Bulletin,95(1):289-296.

Wu H L,Huo Y Z,Hu M,et al.2015b.Eutrophication assessment and bioremediation strategy using seaweeds co-cultured with aquatic animals in an enclosed bay,China[J].Marine Pollution Bulletin,95(1):342-349.

Zhou Y.Yang H S,Hu H Y,et al.2006.Bioremediation potential of the macroalga *Gracilaria lemaneiformis*（Rhodophyta）integrated into fed fish culture in coastal waters of North China[J].Aquaculture,252:264-276.

第3章 我国海洋生态文明建设基础与问题

准确了解、把握我国海洋经济发展的基础和现状，剖析近岸海域生态环境基本特征，是开展海洋生态文明建设战略研究的基础。本章以近年来中国海洋经济发展统计资料和海洋环境状况公报为依据，分析了我国海洋生态文明建设面临的3个问题：（1）污染等人为干扰导致海洋资源环境退化、灾害频发；（2）海洋空间利用不平衡，海洋经济发展总体不足，海洋产业结构亟待优化；（3）海陆统筹发展不足。在此基础上，提出我国海洋生态文明建设的指导思想、基本思路和总体目标。

3.1 我国海洋生态文明建设的基础

3.1.1 我国沿海地区社会经济状况与海洋产业现状

沿海地区社会经济与海洋产业的发展是海洋生态文明建设的重要支撑对象，同时其发展状况对促进区域海洋生态文明建设也会产生重要影响。以下基于2005—2014年中国海洋经济统计年鉴资料（房建孟和鲜祖德，2016；王宏和李强，2006，2007，2008，2009，2010，2011，2012，2013，2014，2015；国家发展改革委和国家海洋局，2015），对我国海洋经济发展及沿海经济社会发展情况进行简单分析。

1）社会经济状况

近40年来，依托海洋区位优势和资源优势，我国沿海地区海洋经济快速发展，对沿海地区社会和经济发展的贡献日益凸显。沿海地区成为中国改革开放的先行区和经济最发达地区。目前中国基本形成了经济发达、人口密集、城镇化快速发展的沿海经济带。

截至2014年末，我国沿海地区总人口达59 162万人，占全国总人口的43.25%。海洋经济快速发展推动涉海就业人员规模不断扩大，由2005年的2 780.80万人增长到2014年的3 553.70万人；主要海洋产业从业人员从2005年的949.20万人增加到2014年的1 212.50万人（表3-1）。2014年，沿海地区生产总值达37.31万亿元，比2005年增加25.80万亿元（表3-2）。

表3-1 沿海城市人口及从业人员概况（单位：万人）

年份	沿海地区总人口	沿海主要海洋产业劳动人数	沿海涉海就业人数
2005	—	949.20	2 780.80
2006	55 457.00	1 006.70	2 960.30

续表

年份	沿海地区总人口	沿海主要海洋产业劳动人数	沿海涉海就业人数
2007	55 550.00	1 075.20	3 151.30
2008	56 214.00	1 097.00	3 218.30
2009	56 885.00	1 115.00	3 270.60
2010	57 688.00	1 142.20	3 350.80
2011	58 072.00	1 167.50	3 421.70
2012	58 463.00	1 183.50	3 468.80
2013	58 812.00	1 199.10	3 514.30
2014	59 162.00	1 212.50	3 553.70

注："-"表示无数据。

表 3-2　2005—2014 沿海地区生产总值（单位：万亿元）

年份	沿海地区生产总值	全国生产总值
2005	11.51	18.59
2006	13.48	21.77
2007	16.00	26.80
2008	18.77	31.68
2009	20.75	34.56
2010	24.59	40.89
2011	28.91	48.41
2012	31.59	53.41
2013	24.42	58.80
2014	37.31	63.61

2）海洋产业现状

（1）全国海洋经济发展概况

进入 21 世纪，中国海洋经济发展迅速，沿海地区主要海洋产业持续保持平稳较快的增长态势，主要海洋产业发展势头良好，海洋经济总量实现了新突破，海洋经济在国民经济和社会发展中的地位日益突出。2005—2014 年间，平均每年海洋总产值对全国国内生产总值的贡献率超过 9%，对沿海地区生产总值的贡献率超过 15%。2014 年，全国海洋生产总值 60 699.1 亿元，海洋生产总值占国内生产总值的 9.54%，占沿海地区生产总值的 16.27%。2005—2014 年全国海洋生产总值及海洋产业增加值分别见表 3-3、表 3-4。

表 3-3 2005-2014 年全国海洋生产总值统计

年份	海洋生产总值/亿元	占国内生产总值/%	占沿海地区生产总值/%
2005	17 655.6	9.55	15.34
2006	21 592.4	9.98	16.02
2007	25 618.7	9.64	16.01
2008	29 718.0	9.46	15.83
2009	32 161.9	9.31	15.50
2010	39 619.2	9.69	16.11
2011	45 580.4	9.42	15.77
2012	50 172.9	9.39	15.88
2013	54 718.3	9.31	22.41
2014	60 699.1	9.54	16.27

表 3-4 2005-2014 年海洋产业增加值统计

年份	海洋产业增加值/亿元	年均增长速度/%	占沿海地区生产总值/%
2005	10 539.0	21.0	9.2
2006	12 696.7	20.5	9.4
2007	15 070.6	18.7	9.4
2008	17 591.2	16.7	9.4
2009	18 822.0	7.0	9.1
2010	22 831.0	21.3	9.3
2011	26 422.0	15.7	9.1
2012	29 264.4	10.8	9.3
2013	31 969.0	9.2	13.1
2014	36 364.9	11.4	9.8

（2）主要海洋产业发展情况

2014 年，海洋产业增加值实现 36 364.9 亿元，占海洋生产总值的 59.91%，占国内生产总值的 5.72%，占沿海地区生产总值的 9.8%。2014 年海洋产业增加值比 2005 年增加了 25 825.9 亿元。2005-2014 年海洋产业组成及海洋及相关产业增加值分别见图 3-1 和图 3-2（房建孟和鲜祖德，2016）。

（3）区域海洋经济发展情况

近年来，我国沿海各地依托沿海地区优越的区位优势和资源优势，认真落实党中央、国务院发展海洋经济的战略部署，区域海洋经济迅速发展，海洋经济结构不断优化，已经形成了环渤海、长江三角洲和珠江三角洲等以海洋经济为特色的发达经济区和滨海城市群。2014 年，环渤海经济区、长江三角洲经济区和珠江三角洲经济区海洋生产总值分别为 22 152 亿元、17 739 亿元和 12 484 亿元，占全国海洋生产总值的比重分别为 37%、29.6%、20.8%，体现了我国沿海高度城镇化地区海洋经济的集聚效应。海洋经济的高速发展也有力支撑了沿海地区社会经济可持续发展。

改革开放以来，我国的对外开放从最初的经济特区和东南沿海开放城市逐步走向全方位、多领

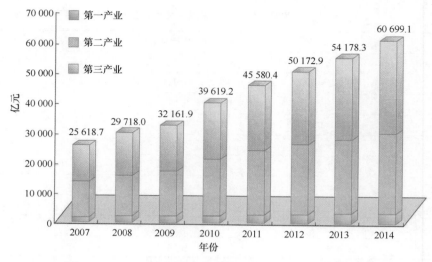

图 3-1 2007-2014 年度全国海洋生产总值及三次产业构成

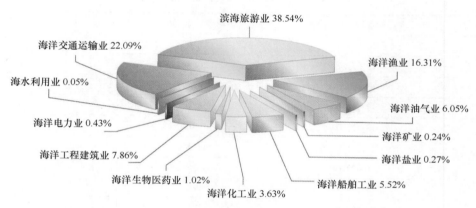

图 3-2 2014 年全国主要海洋产业增加值构成

域、深层次开放。这得益于有利的区位条件、丰富的海洋资源、良好的环境和政策优势，经济、生产要素和人口不断向沿海地区聚集。目前，我国已基本形成了具有明显海洋经济特色或海洋区位、资源环境依赖的沿海经济带，成为中国城镇化程度高、人口密集、经济发达的区域。目前，中国沿海地区以约占 13% 的国土面积、承载了全国 40% 以上的人口，创造了 57% 以上的国民生产总值，实现了 90% 以上的进出口贸易（中国海洋可持续发展的生态环境问题与政策研究课题组，2013）。

3.1.2 我国近岸海域环境状况

我国近海及海岸带生态系统为国民的生产和生活提供了多种重要资源，包括生物资源、矿产资源、航道港口资源、海水资源、旅游资源等。据目前的估计，海洋大致提供了全国超过五分之一的动物蛋白质食物，23% 的石油资源和 29% 的天然气资源，以及多种休闲娱乐及文化旅游资源（国家海洋局海洋发展战略研究所，2010；中国海洋可持续发展的生态环境问题与政策研究课题组，2013）。优良的生态环境是保障海洋可持续资源供给的基础。

《2016 中国近岸海域环境质量公报》报告了 2016 年度近岸海域（指与沿海省、自治区、直辖市行政区域内的大陆海岸、岛屿、群岛相毗连,《中华人民共和国领海及毗连区法》规定的领海外部界限向陆一侧的海域)环境质量状况。2016 年,全国近岸海域环境监测网共对 417 个近岸海域国控环境质量点位、192 个入海河流国控断面、419 个污水日排放量大于 100 m³ 的直排海污染源、27 个海水浴场进行了水质监测,对部分重要河口海湾进行了生物及沉积物监测;全国渔业生态环境监测网对黄渤海区、东海区、南海区的 40 个重要鱼、虾、贝、藻类的产卵场、索饵场、洄游通道、保护区及重要养殖水域进行了监测。主要环境状况如下(中华人民共和国环境保护部,2017)。

1) 水质总体情况

2016 年,全国近岸海域一、二、三、四类及劣四类水质点位比例分别为 32.4%、41.0%、10.3%、3.1% 和 13.2%。总体来看,水质级别一般。水质超标站点主要集中在城镇化率较高、经济相对发达的渤海湾、长江口、珠江口、辽东湾以及江苏、浙江、广东省部分近岸海域。

渤海近岸海域水质一般,优良点位比例为 72.8%,主要超标因子为无机氮;黄海近岸海域水质良好,优良点位比例为 89.0%,主要超标因子为无机氮;东海近岸海域水质差,优良点位比例为 44.3%,主要超标因子为无机氮和活性磷酸盐;南海近岸海域水质良好,优良点位比例为 87.9%,主要超标因子为 pH、无机氮和活性磷酸盐。

从沿海省份近岸海域水质状况来看,2016 年广西和海南近岸海域水质优优良点位比例分别为 95.7% 和 100%;辽宁和山东近岸海域水质良好;河北、天津、江苏、福建和广东水质一般;上海和浙江近岸海域水质极差,优良站位比例分别为 0 和 28.6%。

从 2016 年 9 个重要海湾监测结果来看,北部湾水质为优;辽东湾、黄河口和胶州湾水质为一般;渤海湾和珠江口水质为差,长江口、杭州湾和闽江口水质为极差级别。

"十二五"以来,全国近岸海域水质情况均为一般,海水水质优良(一、二类水质点位)比例从 2011 年的 62.8% 升至 2016 年的 73.4%,优良海水比例呈波动上升趋势;2012 年至 2015 年间,劣四类点位比例一直在 18.6% 左右,2016 年降为 13.2%,劣四类海水比例呈波动下降趋势。全国近岸海域水质呈总体改善趋势。

2) 滨海城市近岸海域水质状况

全国 61 个滨海城市中,2016 年度近岸海域水质优的包括 17 个城市:茂名、惠州、揭阳、北海、防城港、三亚、临高、昌江、陵水、琼海、儋州、文昌、万宁、东方、三沙、洋浦、乐东;近岸海域水质良好的包括 21 个城市:莆田、珠海、江门、湛江、汕尾、唐山、秦皇岛、海口、澄迈、盐城、大连、丹东、营口、葫芦岛、青岛、烟台、潍坊、威海、日照、滨州、中山;近岸海域水质一般的包括 11 个城市:福州、厦门、泉州、漳州、汕头、钦州、连云港、盘锦、东营、天津、潮州;近岸海域水质差的包括 6 个城市:宁德、阳江、南通、锦州、温州和台州;近岸海域水质极差的包括 6 个城市:深圳、沧州、上海、宁波、嘉兴和舟山。总体来看,滨海城市近岸海域水质堪忧,城镇化对近岸海域水环境压力较大。

3) 富营养化是我国近岸海域主要环境问题

全国近岸海域主要超标因子为无机氮和活性磷酸盐,尤其以无机氮超标最多,以城镇化水平高、经济相对发达的上海、杭州湾近岸海域最严重。大型城市近岸海域无机氮富集,流域和沿岸陆源输入是重要原因。

富营养化是我国近岸海域的重要问题。2016 年富营养化点位比例为 31.2%，中度及以上富营养化点位主要集中在辽东湾、长江口、珠江口及山东、江苏、浙江部分近岸海域。

4）重要渔业水域环境状况

2016 年全国渔业生态环境监测网对四大海区的 40 个重要鱼、虾、贝、藻类的产卵场、索饵场、洄游通道、保护区及重要养殖水域进行了监测，监测水域总面积约 595.89 万公顷。结果表明，海洋天然重要渔业水域主要环境超标因子为无机氮和活性磷酸盐，重金属监测指标未超标；海水重点增养殖区主要环境超标因子为无机氮、活性磷酸盐和化学需氧量；国家级海洋水产种质资源保护区主要环境超标因子为无机氮和化学需氧量。

5）海洋生物多样性保护及生态系统健康状况

《2016 年中国海洋环境状况公报》（国家海洋局，2017）显示，2016 年我国海洋生物多样性保持稳定，海洋功能区环境基本满足使用要求。但是，陆源入海污染压力巨大，近岸局部海域污染严重，典型海洋生态系统健康状况不佳，海洋环境风险依然突出。2016 年，海洋浮游生物、底栖生物、海草、红树植物、造礁珊瑚的主要优势类群及自然分布格局未发生明显变化。国家级海洋自然保护区、海洋特别保护区的重点保护对象、水质状况基本保持稳定。

3.2 我国海洋生态文明建设面临的问题

过去 40 年来，我国沿海地区经济和海洋经济发展基本上沿袭了以规模扩张为主的外延式增长模式，使得近海生态系统受到严重威胁。尽管我国政府已高度重视海洋环境与生态的保护工作，采取多种海洋生态保护措施，也取得了一定的成效，但与陆地生态环境保护相比，海洋环境保护的力度仍比较薄弱（中国海洋可持续发展的生态环境问题与政策研究课题组，2013）。从 20 世纪 70 年代末开始，我国沿海地区社会经济发展加快，陆源污染、围填海等人类干扰对近岸海域的压力持续加大，海洋环境质量开始恶化，近岸海域生态系统健康受损，生态系统服务功能下降，部分海域的开发已超出自身的资源环境承载能力，我国海洋可持续发展受到严峻威胁。与此同时，随着新一轮国家沿海地区发展战略的实施和城镇化进程不断加快，沿海地区可持续发展和海洋生态文明建设面临新的形势和挑战。

与 20 世纪 80 年代初相比，我国海洋生态与环境问题在类型、规模、结构、性质等方面都发生了深刻的变化。主要表现为：

1）污染等人为干扰导致海洋资源环境退化、灾害频发

从 3.1.2 节分析可知，我国近海总体污染严重，部分海域生态系统健康受损。由此带来海洋生态环境灾害频发，海洋渔业资源衰退。环境、生态、灾害和资源四大生态环境问题共存，并且相互叠加、相互影响，呈现出异于发达国家传统的海洋生态环境问题特征，表现出明显的系统性、区域性和复合性（中国海洋可持续发展的生态环境问题与政策研究课题组，2013）。

2）海洋空间利用不平衡，海洋经济发展总体不足，产业结构亟待优化

我国海洋产业仍以利用近岸海域资源环境为主，造成近岸海域渔业资源衰退，渔业资源修复和养护的压力较大；近岸资源开发导致围填海等用海需求增加，围填海等导致近岸海域生境改变进而影响生态系统健康。我国海洋环境、资源的问题主要在近海，而深远海发展则严重不足。

从全国来看，沿海地区海洋产业同构、布局趋同现象严重，部分地区海洋产业结构单一、结构不合理。我国海洋经济总体水平不高、区域发展严重不均衡、部分地区海洋产业发展的低端化，科技支撑能力弱（马仁锋等，2013）。全国海洋发展尚未真正实现优势互补、区位协同、统筹发展。应进一步加大海洋产业结构调整，促进海洋产业结构优化升级，转变发展方式。加快推进海洋传统产业改造升级，培育壮大海洋战略性新兴产业，积极发展海洋服务业。

3）海陆统筹发展不足

海陆统筹发展是加快建设海洋生态文明的重要举措。从海岸带复合生态系统的观点来看，海洋与陆地同属一个复合生态系统，在物质、能量和信息交换方面，相互作用又互为补充。我国海洋生态文明建设是沿海地区生态文明建设的重要内容，需以海岸带复合生态系统为指导思想，统筹考虑陆域与海域环境、陆地与海洋发展、陆地资源与海洋资源、临海产业与海洋交通、陆地区位与海洋区位等，真正构建海洋生态文明建设与经济发展的资源-环境-社会-经济复杂巨系统。

总体来看，我国海洋经济的发展虽然取得了长足进步，海陆统筹发展的理念逐步树立，但仍然面临一些制约海陆统筹发展进程的问题。突出表现为：①海陆经济之间的联系不足，产业结构衔接错位较大，海陆经济链尚未有效建立，相互支撑尚显不足，海陆经济互补性还有很大发展空间；②陆域发展及其对海域环境的污染压力较大，以陆源污染为主因的我国近岸海域生态系统健康状况令人堪忧，但海洋环境保护的海陆联动机制尚未有效建立；③海陆统筹的法律、法规和发展规划等制度体系尚不健全，全民海洋生态保护的意识有待进一步提高，海洋生态补偿制度亟待尽快确立等（中国海洋可持续发展的生态环境问题与政策研究课题组，2013；曹忠祥和高国力，2015）。

当前，沿海地区海洋生态文明建设应在充分认识海洋在支撑沿海地区甚至全国经济社会可持续发展的作用基础上，针对当前海洋生态与环境问题（兰冬东等，2013；戴本林，2013；厉丞烜等，2014），从如何促进海陆统筹发展、保障海洋环境质量、修复受损海洋生境、发展海洋经济、提高公众海洋生态保护意识、健全海洋生态文明管理制度等方面入手，结合区域特点提出生态文明建设的重点任务和发展策略。

3.3　我国海洋生态文明建设的总体要求

3.3.1　指导思想

以马列主义、毛泽东思想、邓小平理论、"三个代表"重要思想、科学发展观和习近平新时代中国特色社会主义思想为指导，以海洋经济可持续发展为目标，以加快转变海洋经济发展方式为主线，坚持海陆统筹，改善海洋生态健康水平，提升海洋资源利用效率，规范海洋开发秩序，增强全

民海洋环境保护意识，着力优化海洋产业结构，提高海洋开发、保护、综合管理能力，为促进海洋经济又好又快发展，实施海洋强国战略做出更大贡献。

3.3.2　基本思路

在全面分析区域海洋生态文明建设面临的形势和问题基础上，基于海岸带复合生态系统理念，区域海洋生态文明建设要坚持保护优先、预防为主，海陆统筹、点面结合，因地制宜、协调推进，创新机制、依靠科技，对受损海洋生态系统坚持自然恢复和工程修复相结合，全面推进重点海域生态环境保护，加大海洋经济和沿海地区产业结构调整和污染防治力度，加强自然岸线保护和围填海管理，加强海洋领域减灾防灾能力，提升海洋资源环境承载能力，加快解决影响人民群众健康和区域可持续发展的突出海洋生态环境问题。

3.3.3　总体目标

（1）进一步规范海洋经济开发秩序，建立各具特色、功能完备的海洋保护区网络体系，健全海洋环境污染防治与修复技术体系，完善海洋环境保护与生态修复的制度，使受损海洋生态系统得以修复，重要生境得以保护，海洋资源环境得以有效利用，公众海洋保护意识明显提高，近岸海域生态系统趋于良性循环，海洋资源环境优美，人与海洋和谐相处。

（2）为海洋开发与保护战略提供基础环境保障，逐步形成环境友好、资源节约、开发有度、排放有序、管理有据、全民参与、人海关系和谐的良好局面，基本形成节约海洋资源和保护海洋生态环境的海洋产业结构、增长方式、消费模式。

（3）建成我国海洋经济发展和海洋生态环境保护的示范区，为我国海洋经济的稳定健康持续发展积累经验。

参考文献：

曹忠祥,高国力.2015.我国陆海统筹发展的战略内涵、思路与对策[J].中国软科学(2):1-11.

戴本林,华祖林,穆飞虎,等.2013.近海生态系统健康状况评价的研究进展[J].应用生态学报,24(4):1169-1176.

房建孟,鲜祖德.2016.2015中国海洋统计年鉴[M].北京:海洋出版社.

国家发展改革委,国家海洋局.2015.中国海洋经济发展报告2015[R].

国家海洋局.2017.2016年中国海洋环境状况公报[R].

国家海洋局海洋发展战略研究所.2010.中国海洋发展报告[M].北京:中国海洋出版社.

兰冬东,马明辉,梁斌,等.2013.我国海洋生态环境安全面临的形势与对策研究[J].海洋开发与管理,30(2):59-64.

厉丞烜,张朝晖,陈力群,等.2014.我国海洋生态环境状况综合分析[J].海洋开发与管理,31(3):87-95.

马仁锋,李加林,赵建吉,等.2013.中国海洋产业的结构与布局研究展望[J].地理研究,32(5):902-914.

王宏,李强.2006.2005中国海洋统计年鉴[M].北京:海洋出版社.

王宏,李强.2007.2006中国海洋统计年鉴[M].北京:海洋出版社.

王宏,李强.2008.2007中国海洋统计年鉴[M].北京:海洋出版社.

王宏,李强.2009.2008中国海洋统计年鉴[M].北京:海洋出版社.

王宏,李强.2010.2009中国海洋统计年鉴[M].北京:海洋出版社.

王宏,李强.2011.2010中国海洋统计年鉴[M].北京:海洋出版社.

王宏,李强.2012.2011 中国海洋统计年鉴[M].北京:海洋出版社.

王宏,李强.2013.2012 中国海洋统计年鉴[M].北京:海洋出版社.

王宏,李强.2014.2013 中国海洋统计年鉴[M].北京:海洋出版社.

王宏,李强.2015.2014 中国海洋统计年鉴[M].北京:海洋出版社.

中国海洋可持续发展的生态环境问题与政策研究课题组.2013.中国海洋可持续发展的生态环境问题与政策研究[M].北京:中国环境科学出版社.

中华人民共和国环境保护部.2017.2016 中国近岸海域环境质量公报[R].

Chen Nengwang,Hong Huasheng,Zhang Luoping,et al.2008.Nitrogen sources and exports in an agricultural watershed in Southeast China[J].Biogeochemistry,87:169−179.

第4章 典型滨海城市海洋生态文明建设策略

我国沿海地区集中了全国 70%以上的工业人口和基础设施。特别是具有人口密集、高人类活动强度特征的滨海城市，不仅是政治、经济、文化以及其他人类活动最为活跃的地带，也是人海关系最为紧密和最为敏感的区域。随着目前工业化、城镇化建设进程的加快，一些无序、无度的污染排放行为及粗放式滨海空间资源开发活动对近海生态系统产生了前所未有的干扰和损害，进而导致生物多样性的降低，海水富营养化等问题突出，赤潮等海洋生态灾害频发，进一步恶化了这些地区的生态环境，降低了滨海城市近岸海域生态系统服务功能及其价值。而这些过程又反过来制约沿海地区城镇化的发展进程，影响了滨海城市各项事业的健康和可持续发展。

以上问题归根结底是一种人类的生态不文明行为导致的生态系统失衡，致使资源环境压力愈加严重。因此，加快滨海城市海洋生态文明建设，不仅是我国城镇化建设的必然要求，也是促进人与海洋和谐相处的必要手段。本研究以典型滨海城市——山东省威海市为例，基于威海近年来海洋生态环境状况变化，分析了威海市海洋生态文明建设优劣势，并进一步讨论了我国滨海城市海洋生态文明建设重点与推进策略。本研究对于促进威海市海洋资源可持续利用和保护有重要的战略性指导意义，对我国其他滨海地区生态环境保护和资源持续利用也具有良好的借鉴作用。

4.1 滨海地区城镇化对近岸海域生态环境的影响

滨海城市是指拥有一定海岸线，生产、生活对于海洋有依赖背景和发展牵连的城市。丰富的海洋资源、良好的生态环境为沿海地区社会经济发展提供了重要战略支撑。从全球来看，人口趋海性逐步加强，沿海地区是人口和重要城市集中分布区，也是区域政治、经济、文化活动发生的聚集区。在经济全球化和区域经济一体化纵深发展的今天，拥有明的区位优势和海洋资源的滨海城市，已经表现出区域优势快速崛起的强劲势头。众多滨海城市的发展，形成了庞大的滨海城市圈，进而由滨海城市圈连贯而成为巨大的滨海城市带。如美国以纽约、费城为代表的西大西洋城市带，欧洲以巴黎和阿姆斯特丹为代表的东大西洋城市带，日本以东京、横滨为代表的日本西太平洋城市带。这些具有着强大辐射力和影响力的滨海城市经济圈，对于区域社会的集约化发展和内陆经济的推动作用日益明显。

近岸海域是海洋系统和人类社会关系最密切的部分。世界范围看，约 60%人口居住在距海岸100 km 的沿海地区。人口、城市和经济的高度密集性使得近岸生态环境系统脆弱性加重，部分海域环境质量问题堪忧。以我国为例，20 世纪 80 年代以来，中西部人口加速向东南沿海城市聚集，使东南沿海地区成为中国人口最密集、经济最发达的地区，长三角、珠三角、环渤海城市圈已经初具规模，再加上以大连、青岛、宁波、厦门等沿海开放城市为中心的沿海地区城市化进程不断加快，中国的沿海城市带基本格局已经形成。我国大陆沿海 11 个省（自治区、直辖市）占全部国土面积的 14%，2015 年人口占全国的 40.5%，国民生产总值占全国的 58.5%，有 70% 的大城市集中在沿海地区（中华人民共和国国家统计局，2016）。

沿海地区快速的城镇化进程，伴随着工农业生产高速发展及趋海人口的密集，使该地区承载了大量的社会经济活动，从而对近海环境产生了较大干扰，整体上导致近海环境功能降低（虞阳等，2014）。近年来的国家海洋环境质量公报和海洋环境状况公报表明，我国海洋环境状况不容乐观，生态系统健康处于不健康或亚健康状态的海域主要集中在河口、海湾和滨海城市近岸海域。近海环境恶化往往会导致生态灾害频发、生物多样性下降、海洋生态系统服务功能的降低，一些重要的生境破碎、面积缩小或甚至丧失，削弱了近海生态系统对沿海地区社会经济发展承载能力。

城镇化建设过程中对近岸海洋生态环境产生的干扰主要表现在两个方面：

一是人类生产、生活产生大量陆源污染入海，降低了近海环境质量。快速发展的城镇化建设加剧人口趋海性，使得海岸带地区承载了越来越多的人类活动。近年来我国沿海地区环境保护力度不断加大，但快速发展的社会经济规模和城镇化，使得陆源污染物入海总量控制压力持续加大。随着沿海地区工农业生产的持续高速发展及趋海人口的进一步密集，工业废水和生活污水将会继续增加。污染物通过入海河流和直排口排放入海，直接影响近岸海域环境质量，从而损害近岸生态系统健康及生态服务功能。据《2016 年全国近岸海域环境质量公报》，全国 419 个直排海污染源（日排放量大于 100 m³）污水排放总量 65.7 亿 t，其中，化学需氧量 19.8 万 t、石油类 788 t、氨氮 1.5 万 t、总磷 2 739 t。

二是围海造地直接侵占滨海湿地和近岸海域，进而威胁近岸海域海洋生态系统健康。城镇化进程的加快导致用地需求进一步增加，而海岸带地区有限的土地资源无法承载逐渐超负荷的生产和生活发展，土地资源稀缺已成为影响沿海地区社会经济可持续发展的重要瓶颈。向海洋索要空间是最为直接、有效的手段。填海造地成为解决沿海地区用地矛盾、拓展生产和生活空间的重要方式之一。近年来，沿海各地围海造地活动呈现出速度快、面积大、范围广的发展态势，但整体上对用海行为缺乏系统的科学评估，特别是对长期以来大规模围填海的综合影响认识不足，因此带来一系列较为严重的生态、环境、资源问题，影响近岸海域生态系统可持续发展。围填海工程对海洋环境的影响主要表现在围填海侵占原始岸线、使得岸线向外延展，改变了近岸海域海底地形和动力环境，港湾内纳潮量减少，近岸海域水环境自净能力下降，并加剧海域富营养化风险，增加了大规模赤潮等生态灾害发生的概率。特别是滨海湿地往往是生物多样性保护的重要区域，一些海域（如河口）是渔业资源天然的育幼场、索饵场和洄游通道，围填海造成这些生境破碎或掩埋对生物多样性保护和渔业资源可持续发展造成严重破坏，而且难以修复。近年来，沿海地区的围垦、填海、筑坝、取沙、造塘、建港和石油开采等工程，造成河道港湾淤塞，滩涂湿地面积锐减，致使沿海滩涂生态环境恶化，一些工程完工后没有及时采取相应生态修复措施，再加上海洋捕捞压力加大、陆源污染影响等因素，致使近海渔业资源萎缩，海洋生态环境持续恶化。

随着当前城镇化建设进程的加快，由此产生的陆源污染入海排放、围海造地等典型人类活动对近海生态系统的干扰愈加严重且多元化，降低了近海生态系统功能及其价值，而这些因素又反过来制约着沿海地区城镇化。沿海地区城镇化进程引起的陆源污染入海排放量剧增、围海造地改变海域自然属性等问题，造成近岸海域生态系统服务减弱甚至消失，从而降低了近岸海域生态系统对城镇化建设的支持作用，加重了城镇化建设的负担。近海环境质量下降对城镇化最直接的影响是导致赤潮、绿潮等海洋灾害的频发，一方面对近岸海域生物多样性保护造成严重威胁，也降低了调节功能、资源供给等海洋生态系统服务，影响近海渔业资源的健康发展和可持续利用；另一方面影响近岸海域景观，制约了滨海旅游业发展。

由此可知，加快滨海城市海洋生态文明建设，是我国城镇化建设的必然要求，也是促进人与海洋和谐相处的必要手段。本研究以典型滨海城市——山东省威海市为例，分析其海洋生态文明建设优劣势及其发展策略。通过建设威海市海洋生态文明示范区，进一步优化海洋产业结构，完善海洋环境保护和生态修复制度，增强公众海洋生态文明意识，建立健全威海市海洋经济可持续发展模式，对于促进威海市海洋资源可持续利用和保护有重要的战略性指导意义，对我国其他滨海地区生态环境保护和资源持续利用也具有良好的借鉴作用。

4.2 典型滨海城市海洋生态环境状况分析

本节研究区海洋生态环境现状的资料，主要摘引自《2013 年威海市海洋环境公报》（威海市海洋与渔业局，2014）、《2013 年威海市海洋渔业状况公报》（威海市海洋与渔业局，2014）、《2015 威海统计年鉴》（威海市统计局，2015）以及《2013 年威海市国民经济和社会发展统计公报》（威海市统计局，2013）等。

4.2.1 自然条件概况

1）行政区划及地理位置

威海市位于山东半岛最东端，地处 36°41′~37°35′N，121°11′~122°42′E，东西最大横距 135 km，南北最大纵距 81 km。威海北东南三面环海，一面接陆，东与朝鲜半岛、日本列岛隔海相望，北与辽东半岛一水相连，与旅顺口势成渤海犄角，拱卫京津海上门户，西与烟台市接壤，南由海上通达沪、宁、杭及东南亚等地。

威海市陆地总面积达 5 797 km²，其中，中心市区面积 991 km²。市辖环翠区、文登区、经济技术开发区（国家级）、火炬高技术产业开发区（国家级）、临港经济技术开发区（国家级）、荣成市和乳山市。共 49 个镇、22 个街道办事处、2 513 个行政村、398 个居委会。

2）气候概况

威海属暖温带季风气候，具有明显的海洋性气候特征。年平均降水量 730.2 mm，多年平均水资源总量为 16.28 亿 m³。雨水丰富、年温适中、气候温和。沿海水温常年变化范围在 0~29℃，多无冰冻期，受风暴潮等自然灾害影响较少。依山傍海，自然风光秀丽，旅游资源丰富，生态条件优良，是全国空气、海水质量最好的地区之一。

3）地质地貌

威海市位于山东省胶北断块隆起的东端，其南侧与胶莱坳陷的东部边缘接壤。境内出露地层自老至新有晚太古界的胶东群、中生界上侏罗系莱阳组和白垩系下统青山组及新生界第四系地层。地势中部高，山脉呈东西走向，起伏缓和、谷宽坡缓，海拔最高点位于昆嵛山主峰泰礴顶（海拔922.8 m）。其中，低山占土地总面积的 15.77%，丘陵占 52.38%，平原占 27.56%，岛屿占 0.28%，滩涂占 4.01%。

4) 水文土壤

威海市河流属半岛边沿水系，季风区雨源型河流。市域内河网密布，有大小河流 1 000 多条，河网平均密度为 0.22 km/ km²，多年平均年径流系数约为 0.36。其中母猪河、乳山河、黄垒河 3 条较大河流贯穿于文登市、乳山市境内，总流域面积 2 884 km²，占威海市土地总面积的 53%。

威海市土壤类型有棕壤、潮土、盐土、风沙土、褐土、水稻土、山地草甸土，共 7 个土类。其中，棕壤土类在威海市分布最广，占土壤总面积的 83.5%。潮土类占土壤总面积的 13.2%。

5) 海域资源

威海的海域空间优势十分突出，全市海岸线长约 986 km，兼有基岩、沙砾和淤泥质等多种类型海岸，具有丰富的深水岸线资源，占山东省的 1/3、全国的 1/18。近岸海域面积达 11 449 km²，其中，水深 -20 m 以浅海域总面积为 3 482.6 km²，占总面积的 30.4%。拥有面积在 500 m² 以上的海岛 98 个，岛岸线长 102.8 km，岛陆面积 13.2 km²，沿岸分布 1 km² 以上海湾 22 个，主要岬角 20 多个，优质沙滩 40 多处。

威海自然资源丰富多样。近海生物种类 300 多种；海岸带和近海海域蕴藏着大量矿产资源，已探明可供开采的 30 多种，其中黄金、铁、石英砂、花岗岩、锆英砂等矿产资源储量在全国占有重要位置；风能、潮汐能、洋流能、波浪能和温差能等海洋能蕴藏量较大，开发利用条件较好。

4.2.2　近岸海水水质状况

据《2013 年威海市海洋环境公报》显示，2013 年，威海市近岸海域水质状况总体良好，海洋功能区综合环境质量状况良好，局部海域环境受到轻微污染，存在潜在风险，主要超标物为无机氮和磷酸盐。

2013 年，威海市近岸海域符合第一类海水水质海域面积为 9 676.2 km²，占 84.5%；符合第二类海水水质海域面积为 1 772.8 km²，占 15.5%。与 2012 年监测结果相比，第二类海水水质海域面积有所增加，污染海域主要分布在水动力条件较差的海湾和近岸区域，主要污染物是无机氮和活性磷酸盐。

2013 年，威海市区近岸海域海水总体符合第一类和第二类海水水质标准，满足养殖、旅游等生态敏感区及人类娱乐用水需要。区域海水基础环境稳定；营养状况良好，未发生富营养化，氮、磷营养盐比例存在失衡风险。与 2012 年相比，海水中活性磷酸盐和无机氮的浓度明显升高，石油类和铅的浓度有所降低，化学需氧量（COD）、锌、铬、汞、镉、铅和砷浓度基本持平，海水富营养化水平和有机污染指数均有所上升，局部海域开始受到有机污染。

4.2.3　近岸海洋沉积物状况

2013 年，威海市近岸海域沉积物质量状况良好；沉积物粒度指标保持稳定，北部近岸海域以砂质为主，东部和南部近岸海域以粉砂为主，威海湾、桑沟湾和乳山湾等湾内海域沉积物以黏土质粉砂为主；70% 的监测站位符合第一类海洋沉积物质量标准，30% 的监测站位符合第二类海洋沉积物质量标准；未达到第一类海洋沉积物质量标准要求的监测站位主要分布在人类活动强度较大的海湾近岸，主要污染物是多氯联苯（PCBs）。

2013 年，威海市近岸海域沉积物质量状况良好，沉积物粒度基本保持稳定；沉积物理化指标符合第一类海洋沉积物质量标准；污染指标中，威海湾局部海域沉积物中多氯联苯含量未达到第一类海洋沉积物质量标准的要求，其他污染因子均符合第一类海洋沉积物质量标准。

2009-2013 年，威海市近岸海域沉积物中硫化物和重（类）金属元素含量基本稳定，其中汞、铅、镉含量呈稳步降低趋势，有机碳和石油类物质含量显著降低后已保持稳定，多氯联苯含量略有降低，但仍呈持续高含量态势（图 4-1），其潜在海洋环境风险需引起重视。

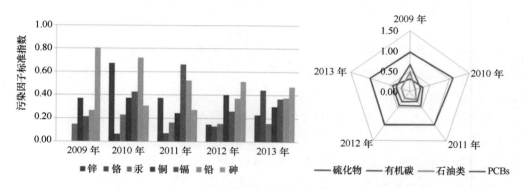

图 4-1　威海市近岸海域沉积物质量状况

4.2.4　海洋生物多样性状况

2013 年，威海市近岸海域海洋生物多样性水平较高（图 4-2），总体呈现出 8 月和 10 月生物多样性指数高，5 月生物多样性指数低的季节性规律；区域海洋生物物种总体分布较均匀，局部海域受人类活动强度较大，对区域群落均匀度造成影响；近岸海域浮游植物优势种为硅藻，浮游动物优势种为桡足类及其浮游幼体，底栖动物优势种为沙蚕。与 2012 年监测结果相比，群落结构稳定，主要优势种未出现明显变化，未发现外来生物种。

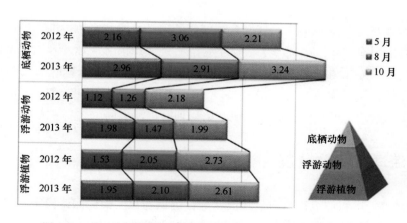

图 4-2　2013 年威海市近岸海域海洋生物多样性指数状况分布

1）浮游植物

2013 年 5 月，威海市近岸海域共监测到浮游植物 31 种，区域平均群落均匀度为 0.14，丰度为 0.67，生物资源较丰富，分布均匀度一般；区域浮游植物优势种为短楔形藻、柔弱根管藻和脆杆藻（图 4-3），其平均密度分别为 $9.6×10^5$ 个/m^3、$8.9×10^6$ 个/m^3 和 $7.3×10^5$ 个/m^3；威海湾海域人为活动强度较高，对区域浮游植物群落均匀度造成影响。2013 年 8 月，威海市近岸海域共监测到浮游植物 31 种，区域平均群落均匀度为 0.24，丰度为 0.48，生物资源较丰富，分布较均匀；区域浮游植物优势种为中肋角毛藻和角毛藻（图 4-3），其平均密度分别为 $1.1×10^5$ 个/m^3 和 $4.3×10^4$ 个/m^3；威海湾海域人为活动强度较高，对区域群落丰度造成影响。2013 年 10 月，威海市近岸海域共监测到浮游植物 34 种，区域平均群落均匀度为 0.17，丰度为 0.75，生物资源较丰富，分布较均匀；区域浮游植物优势种为中肋骨条藻和海链藻（图 4-3），其平均密度分别为 $6.4×10^5$ 个/m^3 和 $4.3×10^5$ 个/m^3；威海湾海域人为活动强度较高，对区域群落均匀度造成影响。

2）浮游动物

2013 年 5 月，威海市近岸海域共监测到浮游动物 20 种，区域平均群落均匀度为 0.18，丰度为 1.06，生物资源较丰富，分布均匀度一般；区域浮游动物优势种为双刺纺垂水蚤（图 4-3），其平均密度为 553 个/m^3；威海湾海域人为活动强度较高，对区域浮游动物群落均匀度造成影响。2013 年 8 月，威海市近岸海域共监测到浮游动物 26 种，区域平均群落均匀度为 0.14，丰度为 1.15，生物资源较丰富，分布均匀度一般；区域浮游动物优势种为小拟哲水蚤（图 4-3），其平均密度为 774 个/m^3；威海湾人为活动强度较高，对区域浮游动物群落均匀度和丰度造成一定的影响，乳山口海域浮游动物群落均匀度呈下降趋势。2013 年 10 月，威海市近岸海域共监测到浮游动物 18 种，区域平均群落均匀度为 0.24，丰度为 0.97，生物资源较丰富，总体分布均匀；区域浮游动物优势种为夜光虫（图 4-3），其平均密度为 2 910 个/m^3；威海湾局部海域夜光藻密度为 $2.1×10^6$ 个/m^3，接近赤潮暴发下限（$3×10^6$ 个/m^3），区域存在暴发夜光藻赤潮的风险，受其影响区域浮游动物群落均匀度和丰度明显低于威海其他海域。

3）底栖动物

2013 年 5 月，威海市近岸海域共监测到底栖动物 33 种，区域平均生物量为 13.5 mg/m^2，群落均匀度为 0.25，丰度为 1.40，生物资源较丰富，总体分布均匀；区域底栖动物优势种为凸壳肌蛤和沙蚕科（图 4-3），其平均生物量为 194 个/m^2 和 117 个/m^2。2013 年 8 月，威海市近岸海域共监测到底栖动物 31 种，区域平均生物量为 24.3 mg/m^2，群落均匀度为 0.27，丰度为 1.19，生物资源较丰富，总体分布均匀；区域底栖动物优势种为凸壳肌蛤和沙蚕科（图 4-3），其平均生物量为 98 个/m^2 和 59 个/m^2。2013 年 10 月，威海市近岸海域共监测到底栖动物 31 种，区域平均生物量为 16.5 mg/m^2，群落均匀度为 0.26，丰度为 1.50，生物资源较丰富，总体分布均匀；区域底栖动物优势种为锥头虫科和沙蚕科（图 4-3），其平均生物量为 47 个/m^2 和 46 个/m^2。

4.2.5 海洋功能区状况——海水增养殖区

2013 年，威海市海水养殖产业结构优化成效显著，全年实现海水养殖产量 152.2 万 t，产值

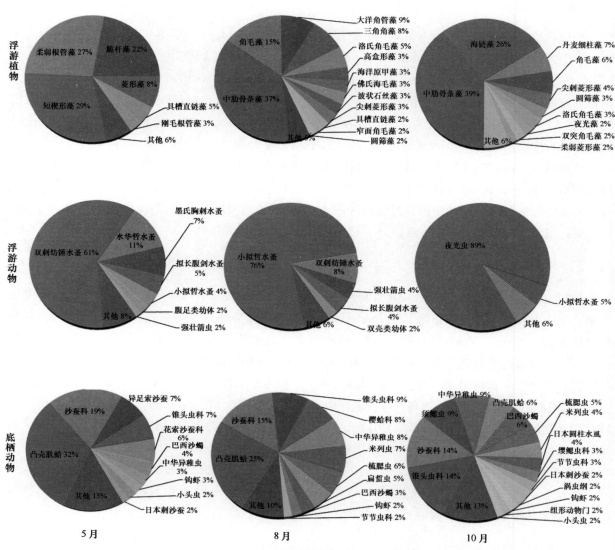

图4-3　威海近岸海域5月、8月、10月浮游植物、浮游动物和底栖动物种类组成

184.3亿元，同比分别增长6.4%和14.8%；全市海水增养殖区总面积达700 km²，较2012年新增40 km²，其中贝类养殖面积250 km²，约占总养殖面积的36.3%；刺参养殖面积240 km²，约占总养殖面积的34.4%。全年重点开展了4个海水增养殖区的环境状况和养殖生物质量监测。2013年，威海市海水增养殖区海水环境状况优良，所有监测要素均符合第二类海水水质标准；海水增养殖区沉积物质量状况一般，重金属、硫化物、有机碳和石油类物质的含量符合第一类海洋沉积物质量标准；局部海域沉积物中多氯联苯含量较高，未达到第一类海洋沉积物质量标准的要求；海水增养殖区海洋生物状况良好，海洋生物资源较丰富，物种分布较均匀，群落结构稳定，生物多样性水平较高。

4.3　滨海城市海洋生态文明建设优劣势分析

4.3.1　典型滨海城市海洋生态文明建设优势分析

威海市作为我国山东省地级市，区位优势明显（图4-4），是我国环渤海经济圈与黄海经济圈接合部的重要节点城市和北方对外开放的重要窗口，具有优良的自然条件，长期以来形成了良好的城市品牌。威海市海洋经济相对发达，海洋产业发展势头良好，海洋生态环境保护力成效显著，海洋综合管理制度不断健全，海洋环境监测与预警能力不断提升（威海市人民政府，2012）。

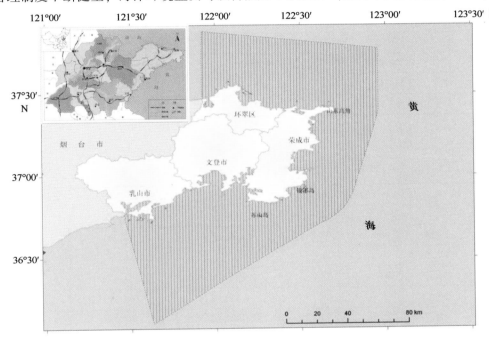

图4-4　威海地理位置及近岸海域范围示意图

1）良好的城市品牌

威海市辖环翠区、文登区、经济技术开发区（国家级）、火炬高技术产业开发区（国家级）、临港经济技术开发区（国家级）、荣成市、乳山市。威海是中国最著名的海滨度假旅游之城，中国的"一线旅游城市"，中国最大的海产品生产基地。1984年，威海成为第一批国家沿海开放城市。1990年被评为"中国第一个国家卫生城市"。1996年被建设部命名为"国家园林城市"。1997年被环保部授予"国家环境保护模范城市"。1999年成为第一批中国优秀旅游城市。2000年和2002年两次获得联合国"改善人居环境最佳范例城市"奖。2003年，获得全球人居领域最高奖项"联合国人居奖"。2006年荣获联合国"最适合人类居住城市"奖。2009年被评选为"国家森林城市"。2013年被评为"首批国家级海洋生态文明建设示范区"。2016年获得"中国十佳宜居城市"和

"中国最具幸福感城市"，与烟台市并称为中国著名的"雪窝"，形成了独特的海滨雪城。

2013 年末，威海全市常住人口 280.56 万人（表 4-1）。2013 年全市实现生产总值 2 549.69 亿元，比上年增长 10.8%。三次产业结构由上年的 7.7∶53.4∶38.9 调整为 8.0∶51.5∶40.5（表 4-2）。全年城市居民人均可支配收入 31 442 元，农民人均纯收入 15 582 元，分别较上年增长了 9.8%和 11.6%。（图 4-5）。至 2013 年末城市建成区面积 142 km²，建成区绿化覆盖率达 48.93%。

表 4-1　2005–2013 年威海市人口情况

年份	年末总人口/人	农业人口/人	非农业人口/人	常住人口/万人
2005	2 490 904	1 313 469	1 177 435	277.59
2006	2 498 299	1 322 737	1 175 562	279.00
2007	2 510 553	1 320 043	1 190 510	279.96
2008	2 522 307	1 314 525	1 207 782	280.61
2009	2 529 677	1 300 670	1 229 007	281.69
2010	2 536 062	1 236 466	1 299 596	280.46
2011	2 538 425	1 237 690	1 300 735	280.10
2012	2 535 727	1 233 231	1 302 496	279.75
2013	2 537 549	1 228 622	1 308 927	280.56

注：根据《威海 2015 统计年鉴》，2015。

表 4-2　2005–2013 年威海市社会经济概况

年份	地区生产总值/亿元	第一产业/亿元	第二产业/亿元	第三产业/亿元	人均地区生产总值/元
2005	1 020.29	109.32	593.95	317.02	41 018
2006	1 190.8	116.58	696.93	377.29	42 789
2007	1 375.5	127.8	801.27	446.43	49 216
2008	1 546.33	132.28	890.64	523.41	55169
2009	1 733.19	136.34	1 000.98	595.87	61 646
2010	1 944.7	153.94	1 087.03	703.73	69 188
2011	2 110.95	171.18	1 139.36	800.41	75 316
2012	2 337.86	180.11	1 249.3	908.45	83 516
2013	2 549.69	197.21	1 278.95	1 073.53	91 010

注：根据《威海 2015 统计年鉴》，2015。

2）优良的自然条件

从区位条件分析，威海地处山东半岛最东端，具有明显的暖温带季风海洋性气候特征，雨水丰富，气温适中。威海东与朝鲜半岛、日本列岛相对，北与辽东半岛相望，是我国距韩国最近的城市。威海也是内扼京津门户，外锁海运要冲，素有"京津锁钥"之称。

从资源角度看，威海具有丰富的深水岸线资源，约占山东省的 1/3、全国的 1/18。兼有基岩、沙砾和淤泥质等多种类型海岸，沿岸分布 1 km² 以上海湾 22 个，主要岬角 20 多个，优质沙滩 40 多处（图 4-6、图 4-7）。拥有面积 500 m² 以上的海岛 98 个，岛陆面积约 13.2 km²。近海生物种类

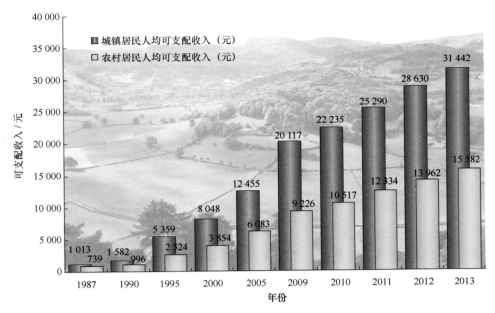

图 4-5　近年威海城乡居民人均可支配收入

300 多种，是中国最大的渔业生产基础之一。海岸带和近海海域蕴藏着大量矿产资源，已探明可供开采的 30 多种。海上风能、潮汐能、洋流能、波浪能和温差能等海洋能蕴藏量较大，开发利用条件较好。

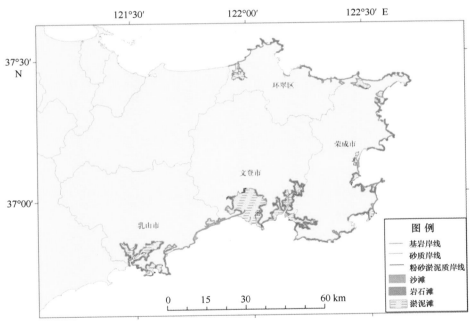

图 4-6　威海市海岸滩涂及潮间带资源分布示意图

从生态环境看，威海依山傍海，风光秀丽，生态条件优良；城市花园绿地配置得当，环境质量和卫生水平在国内城市中名列前茅。威海拥有刘公岛海洋生态特别保护区、文登海洋生态特别保护区、大乳山海洋公园等多个海洋生态保护区（表 4-3），有众多优良的海湾、岛屿、天然浴场、地下温泉及名胜古迹，是避暑、旅游、疗养的首选之地，也是世界上最适宜人类居住的城市之一。

表4-3 威海市海洋保护区生态状况

名称	批准时间	面积/km²	主要保护对象	区内环境状况	区内环境风险	健康状况
小石岛海洋生态特别保护区	2011年	30.69	刺参生物资源，小石岛、娃娃岛等岛屿，及自然岸线和植被。	海水符合第二类海水水质标准；沉积物符合第一类海洋沉积物质量标准；浮游生物资源丰富，生物多样性明显，分布均匀性一般；底栖生物均匀度较好，生物量丰富。	(1) 保护区周边的防浪堤建设工程；(2) 威海第三污水厂离岸排放。	良好
海西头海洋公园	2013年	12.74	滨海湿地生态系统、鸟类栖息地、海洋生物多样性。	海水符合第二类海水水质标准，沉积物符合第一类海洋沉积物质量标准；浮游生物资源丰富，生物多样性明显，分布均匀；底栖生物均匀度较好，生物量丰富。	农业径流。	良好
刘公岛海洋公园	2011年	38.28	刘公岛、日岛历史遗迹，自然岸线与景观。	海水符合第二类海水水质标准，沉积物符合第二类海洋沉积物质量标准；浮游生物资源丰富，生物多样性明显，分布均匀性一般；底栖生物均匀度较好，但生物量偏低。	(1) 保护区周边海域海洋工程建设；(2) 频繁的人类旅游活动。	良好
刘公岛海洋生态特别保护区	2009年	11.88	大小泓岛、黑岛、青岛、黄岛、连林岛等多个无人海岛的岛陆植被及天然岸线。			良好
文登海洋生态特别保护区	2009年	5.19	以松江鲈鱼为主的生物多样性和自然生态环境。	海水符合第二类海水水质标准，沉积物符合第一类海洋沉积物质量标准；浮游生物资源丰富，生物多样性明显，分布均匀；底栖生物资源丰富，但分布不均匀。	(1) 跨海大桥；(2) 围填海工程建设；(3) 农业径流。	良好
大乳山海洋公园	2012年	47.90	优质沙滩、湿地、岩礁。	海水总体符合第二类海水水质标准；沉积物符合第一类海洋沉积物质量标准；浮游生物资源丰富，生物多样性明显，分布均匀；底栖生物资源丰富，分布均匀。	部分岛屿基岩岸线后退。	良好
乳山塔岛湾海洋生态特别保护区	2011年	10.97	西施舌和菲律宾蛤仔生物资源、岛礁。			良好

3）海洋产业发展势头良好

威海市海洋经济发达，多年来一直致力于发展海洋经济，实行科学开发海洋资源，培植海洋优势产业和提升海洋科技支撑能力方针政策。打造现代渔业及食品和生物技术、海洋船舶工业、海洋化工、特色滨海旅游和港口物流等，建设国家级新兴海洋产业示范基地，率先建成蓝色经济区先行区和高端产业聚集区（徐涛和葛永通，2017）。2013年威海海洋产业增加值830.05亿元，占地区生

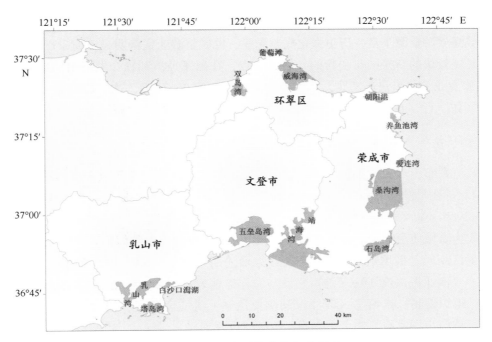

图 4-7　威海主要海湾分布示意图

产总值比重达到 32.6%。2017 年被国家海洋局和财政部确定为第二批海洋经济创新发展示范城市，将探索形成高效融合发展、政策集成优化、产学研合作创新、协同集聚发展的模式。

　　海洋渔业和滨海旅游业是威海主要的海洋产业。威海海洋与渔业资源非常丰富，全市共有滩涂面积 318.15 km²，以文登的五垒岛湾、乳山的乳山湾面积最大。威海邻近海域位于黄、渤海结合部，是两大海区诸多经济鱼虾产卵、越冬、索饵、洄游的必经之地，出产鱼、虾、贝、藻等各类海产品。威海是传统的渔业大市，多年来水产品年产量超过 200 万 t，渔业经济主要指标约占全省总量的 1/3，2013 年全市渔业产值达 208.1 亿元，位居全国地级市首位（图 4-8）。

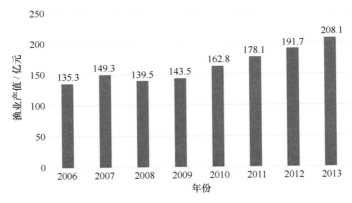

图 4-8　威海海洋渔业产值增长趋势

　　威海在海洋产业结构调整中，以高端、高质、高效为出发点，优先发展先进技术、高端产品、优势产业，鼓励发展高新技术产业、现代工业和现代服务业，坚持走新型工业化发展道路，海洋产业结构得到逐步优化。威海海洋战略性新兴产业增加值近 5 年平均增速超过 30%，海洋第三产业迅猛发展，港口物流、滨海旅游等产业增加值占海洋产业增加值比重不断增加，地区能源消耗不断下降。

同时，威海旅游资源丰富、历史文化底蕴深厚，发展旅游业优势明显，前景广阔。威海旅游业已逐步成为发展较快的新兴产业和新的经济增长点，在国民经济和社会发展中的地位进一步增强。2013 年威海旅游业进一步快速发展，共接待海内外游客 2 996.74 万人次，旅游总产值 338.85 亿元。已形成"食、住、行、游、购、娱"全面发展、广泛融合相关行业的旅游产业体系。

4）海洋综合管理制度不断完善

威海市政府发布了《关于加强海岸带管理与保护的意见》和《关于进一步加强围填海管理的意见》，同时编制了风暴潮、海啸、海冰、绿潮应急预案和应急管理手册等，初步构建了海岸带综合管理制度。威海市不断深化海洋综合管理工作，2002 年被列入"国家海域使用管理示范区"，下辖三市一区均成为海域使用管理示范县。同时，威海建立了较为完善的海洋发展规划制度体系，制定了《海洋功能区划》等区域规划；组织开展《海域使用规划》、《海岛保护利用规划》等海域专项规划；制定了《渔业振兴规划》、《港口建设与海洋运输发展规划》、《滨海旅游业发展规划》等海洋产业规划；组织编制、修编了《海洋绿潮应急预案》等应急预案，构建了海洋灾害应急处置体系；编制了《威海市国家级海洋生态文明示范区建设规划》。

4.3.2 典型滨海城市海洋生态文明建设劣势分析

威海市处在转变海洋经济增长方式、调整海洋产业结构的重要战略机遇期，但国内外发展环境错综复杂，不确定、不稳定因素明显增多，周边海域生态系统健康维持胁迫较大，威海市海洋生态文明建设也面临一些亟待解决的问题（威海市人民政府，2012）。

1）局部海域生态环境受到损害、海洋资源退化

威海市海域生态环境总体良好，但部分开发建设活动和海上养殖业，对近岸海域生态环境系统造成一定程度破坏，入海河口、潟湖和海湾生态环境持续受到陆源污染威胁；部分海域鱼卵仔鱼数量有所下降，渔业资源呈现衰退的风险，部分近岸的传统产卵场、索饵场、渔场功能受到破坏；赤潮仍呈多发态势，沿海地区海水入侵、土壤盐渍化、海岸侵蚀日趋严重，海洋环境灾害发生的频率增加和潜在风险较大。

2）陆源污染对近岸海域环境影响日益增加

近年来，威海工农业的快速发展，特别是快速城镇化建设，导致来自陆源的污染压力剧增，造成的海洋环境影响和风险日益增加。随着城镇化进程的进一步加快，工农业生产、居民生活产生的污染压力将进一步加大，人民群众对海洋生态环境和健康海洋食品的要求也逐步提升，保持海洋经济发展与生态保护良性循环是威海可持续发展的必由之路。

3）海洋开发与保护矛盾突出，海洋资源利用效率有待提升

威海市区大部分岸线被港口、运输、渔业以及一些非海洋产业占据，船舶建造、港口物流、油气化工等临港重化工产业及沿海城镇化建设开发密度高、占用岸线多，造成海岸人工化趋势明显、生态功能退化，可供开发的海岸线和近岸海域后备资源严重不足，海洋产业空间布局亟需优化，海

洋资源利用效率有待进一步提高。

4）海洋生态文明建设基础比较薄弱

海洋环境保护、预警预报、减灾能力建设近年来虽有明显提升，但仍相对不足，海洋环境监测预警机制尚不健全，特别是监测频率、自动化监测水平有待进一步提高。根据监测结果，对海洋资源环境承载状况及时作出预警并采取调控措施的能力和机制尚不健全。

地处我国东部沿海海洋经济发展的重要地带，威海近年来经济发展迅猛，人口城市化趋势日益明显。特别是海洋资源环境承载力监测预警等基础性科技工作，对城市经济社会发展的限制和引导作用尚未系统发挥，有限的海洋资源环境容量如何支撑沿海社会经济的持续发展，已成为当前海洋经济发展中亟待破解的难题。随着国民经济的快速发展，威海经济发展与环境保护之间的矛盾日益凸显，海洋资源集中集约利用、环境保护的任务将更加艰巨，威海经济的持续发展和生态的健康维持亟需海洋生态文明建设的理念指导。

4.4　我国滨海城市海洋生态文明建设重点与推进策略

以威海市为例分析可知，当前我国滨海城市海洋生态文明建设总体优势是：滨海城市由于其自身明显的区位优势，在海洋生态文明建设方面具有得天独厚的优势。首先，滨海城市自然资源丰富，生态环境基底优良，自然风光秀丽；其次，滨海城市社会经济条件优良，海洋传统产业发展稳定，第二、第三产业不断增长，海洋产业发展态势保持良好；第三，当前，国家和地区政府高度重视海洋生态文明建设，正逐步完善海洋产业发展规划，不断加强海洋综合管理。

同时，我们也注意到，沿海地区快速的城镇化进程，使得该地区承载了大量的社会经济活动，对近岸海域生态环境产生了较大干扰，导致近岸海域生态系统服务功能降低；而近岸海域生态系统服务功能的下降，削弱了近岸海域生态系统对滨海城市社会经济发展的生态支撑，进而制约沿海地区的可持续发展。当前，我国滨海城市海域和陆域仍未实现统筹发展，人与海洋尚未达到和谐发展，滨海城市海洋生态文明建设面临一些亟待解决的问题。首先，近岸海域遭受多重人为压力且压力逐渐增加，海洋生态系统健康受到严重威胁，局部海域生态风险加大。其次，当前海洋产业空间布局和结构亟需优化调整，发展模式亟需向低能耗、低消耗、低排放的可持续方式转变，进一步提升海洋资源利用效率、降低海洋环境负荷，发展海洋新兴产业。第三，海洋生态文明建设的法律法规体系仍未健全，执法力度和监督管理有待加强（王守信，2016）。

当前，滨海地区生态健康和海洋经济发展不平衡，污染严重海域与清洁海域、海洋修复保护与海洋工程建设、传统海洋产业与战略新兴产业并存。快速城镇化和社会经济发展对陆源污染总量控制以及海洋可持续发展提出严峻挑战。

4.4.1　优化海洋空间开发格局

1）加快落实海洋主体功能区规划

以海洋功能区划为基础和依据，编制市级海洋主体功能区划，在综合考虑海洋开发现状和海洋环境保护等不同因素的前提下，对全市海域进行具体的主体划分，加强海洋主体功能区划和海洋功能区划的符合性分析及衔接。在海洋主体功能区划的编制过程中，正确处理好产业结构调整、布局优化与生态环境保护之间的关系，实现海洋经济发展与海洋资源环境承载能力相适应。

2）加强对岸线资源配置的统一规划与控制

落实岸线开发利用与保护规划，对岸线实行分级分类管理和自然岸线保有率目标控制制度。严格限制改变海岸自然属性的开发利用活动，退出占用优质岸线，修复黄金海岸，集中布局确需占用岸线的建设用海，将占用自然岸线长度作为项目用海审查的重点内容。建立自然岸线年度统计调查制度，开展自然岸线年度调查，确保自然岸线保有率指标不被突破。

3）加强围填海管理

严格控制围填海活动。严格围填海项目审查，严格执行围填海禁填限填要求，从严限制单纯获取土地性质的围填海项目。明确禁止围填海的重点海域、重要河口、重要滨海湿地、重要砂质岸线及沙源保护海域、特殊保护海岛范围，以及限制围填海的生态脆弱敏感区和自净能力差的海域范围。

4.4.2 严格海洋环境污染防治

1）创新海陆统筹的海洋污染防控机制

综合防治陆源、海岸工程、海源污染，实施入海污染物总量控制。以海洋资源环境承载能力评估及预警为基础，以海岸带复合生态系统、陆海统筹、河海兼顾理念为指导，建立"流域-河口-近岸海域"一体化综合调控体系。

根据沿海工农业生产及海上开发活动污染物排放实际情况，制定重点河口、海湾各类入海污染物排放总量及时空分配方案，制定污染物排放总量削减计划，建立并完善陆源污染物排海总量控制的管理制度。建立"湾长制"与"河长制"协调发展的海湾污染综合防控制度，建立海洋自然资产负债表和生态补偿制度，健全滨海城市海洋资源环境承载力动态监测预警制度。

2）突出重点，提升入海污染防治能力

加强近岸海域环境容量及其有效利用状况的科学论证，推广陆源污染物深海、离岸排放技术，优化入海排污口布局，逐步健全入海排污口在线动态监测及及时处置能力，发挥滨海湿地在海洋生态补偿、污染物降解和生物多样性保护中的作用，加大滨海湿地修复与保护工程力度，提升蓝色碳汇功能。

根据当前沿海地区发展不平衡的特点，重点加强新兴城镇、小城镇环境污染防治能力建设，加强城市老城区落后环境污染防治能力的升级改造，切实提升对海上垃圾、微塑料等新型污染物的监测和防治能力。

加强对沿海工业、城镇和生活污水、流域面源污染控制和整治，消减入海污染物总量。临港工业及修造船企业等海岸工程要严格执行国家和地方的环境保护标准；海洋工程环境保护设施应与主体工程同时设计、同时施工、同时投入使用；海洋工程建设和运营过程中的污水排放应符合国家和地方排放标准或污染物排海总量控制指标。推广无公害养殖、生态养殖、健康养殖、集约化养殖，控制海水养殖污染；各类航运船舶的生活污水全部达标排放；加强海上倾倒区的选划和管理，鼓励采取清洁工艺。

4.4.3　优化海洋产业结构

1）明确滨海城市海洋经济发展战略定位

以滨海城市自身的陆海资源禀赋、生态环境、区位优势、产业发展和科技水平为基础，坚持海洋经济发展与海洋生态环境保护并重，全面统筹考虑全市海陆资源环境承载力及其胁迫因素，根据滨海城市社会经济发展现状，结合国内外社会经济发展情况和机遇，突出比较优势，明确滨海城市海洋经济发展战略定位。

2）优化滨海城市海洋产业空间布局

根据党的十八大报告关于"大力推进生态文明建设"中"优化国土空间开发格局"和"发展海洋经济"的要求，针对当前沿海地区发展不平衡、不充分的问题，按照海岸带复合生态系统理论，坚持人口资源环境相均衡、经济社会生态效益相统一的原则，坚持以海带陆、以陆兴海、海陆联动、协调发展，优化滨海城市海洋产业空间布局，实现海陆统筹发展。

根据滨海城市发展战略定位，坚持科学发展、绿色发展，明确海洋产业发展重点及方向，推动海洋战略性新兴产业规模化发展、优势海洋产业集群化发展、传统海洋产业高端化发展，努力建设优势突出、特色鲜明、成长性高、富有活力的现代海洋产业体系，促进海洋经济健康可持续发展。

3）发展海洋循环经济

结合滨海城市现有海洋产业发展基础，积极探索、创造和推行海洋循环经济模式，提高生态经济系统的复合性、高效性，逐步降低经济发展的能耗水平和污染排放水平，构成推进海洋循环经济展开的长效机制，提升区域海洋经济的国际竞争力。推广近海多元立体化生态养殖，提高海域空间利用效率，提高饵料利用率，减少废物排放，提高养殖产量和效益。以"减量化、再利用、资源化"为原则，发展临海循环经济产业园区，推动不同行业企业通过产业链延伸，形成废弃物和副产品循环利用的工业梯级利用生态链网，实现资源利用率最大化和废物排放量最小化，有效降低滨海地区经济发展对近岸海域环境的污染胁迫。

4.4.4　加强海洋生态环境保护与生态修复

1）加强海洋保护区建设

积极推进海洋保护区建设，构建海洋生物多样性保护网络体系，使辖区内重要海洋生境、重要珍稀濒危物种栖息地等得以重点保护。在调查研究的基础上做好海洋自然保护区发展规划，使典型海洋生态系统、重要海洋功能区和栖息地、珍稀濒危物种、海洋生物资源集中分布区、特殊海洋自然景观和历史遗迹得到有效保护与恢复，逐步建立和完善区域海洋自然保护区网络体系（威海市海洋与渔业保护区分布如图 4-9 所示)。加强对海洋保护区的建设和管理，加快构建布局合理、规模适度、管理完善的海洋保护区体系。

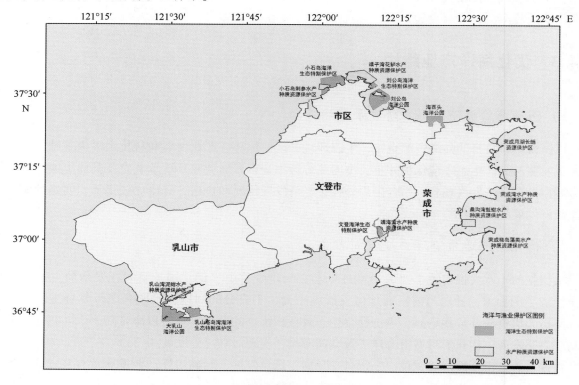

图 4-9 威海市海洋与渔业保护区分布图

2）修复受损海洋生境

对于生态受损、生境破坏严重的海洋生态系统，应科学论证、合理规划，加快推进海洋生态保护与生态修复工程，尽快修复海洋生态系统服务功能，提升区域海洋资源环境承载能力。对于因环境事故造成的海洋生态损害，应利用生态补偿等手段，科学评估造成损害的空间范围、时间周期和损失程度，及时开展生态修复和补偿，必要时可尝试使用生境等价分析法开展异地补偿，确保重要海洋生境总量不减少、功能不降低。

控制近海捕捞强度，发展生态渔业，加强近海渔业资源养护，保护好产卵场、育幼场、索饵场和洄游通道等重要海洋渔业生境，逐步修复渔业资源。按照以点带面、全面铺开的原则，明确重点海岸带生态整治修复工程，逐步实施。

3）开展重要海洋生境保护

对于海洋生物多样性高、生态系统服务功能突出、蓝色碳汇潜力巨大的典型海岸带生态系统，主动实施一系列生态系统保护与建设工程。加强滨海湿地保护，建立滨海湿地保护监测站，重点保护自然湿地生态系统，充分利用人工湿地污染物祛除功能，提高人工湿地生态系统服务功能和健康水平。

4）加强海岸防护林建设

完善海岸防护林建设，充分发挥森林在海岸防护、水源涵养、气候调节、减少水土流失中的作用。以建设生态宜居城市为目标，以结构调整为主线，以保护和改善生态环境为重点，建成滨海防护基干林、农田林网、丘陵山林、水系和湿地林为一体的沿海防护林体系。

4.4.5　提高全民海洋生态文明意识

深入开展海洋生态文明建设宣传教育活动，加强活动组织，做好媒体宣传，提高公共参与的途径和参与程度，提升沿海地区公众的海洋生态文明意识。大力宣传海洋生态文明方面的有关政策、法规及生态文明方面的知识，使全市人民牢固树立科学发展、关心爱护海洋的理念。弘扬人与自然和谐相处的核心价值观，努力营造海洋生态文明建设的舆论环境，使海洋生态文明建设家喻户晓，深入人心，逐步形成节约海洋资源、保护海洋环境的消费方式，把建设海洋生态文明变成每一个市民的自觉行动，在全民范围内牢固树立海洋生态文明的理念（威海市人民政府，2012）。

参考文献：

王守信,2016.山东省海洋生态文明建设探讨[J].海洋开发与管理,33(4):30-34.

威海市海洋与渔业局.2014.2013 年威海市海洋渔业状况公报[R].

威海市海洋与渔业局.2014.2013 年威海市海洋环境公报[R].

威海市人民政府.2012.威海市国家级海洋生态文明示范区建设规划[R].

威海市统计局.2015.2015 威海统计年鉴[M].

威海市统计局.2013.2013 年威海市国民经济和社会发展统计公报[R].

徐涛,慕永通,2017."十二五"期间威海市海洋渔业发展分析[J].中国渔业经济,35(3):84-89.

虞阳,申立,古蕾蕾.2014.中国滨海城镇化:空间模式、生态效应与管治策略[J].资源开发与市场,30(9):1106-1110.

中华人民共和国国家统计局,2016.中国统计年鉴[M].北京:中国统计出版社.

中华人民共和国环境保护部.2017.2016 年全国近岸海域环境质量公报[R].

第5章　典型海岛生态文明建设策略

　　由于传统经济发展惯性和海上能源、淡水供应、装备技术水平等限制，我国海洋经济发展仍严重依赖邻近大陆社会经济和基础设施条件，故而目前海洋经济发展主要集中在近岸海域。海岛因远离大陆，开发利用程度不高，人口较少，往往是部分珍稀濒危物种的避难场和栖息地，生物多样性保护价值较高。海岛生态系统及其资源环境承载能力具有明显的海陆二相性、独立完整性和脆弱变化性，这使得海岛生态文明建设具有不同于其他滨海城市的典型特征。与此同时，当前的海岛保护和利用还存在一些问题，与全面深化改革、生态文明建设、海岛治理体系和治理能力现代化的要求尚有一定差距，海岛生态保护尚需加强，海岛对经济发展的促进作用尚需提升。因此，海岛生态文明建设可作为海洋生态文明建设的典型实验区，对探索海洋生态文明建设经验具有重要的示范作用，也是合理开发利用海岛、维护海岛生态平衡的重要举措。本章以山东省烟台市的长岛县（庙岛群岛）为典型案例，分析海岛生态系统各组分基本特征，探讨海岛生态系统承载力及其空间分布，在此基础上剖析海岛生态文明建设的优劣势，提出海岛生态文明建设的总体要求、重点任务和推进策略，为长岛县生态文明建设提供技术支持，也为全国海岛生态文明建设提供决策参考。

5.1　研究区概况与数据来源

5.1.1　研究区概况

5.1.1.1　地理位置

　　长岛列岛又名庙岛群岛，地处胶东半岛和辽东半岛之间，黄、渤海交界处（图5-1）。列岛南北长72.2 km，北与辽宁老铁山相对，相距42.24 km，南与蓬莱高角相望，相距6.6 km。长岛系渤海咽喉、京津门户，是进出渤海必经的"黄金水道"和渤海立体救助网中心点。长岛行政上为长岛县，长岛县地处山东半岛蓝色经济区、辽宁沿海经济带和天津滨海新区等国家战略区的结合部，是环渤海经济圈合作和消费市场辐射的交汇地。本章研究的庙岛群岛南部海域，由南长山岛、北长山岛、大黑山岛、小黑山岛、庙岛等岛屿镶嵌其中。

5.1.1.2　地质地貌

1）地质

长岛县诸岛北邻辽东隆起，南连胶东隆起，处于胶辽隆起的接合部位，西邻渤海坳陷。出露的

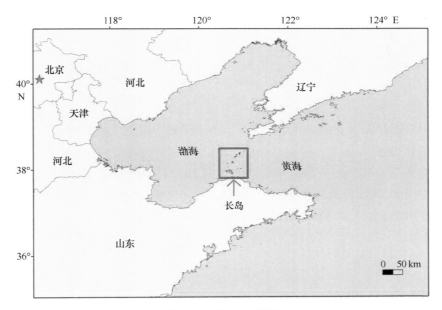

图 5-1　长岛地理位置

地层为上元古界蓬莱群，出露岩性多为石英岩和泥质岩层的千枚岩、板岩和石英岩，表层风化较强烈。岛陆构造简单，地层多呈单斜，断层规模较小，岩浆活动较微弱。

长岛县诸岛除基底长期隆起外，主要受东北向沂沭断裂带和西北向威海—蓬莱断裂带所控制，这两组断裂为长期继承性活动断裂。新构造运动时期也有明显活动，推测长岛县诸岛为断块上升部分。岛陆上的构造线方向同区域一致，但不发育，规模亦小。

2）地貌

在地质构造、地层岩性、水文、气象等因素的综合影响和作用下，区内发育了多种地貌形态。根据其形态特征，可分为剥蚀丘陵、黄土地貌、海岸地貌 3 种类型。

剥蚀丘陵分布于区内各岛，海拔高度一般小于 200 m，切割深度一般小于 100 m。主要由蓬莱群石英岩、板岩、千枚状板岩及中生代侵入岩和新生界玄武岩组成。经长期风化剥蚀，丘陵顶部平缓。其上残存有厚薄不一的红土风化壳。地形坡度较大，沟谷发育，多呈 "V" 字型，部分地区发育风化坡积作用形成的红土角砾石，厚度小于 3 m。

黄土分布于各大岛屿的沟谷和低平地，集中分布在海拔 10~70 m 的范围内，总厚度约 20 m。它以披盖形式掩埋了各种古老地形，并在流水及重力作用下，发育成多种形态的黄土地貌。主要有黄土台地、黄土坡地、黄土冲沟、黄土陡崖等。黄土主要为中更新统离石黄土和上更新统马兰黄土。

受地质构造、地层产状、岩性、海流及波浪等因素控制，在各岛沿岸有规律地发育了海蚀、海积地貌等海岸地貌。海蚀地貌的主要类型有海蚀崖、海蚀阶地、海蚀平台、海蚀柱、海蚀拱桥等，比较著名的为 "九丈崖"。海积地貌的主要类型有砾石滩、连岛砂石洲、砾石嘴及砾石堤等。

长岛的球石资源十分丰富，不仅有光滑圆润的形体，还有五颜六色的纹理及栩栩如生的貌相，是珍贵的观赏品。该区时代古老的石英岩在波浪的长期磨圆作用下，经铁锰质浸染、形成了纹理各异、不同色彩相间、图案千姿百态、形状奇特的第四纪地质球石。色彩斑斓的彩石岸是海洋作用的产物，是十分珍贵的地质遗迹。

5.1.1.3 气象和气候

1）气温

长岛县属亚洲东部暖温带季风区大陆性气候，由于受到冷暖空气交替的影响，加之海水的调温作用，四季气温变化显著。

全县多年平均气温为 12.1℃，最低年平均气温为 10.7℃（出现在 1969 年），最高年平均气温为 13.2℃（出现在 1994 年）。极端最低气温为 -13.3℃（出现在 1970 年 1 月 4 日），极端最高气温为 36.5℃（出现在 1959 年 7 月 30-31 日）。8 月份平均气温最高，为 24.5℃，1 月份平均气温最低，为 -1.6℃。

2）风况

全县季风显著，夏半年多偏南风，冬半年多偏北风，由于处风道，年均大风日 67.8 d。强风向为东北偏北向及西北向，常风向为东北偏北向，频率为 10%。4-5 月以南风为主，频率为 11%~12%；6-8 月以东南东向风为主，频率为 12%~17%；11 月至翌年 1 月以西北北向风为主，频率为 11%~15%，年平均风速为 5.9 m/s。全年大风日数冬季最多，夏季最少，最大风速为 40 m/s（出现在 1985 年）。

3）降水

全县多年年平均降水量为 537.1 mm。其中，冬季降水占 5%，春季降水占 14%，秋季降水占 22%，夏季降水占 59%。最小年降水量为 204.7 mm（出现在 1986 年），最大年降水量为 881.4 mm（出现在 1973 年）。长岛县境内的降水量由南向北递减，年度相差在 100 mm 以上。

4）雾况

长岛地区年平均雾日数为 27.0 d，最多年份 41 d（出现在 1990 年），最少年份为 15 d（出现在 1986 年和 1989 年）。春、夏两季雾日较多，多集中在 4-7 月。雾一般在夜间至早晨形成和发展，日出后减弱或消散。南隍城岛雾日数最多，北长山岛雾日数最少。

5）湿度

长岛地区年相对湿度为 67%~69%。7 月、8 月因雨水多、气温高、湿度也高；12 月、1 月降水少、气温低，湿度也低。

6）蒸发量

长岛地区的年均蒸发量为 1 988.1 mm。年变化显著，4-6 月蒸发快，其中 5 月份的蒸发量最大，月均值为 250.4 mm。12 月至翌年 2 月蒸发慢，月均值为 68.4~90.2 mm。年及各月的蒸发量是降水量的 1.4~10.3 倍。

7）日照

全年日照总时数历年平均为 2 612 h，年日照率为 59.6%。一年中，12 月份日照时数最少，为 151.1 h，5 月份日照时数最多，为 269.7 h。

5.1.1.4 海洋水文

海洋水文特征不仅受季风气候影响，而且与大陆河川入海径流及近邻海域的水文条件关系密切。该海区水文主要特点如下：

1）表层温度和盐度

长岛海域历年海水表层温度年平均为 11.5℃，月平均温度 8 月份最高，为 26.52℃；2 月份最低，为 3.01℃，极端最高温度为 27.3℃（1963 年 8 月 28 日），极端最低温度为-1.2℃（1969 年 2 月 28 日和 3 月 1 日）。

长岛海域为黄海高盐水与渤海低盐水的交换通道，冬季，表层盐度平均值为 30.58，春季表层盐度平均值为 30.66，夏季表层盐度平均值为 27.00，秋季表层盐度平均值为 29.43。

2）波浪

长岛海域的浪型，主要为"风浪"。秋季和冬季偏北风浪，夏季偏南风浪，浪高的四季变化是：冬季（10 月至翌年 1 月）月均浪高 1.1 m，春季（2-4 月）月均浪高 0.47 m，夏季（5-7 月）月均浪高 0.5 m，秋季（8-9 月）月均浪高 0.8 m。历年年大浪高平均为 8.6 m，极端最大浪高 10 m。

3）潮汐与潮流

长岛海域的潮汐性质属正规半日潮，其规律是一昼夜两涨两退，俗称"四架潮"，潮高地理分布北部高，南部低。8 月份平均高潮高，砣矶岛为 212 cm，南长山岛为 143 cm。

长岛海域的潮流，主要水道多为东西流，港湾多为回湾流，北部水道为西流，南部水道为东流。夏季海流，南部海区一般在 0.6~1.03 m/s 之间，大黑山岛海区最小，为 0.6 m/s；北部海区一般在 1.2 m/s 左右，港湾回湾流的流速更小。

4）海水透明度

长岛海域海水透明度北部海区一般在 3.7~9.5 m 之间，南部海区一般在 1.7~3 m 之间，一般冬季透明度较小，夏季透明度较大。

5.2.1.5 自然资源

1）水土资源

长岛岛陆面积约 56 km²，周边海域面积约 8 700 km²，包括有居民海岛 10 个，分别为包括南长山岛、北长山岛，大黑山、小黑山岛、庙岛的"南五岛"和包括砣矶岛、大钦岛、小钦岛、南隍城岛、北隍城岛的"北五岛"。在有居民海岛周围分布着数量众多的无居民海岛，包括高山岛、大竹山岛、小竹山岛、猴矶岛等。

长岛各岛均为基岩岛，地表淡水资源匮乏。长岛县多年平均径流量为198万 m^3，占烟台市地表水资源量的0.08%，径流模数为3.72万 m^3/km^2，为烟台市地表径流模数19.6万 m^3/km^2 的18.9%。保证率为20%、50%、75%时的地表水资源量分别为390.43万、151.81万、37.99万 m^3；保证率为95%时，年降水量只有300 mm 左右，地表径流很少，可忽略不计。地表径流量与降水量一样，具有年际变化大、年内分配不均匀的特点。全县多年平均地下水资源量为169.6万 m^3，保证率为20%、50%、75%时的地下水资源量分别为176.07万、142.59万、116.41万 m^3。经分析计算，长岛县多年平均淡水资源总量为367.9万 m^3，保证率为20%、50%、75%时的水资源总量分别为566.5万、294.4万、154.4万 m^3。

2）海洋生物资源

长岛地处黄渤海交汇带，海洋生态环境优良，是多种海洋生物的天然栖息地，具有丰富的海洋生物资源。其中浮游植物146种，包括硅藻门50属127种，甲藻门5属19种；浮游动物47种，包括水螅水母类型14种，管水母类1种，枝角类3种，桡足类18种，磷虾类1种，糖虾类5种，端足类1种，毛虾1种，毛颚类1种，被囊1种，夜光虫1种；底栖生物种类繁多，共鉴定260种，其中，无脊椎动物213种，脊椎动物14种，植物33种；潮间带生物121种，其中，无脊椎动物共92种，脊椎动物共7种，藻类22种，包括贻贝、褶牡蛎、菲律宾蛤仔、异向樱蛤、中国绿螂、海带、裙带菜、羊栖菜等经济生物。

丰富的海洋生物资源使得长岛成为洄游性鱼类和大型无脊椎动物进入渤海产卵或游离渤海南下的必经之路。底层鱼类有：小黄鱼、牙鲆、鲈、黄盖鲽、鲀鱼、鳙、马面鲀、六线鱼、白姑、绿鳍鱼、条鳎、半滑舌鳎、绵鳚、方氏云鳚、黄姑、小带鱼、黑鲷、黑鳃梅童、红鳍东方鲀、弓斑东方鲀、蛇鲻、星鲽、真鲷、孔鳐、尖尾虾虎、丝虾虎等；中上层鱼类有：斑鰶、蓝点马鲛、鳀、银鲳、黄鲫、青鳞等。优质鱼类占鱼类产量的25%，季节性渔业捕捞量较大。长岛也盛产海参、光棘球海胆、栉孔扇贝、皱纹盘鲍等海珍品。因此，渔业捕捞和水产养殖成为长岛县的支柱产业，在国民生产总值中占居主要地位，渔业产值约占农业总产值的95%。长岛被称为中国"鲍鱼之乡"、"扇贝之乡"和"海带之乡"。

3）旅游资源

长岛是渤海最重要的生态屏障，素有"海上仙山、候鸟驿站"之美誉。长岛冬暖夏凉、气候宜人，是国家级风景名胜区、自然保护区和森林公园，也是中国唯一的海岛型国家地质公园，被誉为"北方最美的群岛"，"中国十大最美海岛"。长岛无岛不秀，无岛不奇，是一处天然的海上大花园，著名的景点有：九丈崖、月牙湾、庙岛、龙爪山、宝塔礁、珍珠门、万鸟岛等。长岛独特的地质地貌还孕育了丰富的矿产资源，如砣矶盆景石、砚台、五彩球石等，均具有很高的艺术欣赏价值和收藏价值。

长岛具有深厚的文化底蕴，是中华文明的重要发祥地和多元文化交汇地。长岛具有百年的渔俗文化、千年的妈祖文化、万年的史前文化和亿年的地质文化，特色明显，底蕴深厚。丰富的历史文化遗产与现代海洋文化交汇交融，形成了中国北方海洋文化中心的地位，是长岛旅游业特色化、品牌化发展的有力支撑。

海鲜餐饮、海珍品购物、海上垂钓、渔家乐、观赏海豹海鸟等是当地极富特色的娱乐活动。海滋、海市、平流雾等海上奇观，也令人大开眼界。目前，长岛已开辟长岛至高山岛、砣矶岛等多条海上旅游航线。2015 年全县旅游总收入 35 亿元，比上年增长 15.5%。全年接待海内外旅游者 350 万人次。

4）风能资源

长岛地处西伯利亚和内蒙古季风南下通道，是全国三大风场之一，年均风速 6.86 m/s，有效风速 8 279 h，风能密度比陆地高 20%~40%。

5）航运资源

周边有 14 条水道，其中有 3 条国际航道，每个岛屿都是天然深水良港建设地和天然避风港，日过往大型客货船舶 300 余艘，是环渤海渔商船只的避风锚地。

5.1.1.6　社会经济概况

长岛县，隶属于山东省烟台市，是山东省唯一的海岛县。

2015 年全县实现地区生产总值（GDP）624 306 万元，比上年增长 6.5%。分产业看，第一产业增加值 361 040 万元，比上年增长 2.9%，第二产业增加值 36 817 万元，比上年增长 16.6%，第三产业增加值 226 449 万元，比上年增长 11.2%。三次产业的比例为 57.8：5.9：36.3。单位地区生产总值能耗达 0.201 8 t 标准煤/万元。2015 年，全县总户数 15 515 户，总人口为 42 183 人，其中城镇人口 21 658 人。城镇居民人均可支配收入 28 330 元，比上年增长 7.9%；农村居民人均可支配收入 17 208 元，比上年增长 8.7%。

5.2.1.7　典型区域——长岛南部岛群概况

长岛各岛在空间上具有成群分布的特点，可分为南、中、北 3 个岛群（图 5-2）。其中，南部和北部岛群的海岛分布相对集中，中部岛群的分布较零散，3 个岛群由北砣矶水道（北部岛群-中部岛群）和长山水道（中部岛群-南部岛群）隔开，同时整个长岛分别以登州水道和老铁山水道与蓬莱和老铁山角隔开。

南部岛群由南长山岛、北长山岛、庙岛、大黑山岛和小黑山岛 5 个有居民海岛及其周边无居民海岛共同构成。其中，大于 500 m² 的海岛包括螳螂岛、南砣子岛、挡浪岛、羊砣子岛、牛砣子岛、烧饼岛、犁犋把岛、鱼鳞岛、蝎岛和马枪石岛 10 个，为有居民海岛的附属岛屿。南部岛群是 3 个岛群中距离大陆最近的岛群，也是海岛分布最为集中的区域。周边海底地形总趋势向东北倾斜，岛群东部水深大于 15 m，西部水深小于 10 m，中部庙岛湾水深小于 5 m。

南部岛群地貌多为低丘陵、平地，坡度较缓，海拔 200 m 以下，土壤有棕壤、褐土、潮土。海岸地貌类型多样，海蚀平台、海蚀崖、海蚀洞及海蚀穴发育，构成许多岸源自然景观。南部岛群的植被主要为温带、暖温带的一些种属。低丘陵中，林木是以黑松、刺槐为主的纯林或针阔混交林，林下分布各种灌木主要有荆条、扁担木、酸枣，草本主要以禾木科、菊科、豆科为主。岛陆上分布有人工栽培的果树，主要有苹果、梨、桃、枣和杏树，农作物主要是小麦、玉米、黄豆、地瓜。

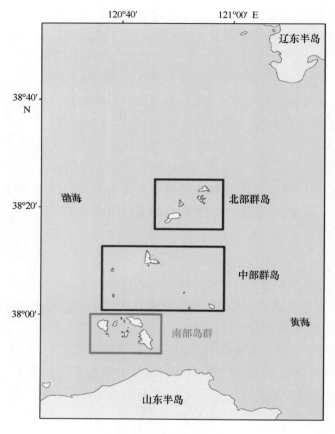

图 5-2　长岛分区概况

5.1.2　数据来源

5.1.2.1　遥感影像

采用 WorldView-1 卫星 2013 年全色波段遥感影像，空间分辨率为 0.45 m。通过 ArcGIS10.0 软件提取海岛轮廓，得到海岛面积、周长等基本信息；进而开展人机交互解译，将岛陆利用类型划分为交通用地、建筑用地、广场和晒场、农田、人工林和未利用地（草地和裸地），同时将海岛岸线划分为人工岸线和自然岸线。采用 LANDSAT8 卫星 2013 年 4 月 21 日、8 月 11 日、11 月 15 日和 2014 年 1 月 2 日（代表不同季节）4 个时相 30 m 分辨率的无云影像，利用 ENVI4.7 软件对影像进行裁切、辐射定标、波段运算得到不同季节的归一化植被指数。

5.1.2.2　现场调查

2014 年 7 月开展海岛现场勘察，对研究区岛陆利用类型和岸线类型进行现场验证，根据验证结果校正现有数据。2012 年夏季进行植物群落调查，以均匀分布为原则，考虑群落类型、地形等因素，如图 5-3 所示，共设置 50 个 20 m×20 m 大小的样地。运用 GPS 手持机和电子罗盘测量各样地的经纬度、海拔、坡度和坡向；记录样方内出现的全部乔木种，测量所有胸径≥3 cm 的植株胸径、树高、冠幅等信息，记录其存活状态；记录样方内出现的全部灌木种，选择面积为 10 m×10 m 的两个对角小样方进行调查，对其中的全部灌木分种计数，并测量基径、高度等信息；记录样方内出现的全部草本种类，在每个样地的 4 角和中心共设置 5 个 1 m×1 m 草本植物样方，记录样方内草本植物种类、多度、盖度、高度等信息；样地数据取样地内各样方平均值。经调查，研究区木本植物种类较少，且多为人工种植，但草本植物发育完整且分布广泛。采用多点混合取样法在每个样地内选取 3 个土壤取样点，均匀混合后作为该样地的土壤样品，在实验室内测定其理化因子，以有机质、全氮、有效磷、有效钾为评估因子计算土壤质量指数。

2012 年 11 月和 2013 年 2 月、5 月、8 月共开展了 4 个航次的环岛近海生态环境调查和采样工作，按照代表性、均匀性的原则，如图 5-3 所示，共布设 21 个站位。海水表层温度（SST）、pH、盐度、透明度现场测定，表层水样在带回实验室 24 h 之内（石油类 10 h 之内）分析，得到海水溶解氧（DO）、化学需氧量（COD）、无机氮（DIN）、无机磷（DIP）、石油类和叶绿素 a 浓度等数据。浮游植物样品采用甲醛溶液固定，避光保存在 4℃ 的 0.5 L 聚乙烯（PE）瓶中。采用 Utermöhl 方法（1958）进行浮游植物的鉴定与计数，细胞丰度用 cells/m³ 表示。

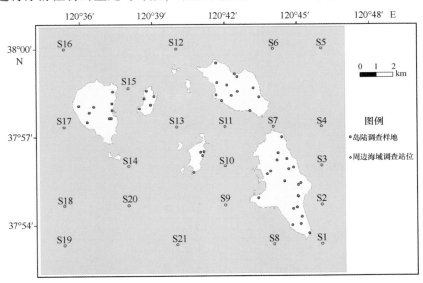

图 5-3　庙岛群岛南部岛群调查样地/站位

5.1.2.3　资料收集

降雨量、气温、日照时数、相对湿度等气象数据来自长岛县气象站和烟台福山气象站监测的多年平均数据；研究区海域使用现状等数据由长岛县海洋与渔业局等部门提供（长岛县人民政府，2012）。

5.1.2.4　数据和资料说明

当前海洋生态文明建设以受人类活动干扰较大的海域和海岸地区为主。南部岛群是庙岛群岛人口最集中、受大陆和海岛生产生活影响最大的区域。限于资料有限，以下本章以南部岛群及周边海域为主要研究对象，分析了海区水环境、浮游生物、污染压力和生态系统承载状况，以期反映长岛县海洋生态文明建设的主要生态环境现状和问题。

5.2 水环境特征

5.2.1 季节变化

表5-1为庙岛群岛南部海域的水环境参数，由表可知，春季，该海域盐度、溶解氧和溶解有机碳含量最大，春季营养盐的含量最低；夏季，pH最大，无机磷、硅酸盐含量最高；秋季，无机氮和无机碳含量最高；冬季，悬浮物浓度最大。总体而言，春季营养盐匮乏，夏季营养盐最丰富，秋季无机碳和氮含量最高，冬季悬浮物浓度最高。

表5-1 庙岛群岛南部海域水环境参数平均值

环境变量	春季	夏季	秋季	冬季
水温/℃	10.83±1.25	26.52±0.66	14.33±0.31	3.01±0.25
悬浮物/mg·L^{-1}	16.63±4.89	48.04±4.46	22.00±10.28	51.23±18.01
pH	8.12±0.20	8.49±0.07	8.01±0.06	8.03±0.03
石油类	0.071±0.012	0.033±0.008	0.030±0.037	0.016±0.004
盐度	30.66±0.27	27.41±0.36	29.48±0.23	30.61±0.30
溶解氧/mg·L^{-1}	10.30±0.43	6.35±0.30	7.95±0.18	8.90±0.16
化学需氧量/mg·L^{-1}	2.28±0.45	1.97±0.18	1.20±0.28	1.61±0.18
无机磷/mg·L^{-1}	0.001 8±0.000 63	0.009 2±0.006 0	0.005 7±0.001 7	0.005 9±0.001 9
无机氮/mg·L^{-1}	0.052±0.020	0.12±0.016	0.17±0.057	0.17±0.040
硅酸盐/mg·L^{-1}	0.095±0.038	0.57±0.19	0.15±0.053	0.15±0.044
溶解无机碳/mg·L^{-1}	26.04±1.43	23.67±0.71	37.39±0.76	28.44±1.75
溶解有机碳/mg·L^{-1}	7.54±2.04	3.70±3.46	2.01±0.90	4.94±2.96
叶绿素 a 浓度/mg·L^{-1}	1.26±1.06	2.08±0.41	0.22±0.12	4.21±1.40

5.2.2 空间异质性

选取表5-1中除水温和溶解氧之外的11个环境因子作为环境变量，进行主成分（PCA）分析，结果如图5-4所示。水温通常认为是季节变化的主要原因，因此本研究中一个季节间的分析不考虑水温的影响；本次调查中的溶解氧含量总体较高，最低值超过6 mg/L，高于一类海水标准，因此也不考虑溶解氧的影响。

春季，主成分轴1（PC1）和主成分轴2（PC2）累积可解释环境变化的41.9%。调查海域根据水环境梯度可大致划分为高盐、高硅酸盐的东部海域（黄海）（S2，S3，S4，S5，S6，S10，S11，S12）和高石油、高溶解有机碳和高叶绿素 a 浓度的西部海域（渤海）（S7，S8，S9，S13，S15，S16，S17，S20，S21）。由图可知剩余站位的水环境差异较大，S1 站位位于南长山岛的东南角海域，而 S14，S18，S19 这3个站位位于西南角海域。

夏季，主成分轴 1（PC1）和主成分轴 2（PC2）累积可解释环境变化的 39.7%。调查海域根据水环境梯度可大致划分为高硅酸盐、高溶解有机碳和高叶绿素 a 浓度的东部海域（黄海）（S1，S2，S3，S4，S11，S15）和高化学需氧量、高悬浮物和高磷酸盐的西部海域（渤海）（S5，S6，S8，S9，S12，S13，S14，S16，S17，S18，S19，S20，S21）。且位于庙岛和南长山岛之间海域的 S10 站位和被南北长山岛相连的桥所阻隔的 S7 站位的水环境差异较大。

秋季，主成分轴 1（PC1）和主成分轴 2（PC2）累积可解释环境变化的 42.9%。调查海域根据水环境梯度可大致划分为高 pH、高悬浮物、高无机氮和高叶绿素 a 浓度的西南角海域（S17，S18，S19，S20，S21）和高石油、高化学需氧量和高溶解有机碳的东北部部海域（S2，S3，S4，S5，S6，S7，S8，S9，S10，S11，S12，S13，S14，S15，S16）。仅位于南长山岛东南角海域的 S1 站位水环境差异较大。

冬季，主成分轴 1（PC1）和主成分轴 2（PC2）累积可解释环境变化的 52.0%。调查海域根据水环境梯度可大致划分为高叶绿素 a 浓度的西部海域（渤海）（S14，S15，S17，S18，S19，S20）和高盐、高化学需氧量的东部海域（黄海）（S1，S2，S3，S4，S5，S6，S7，S8，S9，S10，S11，S12，S13，S16，S21）。

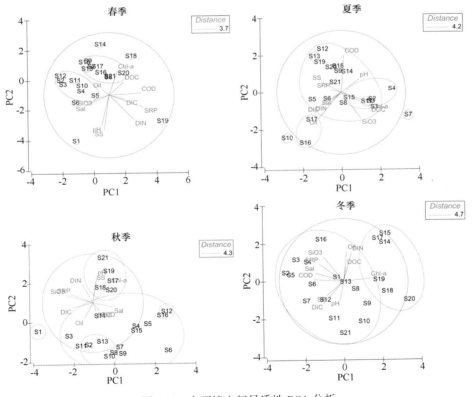

图 5-4　水环境空间异质性 PCA 分析

5.2.3　小结

综上所述，春、夏、冬季，该调查海域的东部海域和西部海域水环境差异较大，这主要是因为西部海域靠近渤海，东部海域靠近黄海，而渤海与黄海的水质相差较大。而对于秋季来说，东西海域差异也存在，但与其他 3 个季节相比，南北海域差异较显著。北部海域靠近外海，南部海域靠近大陆，受到人类活动的干扰较大，因此海水水质相差较大。

对比 4 个季节中水质差异较大的站位（S1，S7，S10，S14，S18，S19）可知，水质差异较大的站位通常位于西南角海域和东南角海域，人为干扰较强且受渤海或黄海的影响较强；或位于岛屿之间海域或被隔断物阻隔的海域，由于岛屿或隔断物的阻隔水体相通性变差，水质差异增大。这也说明岛屿的形状、大小（面积）、离岸距离等对于水质交换有至关重要的影响，继而影响海洋中食物网的形成。

海岛岛屿之间或海岛与大陆之间海底隧道或跨海桥梁的兴建在很大程度上直接改变了海岛生态系统的空间隔离性，这表现为在一定程度上显著提升了海岛与外界物质、能量和信息的流通能力，同时也影响了海岛邻近海域的海水水质、水动力条件和生物资源（王媛媛，2016）。

5.3　浮游植物群落特征及其环境影响因素

5.3.1　类群组成

调查期间，在庙岛群岛南部海域表、中、底 3 层共发现 131 种浮游植物，春季发现 41 种，夏季发现 41 种，秋季发现 94 种，冬季发现 82 种。其中，硅藻 92 种，甲藻 36 种，金藻 2 种，另外，还有一种未定类的三裂醉藻（*Ebria tripartita*（Schumann）Lemmermann）。硅藻物种数所占比例为 70.23%，是该海域主要浮游植物群落组成部分。

5.3.2　细胞丰度

春季，浮游植物细胞丰度范围为 $2.47 \times 10^8 \sim 2.78 \times 10^9$ cells/m³，平均为 7.11×10^8 cells/m³；夏季浮游植物细胞丰度范围为 $0.29 \times 10^6 \sim 3.67 \times 10^6$ cells/m³，平均为 1.45×10^6 cells/m³；秋季浮游植物细胞丰度范围为 $4.72 \times 10^6 \sim 9.41 \times 10^6$ cells/m³，平均为 6.65×10^6 cells/m³；冬季浮游植物细胞丰度范围为 $1.14 \times 10^8 \sim 3.60 \times 10^8$ cells/m³，平均为 2.03×10^8 cells/m³。

浮游植物细胞丰度分布从大到小依次为春季、冬季、秋季、夏季（图 5-5）。图 5-6 为浮游植物细胞丰度空间分布，由图可知，春季，浮游植物细胞丰度呈现从东到西逐渐降低的变化特征，而冬季则相反；夏季，西北角海域浮游植物分布较少，而秋季，西南角海域浮游植物分布较少。春季浮游植物优势种只有柔弱几内亚藻（*Guinardia delicatula*（Cleve）Hasle）一种，且优势度达到99.6%，说明春季该海域发生了柔弱几内亚藻赤潮。

5.3.3　优势种

四季共发现 13 种优势种（表 5-2），其中春季 1 种，夏季 5 种，秋季 5 种，冬季 5 种。

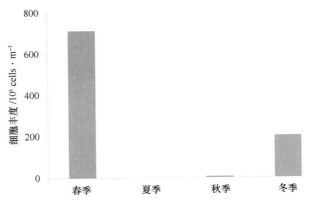

图 5-5　浮游植物细胞丰度季节变化

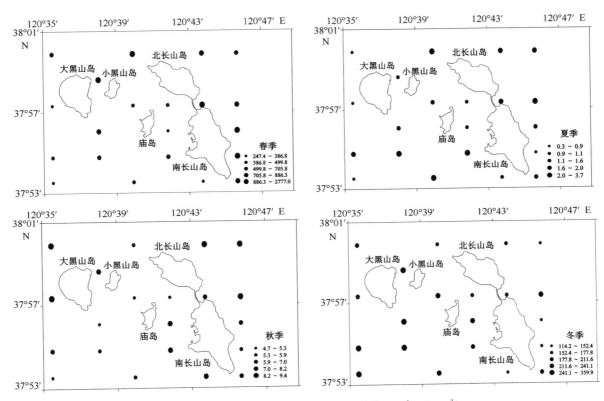

图 5-6　浮游植物细胞丰度空间分布（单位：10^6 cells/m^3）

表 5-2　庙岛群岛南部海域浮游植物优势种及其优势度

优势种	拉丁文	春季	夏季	秋季	冬季
柔弱几内亚藻	*Guinardia delicatula*（Cleve）Hasle	0.996			
具槽帕拉藻	*Paralia sulcata*（Ehrenberg）Cleve		0.47	0.49	0.26
裸甲藻	*Gymnodinium* sp.		0.17		
圆筛藻	*Coscinodiscus* sp.		0.04		
离心列海链藻	*Thalassiosira eccentrica*（Ehrenberg）Cleve		0.02		0.04

续表

优势种	拉丁文	春季	夏季	秋季	冬季
具齿原甲藻	*Prorocentrum dentatum*		0.02		
三角角藻	*Ceratium tripos*（Müller）Nitzsch			0.12	
柔弱伪菱形藻	*Pseudo-nitzschia delicatissima*（Cleve）Heiden			0.04	
梭形角藻	*Ceratium fusus*			0.03	
小等刺硅鞭藻	*Dictyocha fibula*			0.02	
太平洋海链藻	*Thalassiosira pacifica* Gran & Angst				0.52
加拉星平藻	*Asteroplanus karianus*				0.10
圆海链藻	*Thalassiosira rotula* Meunier				0.03

5.3.4　群落特征及其环境影响因素

5.3.4.1　群落划分

基于浮游植物生物丰度矩阵进行四次方根转换和 Bray-Curtis 相似性计算，经 Simprof 检验后进行 CLUSTER 聚类和 MDS 标序，结果见图 5-7。MDS 标序图的 S（胁强系数）为 0.1，处于可信范围内。由图 5-7 可知，浮游植物群落的季节性差异非常显著。由 CLUSTER 聚类图还可得出，与其他 3 个季节相比，夏季的浮游植物群落是差异最大的，其次是春季，秋季和冬季的浮游植物群落最为相似。同时，通过 MDS 标序图（图 5-8）可知，夏季的浮游植物群落间的差异是比较明显的，其次为秋季，春季和冬季浮游植群落间的差异较小。

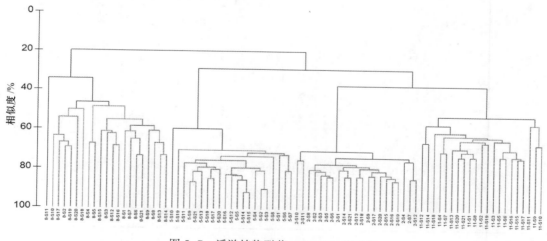

图 5-7　浮游植物群落 CLUSTER 聚类图

5.3.4.2　各群落特征

特征种与优势种相比略有差异，优势种只是数量上占优势，但特征种更能代表该海域的特有种。利用相似性百分比分析（SIMPER）计算出各组的特征种，结果如下。

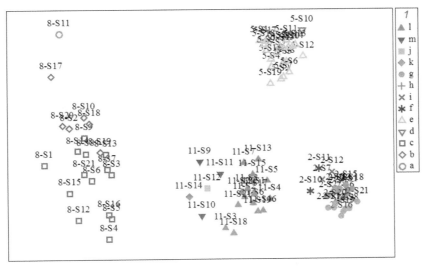

图 5-8 浮游植物群落 MDS 标序图（站位前的 2、5、8、11 为样品采集月份，
对应冬、春、夏、秋；a-m 为不同的群落分组）

春季只有 1 个明显的群落——柔弱几内亚藻（*Guinardia delicatula*（Cleve）Hasle）群落（e 群落，表 5-3），这同时也证明春季群落完全被柔弱几内亚藻控制，从而验证发生了柔弱几内亚藻赤潮。

夏季主要可划分为 2 个群落。b 群落主要由具槽帕拉藻（*Paralia sulcata*（Ehrenberg）Cleve）和圆筛藻（*Coscinodiscus* sp.）构成（表 5-4）；而 c 群落的多样性较高，其特征种主要包括具槽帕拉藻（*Paralia sulcata*（Ehrenberg）Cleve）、裸甲藻（*Gymnodinium* sp.）、圆筛藻（*Coscinodiscus* sp.）和离心列海链藻（*Thalassiosira eccentrica*（Ehrenberg）Cleve）（表 5-5）。

秋季同样也可划分为 2 个主要群落。l 群落多样性较 m 群落高，其特征种主要包括具槽帕拉藻（*Paralia sulcata*（Ehrenberg）Cleve）、三角角藻（*Ceratium tripos*（Müller）Nitzsch）、梭形角藻（*Ceratium fusus*）、柔弱伪菱形藻（*Pseudo-nitzschia delicatissima*（Cleve）Heiden）、小等刺硅鞭藻（*Dictyocha fibula* Ehrenberg）、圆筛藻（*Coscinodiscus* sp.）、斜纹藻（*Pleurosigma* sp.）、距端假管藻（*Pseudosolenia calcar-avis*（Schultze）Sundström）和螺旋环沟藻（*Gyrodinium spirale*）（表 5-6）；而 m 群落主要由具槽帕拉藻（*Paralia sulcata*（Ehrenberg）Cleve）、三角角藻（*Ceratium tripos*（Müller）Nitzsch）、斜纹藻（*Pleurosigma* sp.）、梭形角藻（*Ceratium fusus*）和舟形藻（*Navicula* sp.）构成（表 5-7）。

冬季则主要包括 3 个群落。g 群落的特征种主要由太平洋海链藻（*Thalassiosira pacifica* Gran & Angst）、具槽帕拉藻（*Paralia sulcata*（Ehrenberg）Cleve）、加拉星平藻（*Asteroplanus karianus*）、离心列海链藻（*Thalassiosira eccentrica*（Ehrenberg）Cleve）、圆海链藻（*Thalassiosira rotula* Meunier）、柔弱几内亚藻（*Guinardia delicatula*（Cleve）Hasle）和布氏双尾藻（*Ditylum brightwellii*（West）Grunow）构成（表 5-8）；i 群落主要由太平洋海链藻（*Thalassiosira pacifica* Gran & Angst）、具槽帕拉藻（*Paralia sulcata*（Ehrenberg）Cleve）、加拉星平藻（*Asteroplanus karianus*）、圆海链藻（*Thalassiosira rotula* Meunier）、离心列海链藻（*Thalassiosira eccentrica*（Ehrenberg）Cleve）、柔弱几内亚藻（*Guinardia delicatula*（Cleve）Hasle）和尖刺伪菱形藻（*Pseudo-nitzschia pungens*（Grunow *ex* Cleve）Hasle）构成（表 5-9）；f 群落则主要是太平洋海链藻（*Thalassiosira pacifica* Gran & Angst）、具槽帕

拉藻（*Paralia sulcata*（Ehrenberg）Cleve）、离心列海链藻（*Thalassiosira eccentrica*（Ehrenberg）Cleve）、加拉星平藻（*Asteroplanus karianus*）和圆海链藻（*Thalassiosira rotula* Meunier）构成（表5-10）。

表5-3　浮游植物 e 群落的特征种

e 群落（5-S1、5-S2、5-S3、5-S4、5-S5、5-S6、5-S7、5-S8、5-S9、5-S11、5-S12、5-S13、5-S14、5-S15、5-S16、5-S17、5-S18、5-S19、5-S20、5-S21）（平均相似度：75.29%）

物种	拉丁文	贡献率/%	累积贡献率/%
柔弱几内亚藻	*Guinardia delicatula*（Cleved）Hasle	53.70	53.70

d 群落（5-S10）无特征种。

表5-4　浮游植物 b 群落的特征种

b 群落（8-S2、8-S10、8-S17、8-S18、8-S19、8-S20）（平均相似度：57.49%）

物种	拉丁文	贡献率/%	累积贡献率/%
具槽帕拉藻	*Paralia sulcata*（Ehrenberg）Cleve	32.54	32.54
圆筛藻	*Coscinodiscus* sp.	18.94	51.48

a 群落（8-S11）无特征种。

表5-5　浮游植物 c 群落的特征种

c 群落（8-S1、8-S3、8-S4、8-S5、8-S6、8-S7、8-S8、8-S9、8-S12、8-S13、8-S14、8-S15、8-S16、8-S21）（平均相似度：55.89%）

物种	拉丁文	贡献率/%	累积贡献率/%
具槽帕拉藻	*Paralia sulcata*（Ehrenberg）Cleve	18.91	18.91
裸甲藻	*Gymnodinium* sp.	14.42	33.33
圆筛藻	*Coscinodiscus* sp.	12.17	45.50
离心列海链藻	*Thalassiosira eccentrica*（Ehrenberg）Cleve	10.32	55.81

表5-6　浮游植物 l 群落的特征种

l 群落（11-S1、11-S2、11-S3、11-S4、11-S5、11-S6、11-S7、11-S8、11-S13、11-15、11-S16、11-S17、11-S18、11-S19、11-S20、11-S21）（平均相似度：64.10%）

物种	拉丁文	贡献率/%	累积贡献率/%
具槽帕拉藻	*Paralia sulcata*（Ehrenberg）Cleve	11.27	11.27
三角角藻	*Ceratium tripos*（Müller）Nitzsch	6.93	18.20
梭形角藻	*Ceratium fusus*	5.22	23.42
柔弱伪菱形藻	*Pseudo-nitzschia delicatissima*（Cleve）Heiden	5.18	28.60
小等刺硅鞭藻	*Dictyocha fibula* Ehrenberg	4.95	33.55
圆筛藻	*Coscinodiscus* sp.	4.89	38.44
斜纹藻	*Pleurosigma* sp.	4.68	43.11
距端假管藻	*Pseudosolenia calcar-avis*（Schultze）Sundström	4.38	47.49
螺旋环沟藻	*Gyrodinium spirale*	3.90	51.39

表 5-7　浮游植物 m 群落的特征种

m 群落（11-S9、11-S10、11-S11）（平均相似度：59.66%）

物种	拉丁文	贡献率/%	累积贡献率/%
具槽帕拉藻	*Paralia sulcata*（Ehrenberg）Cleve	18.56	18.56
三角角藻	*Ceratium tripos*（Müller）Nitzsch	9.14	27.7
斜纹藻	*Pleurosigma* sp.	8.68	36.38
梭形角藻	*Ceratium fusus*	8.09	44.47
舟形藻	*Navicula* sp.	8.06	52.53

j 群落（11-S12）无特征种。

k 群落（11-S14）无特征种。

表 5-8　浮游植物 g 群落的特征种

g 群落（2-S1、2-S2、2-S3、2-S5、2-S6、2-S8、2-S9、2-S13、2-S14、2-S15、2-S16、2-S17、2-S18、2-S19、2-S20、2-S21）（平均相似度：78.65%）

物种	拉丁文	贡献率/%	累积贡献率/%
太平洋海链藻	*Thalassiosira pacifica* Gran & Angst	12.06	12.06
具槽帕拉藻	*Paralia sulcata*（Ehrenberg）Cleve	10.69	22.75
加拉星平藻	*Asteroplanus karianus*	7.95	30.70
离心列海链藻	*Thalassiosira eccentrica*（Ehrenberg）Cleve	6.91	37.61
圆海链藻	*Thalassiosira rotula* Meunier	5.79	43.40
柔弱几内亚藻	*Guinardia delicatula*（Cleve）Hasle	4.36	47.76
布氏双尾藻	*Ditylum brightwellii*（West）Grunow	4.04	51.80

h 群落（2-S4）无特征种。

表 5-9　浮游植物 i 群落的特征种

i 群落（2-S7、2-S12）（平均相似度：84.31%）

物种	拉丁文	贡献率/%	累积贡献率/%
太平洋海链藻	*Thalassiosira pacifica* Gran & Angst	12.02	12.02
具槽帕拉藻	*Paralia sulcata*（Ehrenberg）Cleve	10.69	22.71
加拉星平藻	*Asteroplanus karianus*	8.18	30.89
圆海链藻	*Thalassiosira rotula* Meunier	6.77	37.66
离心列海链藻	*Thalassiosira eccentrica*（Ehrenberg）Cleve	6.52	44.18
柔弱几内亚藻	*Guinardia delicatula*（Cleve）Hasle	5.34	49.52
尖刺伪菱形藻	*Pseudo-nitzschia pungens*（Grunow ex Cleve）Hasle	4.23	53.75

表5-10　浮游植物f群落的特征种

f群落（2-S10、2-S11）（平均相似度：75.31%）

物种	拉丁文	贡献率/%	累积贡献率/%
太平洋海链藻	*Thalassiosira pacifica* Gran & Angst	16.38	16.38
具槽帕拉藻	*Paralia sulcata*（Ehrenberg）Cleve	13.19	29.57
离心列海链藻	*Thalassiosira eccentrica*（Ehrenberg）Cleve	8.31	37.88
加拉星平藻	*Asteroplanus karianus*	8.12	46.00
圆海链藻	*Thalassiosira rotula* Meunier	6.92	52.93

5.3.4.3　浮游植物群落环境影响因子

对每个季节的浮游植物细胞丰度进行 BIOENV 分析以找出影响浮游植物群落结构的最佳环境因子组合。环境因子采用 5.3.2 节空间异质性分析所采用的 11 个环境变量，这主要是因为水温主要是影响浮游植物群落季节间变化的主要因素，且调查海域相对较小，水温变化较小，因此一个季节间的分析不考虑水温的影响；调查期间，溶解氧的浓度含量总体较高，最低值超过 6 mg/L，高于一类海水标准，因此可认为溶解氧并非是浮游植物分布的限制因子。

BIOENV 分析结果显示，显著影响浮游植物群落结构的环境因子组合为：春季：盐度（Sal）、悬浮物（SS）、化学需氧量（$R=0.495$，$p=0.02$）；夏季：盐度、活性磷酸盐（SRP）、石油类（$R=0.325$，$p=0.18$）；秋季：石油类（$R=0.387$，$p=0.09$）；冬季：盐度、悬浮物、pH（$R=0.329$，$p=0.19$）（表5-11）。

表5-11　浮游植物群落结构环境影响因子组合

季节	变量个数	相关系数	影响因子组合
春季	3	0.495	Sal、SS、COD
	4	0.490	Sal、SS、COD、DIN
	5	0.476	Sal、SS、pH、COD、DIN
	4	0.474	Sal、SS、pH、COD
	3	0.467	Sal、SS、DIN
	4	0.448	Sal、SS、pH、DIN
	2	0.447	Sal、SS
	5	0.441	Sal、SS、COD、DIN、DOC
	4	0.433	Sal、SS、COD、SRP
	4	0.432	Sal、SS、COD、DOC
夏季	3	0.325	Sal、SRP、Oil
	4	0.318	Sal、SRP、SiO$_3$、Oil
	3	0.289	SRP、SiO$_3$、Oil
	2	0.289	Sal、SRP
	3	0.283	Sal、SRP、SiO$_3$

季节	变量个数	相关系数	影响因子组合
夏季	5	0.283	Sal、SRP、SiO$_3$、Oil、DIC
	5	0.283	Sal、COD、SRP、SiO$_3$、Oil
	5	0.283	Sal、SS、SRP、SiO$_3$、Oil
	2	0.277	Sal、Oil
	4	0.275	Sal、SS、SRP、Oil
秋季	1	0.387	Oil
	3	0.362	SS、Oil、DIC
	4	0.362	SS、Oil、DIC、DOC
	2	0.360	Oil、DIC
	4	0.343	SS、pH、Oil、DIC
	4	0.342	Sal、SS、Oil、DIC
	3	0.336	pH、Oil、DIC
	4	0.334	SS、Chl a、Oil、DIC
	5	0.333	Sal、SS、Oil、DIC、DOC
	3	0.333	Oil、DIC、DOC
冬季	3	0.329	Sal、SS、pH
	4	0.326	Sal、SS、pH、DOC
	5	0.303	Sal、SS、pH、Oil、DOC
	5	0.295	Sal、SS、pH、COD、DOC
	4	0.287	Sal、SS、pH、Oil
	4	0.280	Sal、SS、pH、COD
	2	0.277	SS、pH
	3	0.270	SS、pH、DOC
	4	0.256	SS、pH、Oil、DOC
	3	0.255	SS、pH、Oil

5.3.5　小结

浮游植物共发现131种，硅藻为该海域主要浮游植物群落。浮游植物群落的季节变化为硅藻-甲藻群落（秋季）、硅藻群落（冬季）、硅藻群落（春季）、硅藻-甲藻群落（夏季）。该海域四季浮游植物群落之间的差异较显著，每个季节均有其独特的群落结构。秋季，浮游植物群落主要以具槽帕拉藻和三角角藻为主要贡献种；冬季，浮游植物群落主要以太平洋海链藻和具槽帕拉藻为主要贡献种；春季，柔弱几内亚藻以绝对优势成为浮游植物最主要的群落，根据其优势度与细胞丰度，我们可判定春季发生了柔弱几内亚藻赤潮；夏季，浮游植物群落主要以具槽帕拉藻、裸甲藻和圆筛藻为主要贡献种。

浮游植物群落的季节变化很明显。秋季，浮游植物群落主要为硅藻-甲藻共同控制的群落，具槽帕拉藻为第一优势种，而进入冬季后，太平洋海链藻为第一优势种，除了温度的影响之外，还有海流的影响。冬季随高盐度黄海暖流进入渤海的太平洋海链藻与渤海本地种具槽帕拉藻的竞争关系最为显著，而数据结果显示太平洋海链藻的竞争力更强，从而太平洋海链藻取代在夏秋季为第一优势种的具槽帕拉藻而成为冬季第一优势种。且甲藻在冬季出现的很少，冬季浮游植物群落主要为硅藻群落。随着温度的升高，春季浮游植物群落变为柔弱几内亚藻控制的硅藻群落，而进入夏季之后，适于在较高温度下生长的甲藻大量繁殖，浮游植物群落由春季的硅藻群落发展为硅藻-甲藻共同控制的群落。这证明温度和海流是影响浮游植物季节更替的重要环境因子。

春季，影响浮游植物群落结构的环境因子主要为盐度、悬浮物和化学需氧量。盐度是影响浮游植物生长的重要因子之一，且在近海浮游植物分布随盐度也呈梯度变化。由水环境空间异质性分析结果可知，春季东部海域较西部海域盐度较高，而浮游植物细胞丰度空间分布显示，东部海域浮游植物细胞丰度较高，且春季的平均盐度为四季最高，因此可知春季浮游植物喜高盐环境。此外，春季的悬浮物浓度最小，说明春季水体透明度较高，有利于浮游植物光合作用。化学需氧量主要指水体中还原性物质的含量，表征水体中有机污染物的含量。海水化学需氧量的增大说明陆源输入带来了大量的营养盐，春季氮、磷、硅的浓度均最低，而溶解有机碳的浓度最高，说明陆源输入的营养盐主要以有机营养盐为主。化学需氧量的高值区主要位于西部和南部海域，与浮游植物细胞丰度高值区的分布相反，表明春季高浓度的化学需氧量不利于浮游植物的生长和繁殖。

夏季，影响浮游植物群落结构的环境因子主要为盐度、活性磷酸盐和石油类。夏季的平均盐度为四季最低，且浮游植物细胞丰度也为四季最低，由此可知，盐度降低不利于调查海域浮游植物的生长。夏季，活性磷酸盐的含量为四季最高，而西北角海域的活性磷酸盐浓度较低，磷含量的降低影响了浮游植物对营养盐的吸收。浮游植物是按照一定比例吸收营养盐的，这一恒定比例被称为Redfield比值。根据Redfield比率（$N:P=16:1$），当氮磷比超过16时，磷是限制性因子，低于16时，氮是限制性因子。而夏季磷含量的降低使得氮磷比大于16，磷成为该海域的限制性因子，且显著影响浮游植物的分布。近年来，由于海上运输、海上石油勘探等行业的迅速发展，港口和船舶的作业含油污废水排放、含油废气沉降、工业民用含油污废水排放等导致了石油污染。本研究中，浮游植物分布较少的西北角海域的石油类含量较高，说明西北角海域石油类的浓度对浮游植物产生了抑制作用。虽然夏季石油类的浓度远低于春季，但石油对浮游植物的慢性毒性效应实验结果表明，不同自然水温下浮游植物对石油污染的耐受性不同，温度较高的夏季，浮游植物对石油污染的耐受性较差。

秋季，影响浮游植物群落结构的环境因子主要为石油类。秋季，浮游植物分布较少的西南角海域石油类含量同样较低，这说明石油类在秋季促进了浮游植物的生长和繁殖。

冬季，影响浮游植物群落结构的环境因子主要为盐度、悬浮物和pH。由于水体强烈的混合作用，冬季的悬浮物浓度为四季最高，通透性较差，不利于浮游植物的生长和繁殖。冬季pH较小，相关研究表明，随着pH的下降，浮游植物细胞内一些与光合固碳相关的酶类（如碳酸酐酶，加氧酶等）活性会受到抑制，因此浮游植物的光合效率就会降低。本研究中，东部海域较西部海域pH较低，在一定程度上抑制了浮游植物的光合作用。

渤海海域经过多次的调查与研究，共发现近432种浮游植物。本次调查共采集到浮游植物131种，与渤海海域以往的调查数据相比，本次调查物种数较多。在种类组成上差异不大，硅藻均为浮游植物的主要类群。但是本次调查水域出现一种内骨藻——三裂醉藻，是以前调查未出现过的。其中，优势种之一的具槽帕拉藻是一种半咸水、链状底栖硅藻，是渤海冬季的本地种，喜低光照强度和高营养盐水体。本研究调查海域的浮游植物物种生态类型多为温带近岸性类型，少数为大洋性或暖水性类型。

与邻近的莱州湾（马建新等，2002；宁璇璇等，2011）相比，本研究调查海域浮游植物物种数较多，但在种类组成方面，硅藻仍是浮游植物群落中的优势群落，且浮游植物生态类型同样多为温带近岸性类型。但本调查海域与莱州湾海域的优势种属相差较大。本调查海域的优势种群主要为几内亚藻属、海链藻属和具槽藻属等，而莱州湾的浮游植物优势种群则为角毛藻属和圆筛藻属。本研究调查海域距莱州湾较近，浮游植物的群落结构两处大体是一致的，但在具体物种组成方面有一定差异。因此，即使是相邻海域，不仅其水质会有差异，其浮游植物种属也会有差异，但是由于海水的流动性，浮游植物可能会随着海流漂流到邻近海域，导致相邻海域浮游植物在一定程度上的相似。与邻近海域的比较可帮助我们进一步认识海岛海域与其他海域的相同与差异，加深对海岛海域的认识。

与舟山群岛邻近海域（朱根海等，2000；唐锋等，2013）相比，本次调查物种数较少。种类组成方面，硅藻仍然是优势种群。而浮游植物生态类型，舟山群岛邻近海域除了有温带近岸性物种外还有广温广盐近岸性物种。庙岛群岛与舟山群岛无论是地理位置还是水环境都有差异，因此浮游植物物种组成必定会有差异，然而在群落结构方面，硅藻仍然是主导群落。通过对不同海岛浮游植物的对比，可帮助我们进一步认识不同海岛生态系统间的差异，进一步了解海岛生态系统（王媛媛，2016）。

5.4　浮游动物群落特征及其环境影响因素

5.4.1　类群组成

调查期间，四季共发现 25 种浮游动物成体，13 种浮游动物幼体。浮游动物成体春季出现 7 种，夏季出现 14 种，秋季出现 19 种，冬季出现 10 种；浮游动物幼体春季出现 7 种，夏季出现 12 种，秋季出现 4 种，冬季出现 3 种。成体中，桡足类 10 种（占 40%），水母类 5 种（占 20%），端足类 3 种（占 12%），糠虾类 3 种（占 12%），毛颚动物 1 种（占 4%），涟虫类 1 种（占 4%），磷虾类 1 种（占 4%），多毛类 1 种（占 4%）。桡足类是该海域的第一大浮游动物群落，其次为水母类。浮游动物幼体主要出现在夏季和春季。

5.4.2　丰度

春季，浮游动物丰度范围为 66.33~5 287.50 ind/m^3，平均为 1 952.74 ind/m^3；夏季浮游动物丰度范围为 72.86~2 156.82 ind/m^3，平均为 352.51 ind/m^3；秋季浮游动物丰度范围为 11.88~294.80 ind/m^3，平均为 87.38 ind/m^3；冬季浮游动物丰度范围为 33.25~137.73 ind/m^3，平均为 79.95 ind/m^3。

浮游动物丰度分布从大到小依次为春季、夏季、秋季、冬季（图 5-9），该调查海域浮游动物的数量不像地中海海域的浮游动物一年中有两个峰值，而是只有一个峰值。图 5-10 为浮游动物丰度空间分布，由图可知，春季，岛间海域浮游动物丰度较南部岛群周围海域的低；夏季和冬季，岛间海域和南部海域浮游动物丰度较小；秋季，浮游动物主要分布在东部和北部海域。

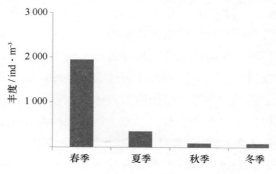

图 5-9　浮游动物丰度季节变化

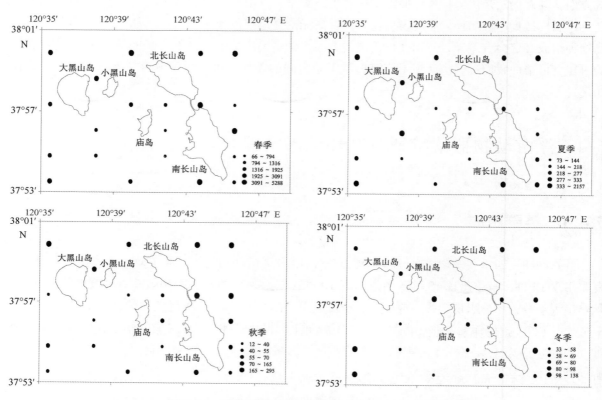

图 5-10　浮游动物丰度空间分布（单位：ind/m³）

5.4.3　优势种

四季共发现 5 种优势种，分别为强壮箭虫（*Sagitta crassa*）、墨氏胸刺水蚤（*Centropages mcmur-richi*）、中华哲水蚤（*Calanus sinicus*）、蛇尾类长腕幼虫（*Ophiopluteus larva*）和糠虾幼体（*Mysidacea larva*），其中春季 2 种，夏季 3 种，秋季 1 种，冬季 3 种（表 5-12）。

表 5-12　庙岛群岛南部海域浮游动物优势种及其优势度

名称	拉丁文	春季	夏季	秋季	冬季
强壮箭虫	*Sagitta crassa*		0.38	0.56	0.46
墨氏胸刺水蚤	*Centropages mcmurrichi*	0.55			0.02
中华哲水蚤	*Calanus sinicus*	0.42			0.28
蛇尾类长腕幼虫	Ophiopluteus larva		0.46		
糠虾幼体	Mysidacea larva		0.03		

5.4.4　群落特征及其环境影响因素

5.4.4.1　群落划分

基于浮游动物生物丰度矩阵进行四次方根转换和 Bray-Curtis 相似性计算，经 Simprof 检验后进行 CLUSTER 聚类和 MDS 标序，结果见图 5-11。MDS 标序图的 *S*（胁强系数）为 0.15，处于可信范围内。由图 5-11 可知，浮游动物群落的季节性差异非常显著，春季和冬季的浮游动物群落较相似，而夏季和秋季的相似，且夏秋的相似度高于春冬。同时，通过 MDS 标序图（图 5-12）可知，秋季的浮游动物群落间的差异是最大的，其次为夏季，春季和冬季浮游动物群落间的差异较小。

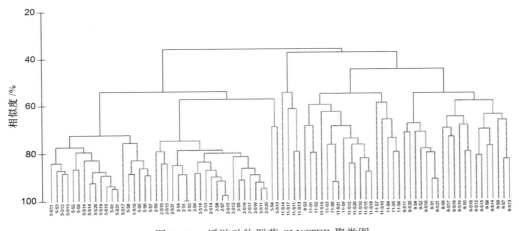

图 5-11　浮游动物群落 CLUSTER 聚类图

5.4.4.2　各群落特征

利用相似性百分比分析（SIMPER）得出各组的特征种，结果如下。

春季主要包括 4 个群落。a 群落的特征种主要为墨氏胸刺水蚤（*Centropages mcmurrichi*）、中华哲水蚤（*Calanus sinicus*）、强壮箭虫（*Sagitta crassa*）、桡足类无节幼虫（Nauplius larva）和小毛猛水蚤（*Microsetella norvegica*）（表 5-13）；b 群落主要由墨氏胸刺水蚤（*Centropages mcmurrichi*）、中华哲水蚤（*Calanus sinicus*）和强壮箭虫（*Sagitta crassa*）构成（表 5-14）；c 群落的特征种主要为中华哲水蚤（*Calanus sinicus*）、墨氏胸刺水蚤（*Centropages mcmurrichi*）、强壮箭虫（*Sagitta crassa*）

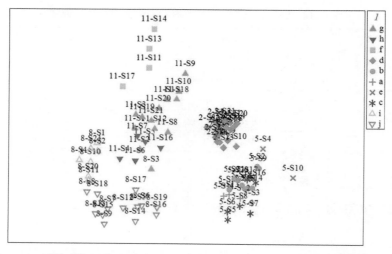

图 5-12　浮游动物群落 MDS 标序图（站位前的 2、5、8、11 为样品采集月份，
对应冬、春、夏、秋；a-j 为不同的群落分组）

和小拟哲水蚤（*Paracalanus parvus*）（表 5-15）；e 群落则主要为墨氏胸刺水蚤（*Centropages mcmurrichi*）、中华哲水蚤（*Calanus sinicus*）、桡足类无节幼虫（Nauplius larva）和小毛猛水蚤（*Microsetella norvegica*）（表 5-16）。

　　夏季主要可划分为 2 个群落。i 群落主要为强壮箭虫（*Sagitta crassa*）、拟长腹剑水蚤（*Oithona similis*）和糠虾幼体（Mysidacea larva）（表 5-17）；j 群落的多样性较 i 群落高，其特征种主要包括强壮箭虫（*Sagitta crassa*）、糠虾幼体（Mysidacea larva）、拟长腹剑水蚤（*Oithona similis*）、疣足幼虫（Nectochaete larva）、阿利玛幼虫（Alima larva）、中华哲水蚤（*Calanus sinicus*）、小毛猛水蚤（*Microsetella norvegica*）、稚鱼（Fish larva）和小拟哲水蚤（*Paracalanus parvus*）（表 5-18）。

　　秋季主要可划分为 3 个群落。g 群落主要包括强壮箭虫（*Sagitta crassa*）、中华哲水蚤（*Calanus sinicus*）和糠虾幼体（Mysidacea larva）（表 5-19）；h 群落的多样性最高，其特征种主要包括强壮箭虫（*Sagitta crassa*）、中华哲水蚤（*Calanus sinicus*）、糠虾幼体（Mysidacea larva）、栉水母（Ctenophora）、蜮亚目 SP.（Hyperiidea sp.）、真刺唇角水蚤（*Labidocera euchaeta*）和桡足类无节幼虫（Nauplius larva）（表 5-20）；f 群落则主要为强壮箭虫（*Sagitta crassa*）（表 5-21）。

　　冬季只有一个群落。d 群落的特征种主要是强壮箭虫（*Sagitta crassa*）、中华哲水蚤（*Calanus sinicus*）和墨氏胸刺水蚤（*Centropages mcmurrichi*）（表 5-22）。

表 5-13　浮游动物 a 群落的特征种

a 群落（5-S3、5-S11、5-S12、5-S13）（平均相似度：85.74%）

物种	拉丁文	贡献率/%	累积贡献率/%
墨氏胸刺水蚤	*Centropages mcmurrichi*	38.17	38.17
中华哲水蚤	*Calanus sinicus*	22.49	60.66
强壮箭虫	*Sagitta crassa*	13.35	74.01
桡足类无节幼虫	Nauplius larva	9.50	83.51
小毛猛水蚤	*Microsetella norvegica*	8.07	91.59

表 5-14　浮游动物 b 群落的特征种

b 群落（5-S1、5-S2、5-S9、5-S14、5-S15、5-S18、5-S19、5-S20、5-S21）（平均相似度：84.39%）

物种	拉丁文	贡献率/%	累积贡献率/%
墨氏胸刺水蚤	*Centropages mcmurrichi*	48.62	48.62
中华哲水蚤	*Calanus sinicus*	30.68	79.29
强壮箭虫	*Sagitta crassa*	14.59	93.88

表 5-15　浮游动物 c 群落的特征种

c 群落（5-S5、5-S6、5-S7、5-S8、5-S16、5-S17）（平均相似度：81.74%）

物种	拉丁文	贡献率/%	累积贡献率/%
中华哲水蚤	*Calanus sinicus*	40.29	40.29
墨氏胸刺水蚤	*Centropages mcmurrichi*	31.88	72.17
强壮箭虫	*Sagitta crassa*	16.39	88.57
小拟哲水蚤	*Paracalanus parvus*	5.52	94.08

表 5-16　浮游动物 e 群落的特征种

e 群落（5-S4、5-S10）（平均相似度：69.24%）

物种	拉丁文	贡献率/%	累积贡献率/%
墨氏胸刺水蚤	*Centropages mcmurrichi*	42.59	42.59
中华哲水蚤	*Calanus sinicus*	29.09	71.67
桡足类无节幼虫	Nauplius larva	16.10	87.77
小毛猛水蚤	*Microsetella norvegica*	12.23	100.00

表 5-17　浮游动物 i 群落的特征种

i 群落（8-S1、8-S2、8-S4、8-S10、8-S11、8-S20、8-S21）（平均相似度：72.76%）

物种	拉丁文	贡献率/%	累积贡献率/%
强壮箭虫	*Sagitta crassa*	40.22	40.22
拟长腹剑水蚤	*Oithona similis*	26.34	66.56
糠虾幼体	Mysidacea larva	24.52	91.08

表 5-18　浮游动物 j 群落的特征种

j 群落（8-S5、8-S6、8-S7、8-S8、8-S9、8-S12、8-S13、8-S14、8-S15、8-S16、8-S17、8-S18、8-S19）（平均相似度：62.83%）

物种	拉丁文	贡献率/%	累积贡献率/%
强壮箭虫	*Sagitta crassa*	30.85	30.85
糠虾幼体	Mysidacea larva	16.71	47.56
拟长腹剑水蚤	*Oithona similis*	12.67	60.22
疣足幼虫	Nectochaete larva	7.65	67.88
阿利玛幼虫	Alima larva	7.28	75.16

续表

物种	拉丁文	贡献率/%	累积贡献率/%
中华哲水蚤	*Calanus sinicus*	5.07	80.23
小毛猛水蚤	*Microsetella norvegica*	4.49	84.72
稚鱼	Fish larva	3.25	87.97
小拟哲水蚤	*Paracalanus parvus*	2.75	90.72

表 5-19　浮游动物 g 群落的特征种

g 群落（11-S1、11-S2、11-S3、11-S8、11-S9、11-S10、11-S12、11-S15、11-S18、11-S19、11-S20、11-S21、8-S3）（平均相似度：67.17%）

物种	拉丁文	贡献率/%	累积贡献率/%
强壮箭虫	*Sagitta crassa*	59.07	59.07
中华哲水蚤	*Calanus sinicus*	26.23	85.30
糠虾幼体	Mysidacea larva	8.51	93.82

表 5-20　浮游动物 h 群落的特征种

h 群落（11-S4、11-S5、11-S6、11-S7、11-S16）（平均相似度：66.39%）

物种	拉丁文	贡献率/%	累积贡献率/%
强壮箭虫	*Sagitta crassa*	44.83	44.83
中华哲水蚤	*Calanus sinicus*	19.55	64.38
糠虾幼体	Mysidacea larva	6.71	71.09
栉水母	Ctenophora	5.95	77.04
蜮亚目 SP.	Hyperiidea sp.	5.50	82.54
真刺唇角水蚤	*Labidocera euchaeta*	4.34	86.88
桡足类无节幼虫	Nauplius larva	3.18	90.06

表 5-21　浮游动物 f 群落的特征种

f 群落（11-S11、11-S13、11-S14、11-S17）（平均相似度：61.07%）

物种	拉丁文	贡献率/%	累积贡献率/%
强壮箭虫	*Sagitta crassa*	93.47	93.47

表 5-22　浮游动物 d 群落的特征种

d 群落（2-S1、2-S2、2-S3、2-S4、2-S5、2-S6、2-S7、2-S8、2-S9、2-S10、2-S11、2-S12、2-S13、2-S14、2-S15、2-S16、2-S17、2-S18、2-S19、2-S20、2-S21）（平均相似度：79.96%）

物种	拉丁文	贡献率/%	累积贡献率/%
强壮箭虫	*Sagitta crassa*	33.92	33.92
中华哲水蚤	*Calanus sinicus*	31.21	65.13
墨氏胸刺水蚤	*Centropages mcmurrichi*	27.46	92.59

5.4.4.3 浮游动物群落环境影响因子

环境因子在浮游植物群落环境影响因子选择的基础上，增添一个影响因子：浮游植物细胞丰度（phytoplankton）。由于浮游植物是浮游动物的重要饵料，因此浮游植物对浮游动物的影响不可忽视，且本节试图通过对比叶绿素 a（Chl a）浓度与浮游植物细胞丰度，以找出在不同的季节更直接或更大程度地影响浮游动物群落结构的因素。

BIOENV 分析结果显示，显著影响浮游动物群落结构的环境因子为：春季：石油类、浮游植物细胞丰度（$R=0.346$，$p=0.25$）；夏季：活性磷酸盐、叶绿素 a（$R=0.386$，$p=0.02$）；秋季：浮游植物细胞丰度（$R=0.428$，$p=0.07$）；冬季：悬浮物、石油类（$R=0.191$，$p=0.57$）（表5-23）。

表 5-23 浮游植物群落结构环境影响因子组合

季节	变量个数	相关系数	影响因子组合
春季	2	0.346	Oil、phytoplankton
	3	0.305	SS、Oil、phytoplankton
	1	0.299	phytoplankton
	2	0.295	SS、phytoplankton
	4	0.284	SS、pH、Oil、phytoplankton
	3	0.270	SS、pH、phytoplankton
	2	0.264	SS、Oil
	5	0.263	SS、pH、COD、Oil、phytoplankton
	4	0.262	SS、COD、Oil、phytoplankton
	3	0.245	SS、pH、Oil
夏季	2	0.386	SRP、Chl a
	3	0.385	Sal、SRP、Chl a
	4	0.371	Sal、SRP、Chl a、Oil
	5	0.369	Sal、SRP、Chl a、Oil、DIC
	3	0.368	SRP、Chl a、Oil
	3	0.365	pH、SRP、Chl a
	5	0.365	Sal、SS、SRP、Chl a、DIC
	3	0.362	COD、SRP、Chl a
	4	0.360	Sal、SS、SRP、Chl a
	4	0.359	Sal、SRP、Chl a、DIC
秋季	1	0.428	phytoplankton
	2	0.368	SS、phytoplankton
	2	0.336	DOC、phytoplankton
	2	0.329	COD、phytoplankton
	2	0.309	Chl a、phytoplankton
	2	0.291	DIC、phytoplankton
	2	0.289	SRP、phytoplankton
	3	0.288	SS、DOC、phytoplankton
	2	0.286	SiO_3、phytoplankton
	3	0.282	DIC、DOC、phytoplankton

续表

季节	变量个数	相关系数	影响因子组合
冬季	2	0.191	SS、Oil
	3	0.166	SS、Oil、DOC
	3	0.164	SS、Chl a、Oil
	4	0.149	SS、Chl a、Oil、DOC
	4	0.131	SS、Oil、DOC、phytoplankton
	2	0.126	Oil、DOC
	5	0.125	SS、Chl a、Oil、DOC、phytoplankton
	1	0.123	SS
	4	0.120	SS、Chl a、Oil、phytoplankton
	3	0.120	SS、SRP、Oil

5.4.5 小结

浮游动物共发现 25 种成体，13 种幼体，桡足类为该海域主要浮游动物群落。浮游动物群落的季节变化为毛颚动物群落（秋季）、毛颚动物–桡足类群落（冬季）、桡足类群落（春季）、浮游幼体–毛颚动物群落（夏季）。

该海域四季浮游动物群落之间的差异较显著，每个季节均有其独特的群落结构。秋季和冬季，浮游动物群落主要以强壮箭虫和中华哲水蚤为主要优势种；春季，浮游动物群落主要以墨氏胸刺水蚤和中华哲水蚤为主要贡献种；夏季，浮游动物则主要以强壮箭虫、拟长腹剑水蚤和糠虾幼体为主要贡献种。

浮游动物群落的季节变化很明显。秋季，强壮箭虫为第一且唯一优势种，主要为毛颚动物控制的群落；冬季，随着温度的下降和黄海暖流的影响，中华哲水蚤和墨氏胸刺水蚤随黄海暖流进入渤海海峡，并成为第二和第三优势种，形成毛颚动物和桡足类共同控制的群落。春季，浮游动物群落依然受到黄海暖流的影响，墨氏胸刺水蚤和中华哲水蚤成为第一、第二优势种，主要为桡足类控制的群落。而进入夏季之后，浮游动物群落中则出现了大量的浮游动物幼体，且成为优势种，浮游动物幼体的出现与温度关系非常密切。对于温带海域来说，通常浮游动物幼体大量出现在温度较高的夏季。同时，这种高水温环境抑制中华哲水蚤的生长和繁殖，其丰度显著下降。因此，夏季主要为浮游幼体和毛颚动物共同控制的群落。这也证明温度和海流是影响浮游动物季节更替的重要环境因子。

春季，影响浮游动物群落结构的主要环境因子为石油类和浮游植物细胞丰度。春季，岛间海域石油类含量较低，这主要是因为春季的高石油类含量促进了浮游植物的生长，作为饵料的浮游植物的增长同时又促进了浮游动物的繁殖。

夏季，影响浮游动物群落结构的主要环境因子为活性磷酸盐和叶绿素 a。活性磷酸盐对浮游动物的影响是间接的，夏季水体为磷限制水域，浮游植物生长受到影响，因此浮游动物的繁殖受到影响。

秋季，影响浮游动物群落结构的主要环境因子为浮游植物细胞丰度。由此可知，与其他季节相比，作为饵料的浮游植物在秋季对浮游动物的影响较大、较直接。且浮游植物细胞丰度与叶绿素 a

浓度相比，更能直接反映浮游植物对浮游动物的影响。

　　冬季，影响浮游动物群落结构的主要环境因子为悬浮物和石油类。冬季强烈的混合作用使得水体悬浮物浓度增大，透明度下降，不利于浮游动物的生长和繁殖。许多研究表明，浮游动物会在昼夜之间发生垂直迁移，而昼夜垂直迁徙发生的原因和程度取决于许多因素，包括内因和外因，内因包括年龄、体长、性别和内在节律等，外因包括光、温度、盐度、海流等。光强变化的速度不仅影响浮游动物上升的快慢，同时也决定浮游动物白天所处的水层。因此悬浮物浓度的增大在一定程度上会改变浮游动物的分布。而石油类可能是通过影响浮游植物的生长而影响浮游动物的分布（王媛媛，2016）。

5.5　浮游动物与浮游植物的耦合关系

5.5.1　数量关系

　　图 5-13 为浮游植物细胞丰度与浮游动物丰度的四季变化图。由图可知，从秋季到夏季，浮游动物丰度在冬季降到最低，随后在春季达到最大，之后夏季又经过一次下降，但其丰度高于秋季。而浮游植物细胞丰度从秋季到春季一直处于增长的趋势，春季达到最大之后在夏季降到最低。对每个季节的浮游植物与浮游动物丰度进行回归分析，结果显示，仅春季二者丰度之间有显著相关性（$R = 0.369$，$p = 0.004$），这同时也证明了春季浮游植物对浮游动物的促进作用。

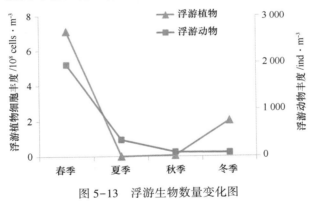

图 5-13　浮游生物数量变化图

5.5.2　群落间的相互作用

　　根据 SIMPER 分析得出浮游植物与浮游动物每个季节的特征种，运用 Pearson 相关分析对对应季节的浮游植物特征种与浮游动物特征种进行分析。选取每季贡献率 10% 以上的贡献种进入相关分析（表 5-24 至表 5-27）。

　　春季（表 5-24），中华哲水蚤与柔弱几内亚藻（$R = 0.585$，$p < 0.01$）和强壮箭虫（$R = 0.797$，$p < 0.01$）呈极显著正相关。小毛猛水蚤与墨氏胸刺水蚤（$R = 0.740$，$p < 0.05$）和小拟哲水蚤（$R =$

0.882，$p<0.05$）呈显著正相关。综上可知，春季浮游动物优势种偏向于摄食硅藻，且呈正相关。

夏季（表5-25），具槽帕拉藻与小拟哲水蚤呈显著正相关（$R=0.868$，$p<0.05$）。圆筛藻与拟长腹剑水蚤（$R=0.516$，$p<0.05$）和小毛猛水蚤（$R=0.804$，$p<0.01$）呈显著正相关，与糠虾幼体（$R=-0.494$，$p<0.05$）呈显著负相关。糠虾幼体与强壮箭虫（$R<0.503$，$p<0.05$）和中华哲水蚤（$R=0.750$，$p<0.05$）呈显著正相关。拟长腹剑水蚤与小毛猛水蚤呈显著正相关（$R=0.693$，$p<0.05$），稚鱼与小拟哲水蚤呈显著正相关（$R=0.951$，$p<0.05$）。综上可知，夏季浮游动物优势种偏向于摄食硅藻，且呈正相关。

秋季（表5-26），三角角藻与强壮箭虫呈极显著正相关（$R=0.725$，$p<0.01$），三角角藻与中华哲水蚤呈显著正相关（$R=0.520$，$p<0.05$），三角角藻与糠虾幼体呈极显著正相关（$R=0.611$，$p<0.01$），三角角藻与栉水母呈极显著正相关（$R=0.776$，$p<0.01$），三角角藻与蛾亚目SP.呈极显著正相关（$R=0.592$，$p<0.01$），三角角藻与真刺唇角水蚤呈极显著正相关（$R=0.732$，$p<0.01$），梭形角藻与强壮箭虫呈极显著正相关（$R=0.691$，$p<0.01$），梭形角藻与中华哲水蚤呈极显著正相关（$R=0.808$，$p<0.01$），梭形角藻与栉水母呈极显著正相关（$R=0.770$，$p<0.01$），柔弱伪菱形藻与中华哲水蚤呈显著正相关（$R=0.511$，$p<0.05$），距端假管藻与强壮箭虫呈极显著正相关（$R=0.620$，$p<0.01$），距端假管藻与中华哲水蚤呈极显著正相关（$R=0.577$，$p<0.01$），距端假管藻与栉水母呈极显著正相关（$R=0.774$，$p<0.01$），距端假管藻与真刺唇角水蚤呈极显著正相关（$R=0.734$，$p<0.01$），综上所述，浮游动物优势种在秋季偏向于摄食甲藻，且呈正相关。

冬季（表5-27），太平洋海链藻与强壮箭虫呈极显著负相关（$R=-0.56$，$p<0.01$），加拉星平藻与强壮箭虫呈显著负相关（$R=-0.52$，$p<0.05$），离心列海链藻与墨氏胸刺水蚤呈显著正相关（$R=0.478$，$p<0.05$），圆海链藻与强壮箭虫呈显著负相关（$R=-0.44$，$p<0.05$）。综上可知，冬季浮游动物优势种偏向于摄食硅藻。

表5-24　春季浮游植物和浮游动物特征种相关分析

特征种	柔弱几内亚藻	墨氏胸刺水蚤	中华哲水蚤	强壮箭虫	小拟哲水蚤	小毛猛水蚤
墨氏胸刺水蚤	0.104					
中华哲水蚤	0.585**	0.045				
强壮箭虫	0.296	0.080	0.797**			
小拟哲水蚤	0.406	0.564	0.080	0.007		
小毛猛水蚤	0.253	0.740*	0.153	0.177	0.882*	
桡足类无节幼虫	0.055	0.247	-0.124	0.023	0.552	0.479

注：$*p<0.05$；$**p<0.01$。

5.5.3　小结

Pearson相关分析结果表明，春季和夏季，浮游动物优势种偏向于摄食硅藻且呈正相关；秋季，浮游动物优势种偏向于摄食甲藻且呈正相关；冬季，浮游动物优势种偏向于摄食硅藻且呈负相关。

强壮箭虫是次级消费者，食肉动物，摄食桡足类，中华哲水蚤主要以滤食硅藻为生，特殊情况下为杂食（Li等，2003；Zhang等，2006；Chen等，2010）。春季，柔弱几内亚藻以绝对优势成为浮游植物最主要的群落，根据其优势度与细胞丰度，我们可判定春季发生了柔弱几内亚藻赤潮，柔

表 5-25　夏季浮游植物和浮游动物特征种相关分析

特征种	具槽帕拉藻	裸甲藻	圆筛藻	离心列海链藻	强壮箭虫	拟长腹剑水蚤	糠虾幼体	疣足幼虫	阿利玛幼虫	中华哲水蚤	小毛猛水蚤	稚鱼
裸甲藻	-0.173											
圆筛藻	-0.295	-0.174										
离心列海链藻	0.045	-0.016	0.156									
强壮箭虫	-0.347	-0.037	-0.240	-0.063								
拟长腹剑水蚤	-0.204	-0.098	0.516*	0.048	-0.428							
糠虾幼体	0.094	-0.185	-0.494*	-0.148	0.503*	-0.252						
疣足幼虫	-0.056	-0.176	-0.247	-0.220	0.546	-0.058	0.154					
阿利玛幼虫	-0.092	-0.487	0.050	-0.538	0.110	-0.129	0.358	-0.267				
中华哲水蚤	-0.436	-0.026	0.019	-0.228	0.462	0.189	0.750*	-0.139	0.322			
小毛猛水蚤	-0.109	-0.093	0.804**	0.216	-0.429	0.693*	-0.449	-0.273	0.125	0.412		
稚鱼	0.224	-0.442	0.009	0.014	-0.310	0.533	0.622	-0.185	0.122	0.213	-0.306	
小拟哲水蚤	0.868*	-0.326	-0.181	0.372	-0.582	0.352	0.523	-0.515	-0.012	0.279	-0.186	0.951*

注：* $p<0.05$；** $p<0.01$。

表5-26 秋季浮游植物和浮游动物特征种相关分析

特征种	具槽帕拉藻	三角角藻	梭形角藻	柔弱伪菱形藻	小等刺硅鞭藻	圆筛藻	斜纹藻	距端假管藻	螺旋环沟藻	舟形藻	强壮箭虫	中华哲水蚤	糠虾幼体	枪水母	蛾亚目 SP.	真刺唇角水蚤
三角角藻	0.25															
梭形角藻	0.30	0.672**														
柔弱伪菱形藻	-0.19	0.04	0.459*													
小等刺硅鞭藻	-0.11	0.25	0.30	0.17												
圆筛藻	0.06	0.22	0.42	0.08	0.483*											
斜纹藻	0.16	-0.23	-0.27	-0.18	-0.29	-0.33										
距端假管藻	0.25	0.691**	0.617**	0.14	0.00	-0.07	-0.08									
螺旋环沟藻	-0.27	0.36	0.32	0.484*	0.32	-0.04	-0.19	0.12								
舟形藻	0.12	-0.32	-0.44	-0.18	-0.13	-0.19	0.659**	-0.24	-0.30							
强壮箭虫	0.14	0.725**	0.691**	0.26	0.24	0.29	-0.09	0.620**	0.34	-0.20						
中华哲水蚤	0.34	0.520*	0.808**	0.511*	0.27	0.32	-0.26	0.577**	0.09	-0.27	0.616**					
糠虾幼体	-0.08	0.611**	0.24	0.11	0.12	0.35	0.07	0.34	0.19	-0.08	0.444*	0.15				
枪水母	0.11	0.776**	0.770**	0.31	0.22	0.29	-0.29	0.774**	0.17	-0.34	0.793**	0.745**	0.39			
蛾亚目 SP.	0.32	0.592**	0.24	-0.31	0.24	0.41	0.08	0.33	-0.03	0.03	0.486*	0.14	0.761**	0.30		
真刺唇角水蚤	0.06	0.732**	0.35	-0.16	0.17	0.11	-0.12	0.734**	-0.05	-0.24	0.43	0.42	0.637**	0.638**	0.570**	
桡足类无节幼虫	0.25	0.40	0.20	-0.26	-0.13	0.01	-0.12	0.25	-0.02	-0.17	0.584**	0.32	0.00	0.30	0.28	0.25

注：* $p<0.05$；** $p<0.01$。

表 5-27　冬季浮游植物和浮游动物特征种相关分析

特征种	太平洋海链藻	具槽帕拉藻	加拉星平藻	离心列海链藻	圆海链藻	柔弱几内亚藻	布氏双尾藻	尖刺伪菱形藻	强壮箭虫	中华哲水蚤
具槽帕拉藻	-0.56									
加拉星平藻	0.542*	-0.52								
离心列海链藻	0.41	-0.07	0.21							
圆海链藻	0.667**	-0.51	0.39	0.09						
柔弱几内亚藻	0.34	-0.31	0.19	0.10	0.08					
布氏双尾藻	0.762**	-0.32	0.449*	0.39	0.716**	0.14				
尖刺伪菱形藻	0.582**	-0.31	0.34	0.16	0.609**	0.20	0.39			
强壮箭虫	-0.56**	-0.32	-0.52*	-0.13	-0.44*	-0.07	-0.56	-0.32		
中华哲水蚤	-0.02	0.30	-0.32	0.10	-0.25	-0.06	0.21	-0.11	0.29	
墨氏胸刺水蚤	0.35	-0.32	0.28	0.478*	0.15	-0.05	0.496*	0.00	0.01	0.20

注：* $p<0.05$；** $p<0.01$。

弱几内亚藻（硅藻）赤潮的暴发为中华哲水蚤提供了丰富的食物，因此二者呈显著正相关是正常的，中华哲水蚤的数量随着柔弱几内亚藻的增多而增多，与此同时，中华哲水蚤的增加为强壮箭虫提供了丰富的饵料，因此不难理解中华哲水蚤与强壮箭虫的显著相关性。

小拟哲水蚤是小型浮游动物，主要摄食纤毛虫、鞭毛藻类和鞭毛虫（Wu 等，2010；Lee 等，2012），而本研究海域夏季未有鞭毛藻的出现，因此小拟哲水蚤选择摄食优势种具槽帕拉藻。同理，拟长腹剑水蚤和小毛猛水蚤则选择摄食圆筛藻（Dugas 和 Koslow，1984；Castellani 等，2008）。且这些小型浮游动物的摄食并未对浮游植物优势种造成威胁，反而与其呈正相关，促进浮游植物优势种的繁殖，因此夏季浮游动物优势种与浮游植物优势种呈正相关。

关于浮游植物与浮游动物群落间的关系，以前的众多研究均表明浮游动物对浮游植物存在下行控制，尤其是以桡足类为代表的中型浮游动物（Griffin 和 Rippingale，2001；Calbet，2001；Strom 等，2007），而关于下行控制的机制至今仍处于探索阶段。许多研究表明，海洋浮游动物对浮游植物存在选择性摄食，且其选择性与食物质量、粒径大小和密度等因素有关（Vargas 等，2010；Meunier 等，2015）。强壮箭虫营浮游动物食性，主要摄食桡足类（Nomura 等，2007）。冬季强壮箭虫与多种浮游植物优势种均呈显著负相关，很有可能是间接影响。而春季和秋季，浮游动物与浮游植物之间大多呈正相关关系，说明浮游动物对浮游植物的捕食压力较小，更多的是正相互作用关系。然而在夏秋季浮游植物群落均为硅藻-甲藻共同控制的群落，但浮游动物优势种在秋季偏向于摄食甲藻，而在夏季偏向于摄食硅藻。这种现象一方面是因为夏秋季节的优势种的摄食习惯不同，另一方面可能是因为夏秋水温差异较大，浮游生物分布不同所造成的。

另外，浮游动物对浮游植物的摄食除了饵料的影响外，环境因子也会对其产生一定的影响（Deason，1980）。Roman 等（1988）的船载实验表明光照对浮游动物捕食是有影响的，并且他们发现当食物较少时，光照对浮游动物对浮游植物的去除率影响较小。另外，气候变化可通过改变环境因子来改变浮游动物的摄食方式，例如：温度、pH、CO_2 等（Caron 和 Hutchins，2012；王媛媛，2016）。

5.6 海岛非点源污染负荷

5.6.1 海岛非点源污染模型构建

5.6.1.1 海岛非点源污染负荷估算难点

非点源污染具有随机性、时空差异性、潜伏性和滞后性等特点，其地理边界和位置难以准确的识别和确定，加上涉及范围广、影响因素及作用过程复杂多样，对它的形成机理尚不清楚。

海岛作为一个独立的水文单元，环境容量低，集雨面积有限，难以形成较大的水系，地表径流大都直接入海（Zachal'ias 和 Koussouris，2000；Kent 等，2002；Gualbert 和 Oude，2001）。另一方面，海岛汇流规律的特殊性，历史统计资料和实测数据相对缺乏，计算结果也难以直接检验。这些理论、技术上的困难使得海岛非点源污染负荷计算成为非点源污染研究中的难点。因此，本研究基于流域单元思想，采用溯源追踪的方法，基于陆海统筹的理念，在输出系数模型的基础上，提出一种模拟出水口和河网的非点源污染负荷估算方法。

5.6.1.2 海岛非点源污染源强识别

本研究只考虑岸线以上岛体部分产污量，暂不考虑海源的海水养殖和船舶污染。根据现场调查，海岛非点源主要包括不同的土地利用、农村居民生活、畜禽养殖和大气沉降等，其污染物主要随河流或降雨入海。

5.6.1.3 污染物指标选取

根据国家水污染控制指标，结合海岛非点源污染的主要来源和对水环境影响程度以及排污系数的可获取性，选取总氮（TN）、总磷（TP）2 种作为估算的污染物指标。

5.6.1.4 建模思路

鉴于海岛区域缺少监测资料，而且无常年河水径流，本研究探索基于输出系数法开展海岛非点源污染估算方法研究，基于流域思想，利用 GIS 技术，通过模拟河流入海口进而划分汇水区和子流域，分别计算每个子流域内的污染负荷量，在输出系数模型基础上，根据地形特征，引入地形因子进行约束，同时考虑到不同源产生的污染物进入到海中量的差异性，增加了入海系数，并把大气沉降耦合到负荷估算模型中，综合分析各污染源所产生的非点源污染中 TN 和 TP 污染负荷的流域分配情况。

5.6.1.5 负荷模型构建

针对早期输出系数模型的不足，许多学者进行了改进和发展，最具代表性的是英国学者 Johnes 在 1996 年评价与管理土地利用变化对氮磷负荷的影响提出的比较成熟和完备的改进输出系数模型（Johnes，1996）。模型在考虑不同土地利用类型的基础上，结合居民产生的非点源污染物状况、畜禽的数量和分布来确定不同污染源的输出系数。同时，模型在对总氮进行估算时还考虑了植物固氮、氮的空气沉降等因素，丰富了模型的内容，提高了对土地利用类型发生变化的估算精度（蔡明等，2004）。模型的表达式为：

$$L = \sum_{i=1}^{n} E_i [A_i(I_i)] + P, \tag{5-1}$$

式中，L 代表营养盐的流失量；E_i 是第 i 种营养盐输出系数；A_i 是汇水区内第 i 种土地利用类型的面积，或者是畜禽数量或者是居民人数；I_i 是第 i 种营养盐输入源量；P 是大气沉降产生的营养盐。

海岛非点源污染负荷估算模型是建立在 Johns 提出改进的输出系数模型的基础上，考虑的非点源强包括不同土地利用类型、居民生活、畜禽养殖和大气沉降。

（1）土地利用类型非点源负荷

把海岛土地利用类型划分为：耕地、林地、草地、建设用地和其他用地 5 种类型。根据划分的子流域，分别计算每一个子流域不同土地利用类型产生的非点源负荷：

$$W_j = \sum_{i=1}^{n} W_{ij} = \sum_{i=1}^{n} \left(\sum_{m=1}^{k} S_m \times K_{jm} \times S_i \times L_{jm} \right), \tag{5-2}$$

式中，W_j 为土地利用类型产生污染负荷量（包括 TN 和 TP，$j=1$ 或 $j=2$，下同）；W_{ij} 为汇水区内第 i 个子流域第 j 种污染负荷量；S_m 为第 m 种土地利用类型的面积；K_{jm} 为第 m 种土地利用类型对应第 j

种污染物的排污系数；S_i为第i个子流域地形因子；L_{jm}为第m种土地利用类型对应第j种污染物的入海系数。

（2）居民生活

$$P_j = Num \times F_j \times Q_j, \tag{5-3}$$

式中，P_j为居民生活第j种污染年输出量；Num区域内人口数量；F_j是每人每年第j种污染物排污系数；Q_j为第j种污染物入海系数。

（3）畜禽养殖

$$R_j = \sum_{e=1}^{x} (NO_e \times C_{je} \times D_{je}), \tag{5-4}$$

式中，R_j为畜禽养殖第j种污染物年输出量；NO_e为区域内第e种畜禽数量（包括牛、羊、猪、鸡鸭等家禽）；C_{je}是每种畜禽第j种污染物每年排污系数；D_{je}为第j种污染物入海系数。

（4）大气沉降

$$I_j = \sum_{i=1}^{n} I_{ij} = \sum_{i=1}^{n} (A_i \times U_j \times S_i \times T_j), \tag{5-5}$$

式中，I_j为大气沉降产生第j种污染物负荷量；I_{ij}为第i个子流域第j种污染物负荷量；A_i为第i个子流域面积；U_j为第j种污染源强大气沉降系数；S_i为第i个子流域地形因子；T_j为第j种大气沉降所产生污染物入海系数。

以上4种源强耦合成海岛非点源污染负荷估算模型为：

$$Y_j = W_j + P_j + R_j + I_j, \tag{5-6}$$

式中，Y_j是海岛第j种污染物的总负荷量；W_j为土地利用产生的第j种污染物负荷量；P_j为居民生活产生的第j种污染物负荷量；R_j为畜禽养殖产生的第j种污染物负荷量；I_j为大气沉降产生的第j种污染物负荷量。由于海岛上居民和所饲养的畜禽相对比较分散，很难剥离并单独分配到每个子流域中，故居民生活和畜禽养殖通过数量统计平均分配到所占土地单元中，而且暂不考虑增加地形因子进行约束。

5.6.2 南长山岛非点源污染估算

5.6.2.1 模拟汇流河网和入海口

南长山岛是长岛县政府所在地，是长岛县政治、经济和文化中心，城镇化程度较高，海岛开发利用类型多样且分布广泛。由于南长山岛较小，岛陆无河网水系，故非点源污染随降雨入海，根据降水从高处流向低处入海原理，基于DEM数据，借助GIS空间分析功能，模拟出汇流河网和入海口（图5-14）。

从DEM中自动提取流域自然水系是基于水是沿斜坡最陡方向流动的原理，依据DEM中数据点之间的高程差来确定水流方向，然后根据水流方向计算每一个数据点的上游集水区；再利用集水区内部和集水区之间的高程数据，通过设置阈值提取所属水系的高程数据点；最后，基于水流方向数据，从源头追溯出整个水系，同时划分子流域，建立河网空间拓扑关系及编码。

5.6.2.2 汇水区及子流域划分

遵循"先大后小，逐步递进"原则，按地形的分水线，从规则格网DEM提取汇水区域的方法。

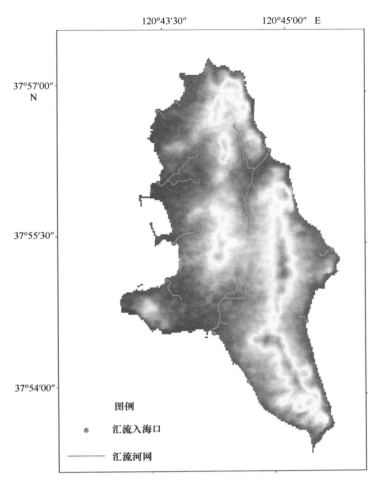

图 5-14　模拟汇流河网和入海口

采用水系地表径流漫流模型，即借助 ArcGIS 软件中的 ArcHydro 水文分析模块，先填洼，然后根据计算的水流方向和累积流量提取整个 DEM 区域内河流的汇水网络，再按照不同的需要划分各子流域（图 5-15），完成对流域地形分割及矢量化，并统计各流域汇水区面积（表 5-28）。

表 5-28　南长山岛各子流域面积

序号	子流域名称	流域面积/km²	平均坡度/（°）	坡度因子系数
1	子流域 1	0.69	7.76	0.92
2	子流域 2	0.46	4.59	0.67
3	子流域 3	1.50	5.53	0.75
4	子流域 4	0.74	6.98	0.86
5	子流域 5	1.02	5.83	0.77
6	子流域 6	2.40	6.99	0.86
7	子流域 7	1.41	10.65	1.12
8	子流域 8	1.36	12.56	1.24
9	子流域 9	1.05	11.38	1.16
10	子流域 10	2.53	9.00	1.01

　　地形坡度通过对降雨形成的径流的流量和流速产生影响，从而控制 TN 和 TP 污染物的入海量。基于 GIS 对南长山岛的 DEM 数据计算获得整个区域的坡度因子分布（范围 0°～50.3394°），在此基础上，统计分析获取每个子流域的平均坡度（图 5-16）。

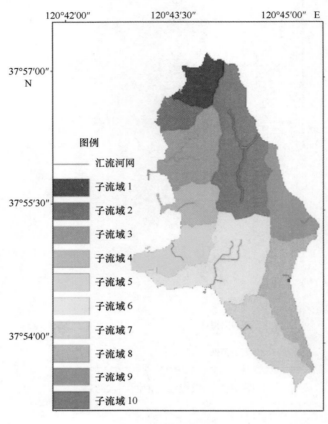

图 5-15　各子流域

5.6.2.3　排污系数和入海系数确定

　　排污系数反映了研究区域的独特条件，直接决定了污染负荷总量估算精度的高低，利用已有文献值存在着不确定性，因此，在对已有的成果系数进行仔细甄别、遴选和综合分析的基础上，确定适合本研究区域的排污系数。不同土地利用类型排污系数依据应兰兰等汇总不同学者研究成果的范围值（史志华等，2002；蔡明等，2004；常娟和王根绪，2005；龙天渝等，2008；应兰兰等，2010；Ding 等，2010；孟晓云等，2012；杜娟等，2013；任玮等，2015），并结合研究区域的实际情况和特征条件，确定排污系数值；居民生活部分排污系数参照《全国水环境容量核定技术指南》提供的系数（中国环境规划院，2003）；畜禽饲养用地内各畜禽种类排污系统采用国家环保总局环发［2004］43 号文件《关于减免家禽业排污费等有关问题的通知》中推荐的排污系数；大气沉降的输出系数根据 Liu 等（2013）和宋欢欢等（2014）的相关研究，并根据所在区域进行适当调整。TN 和 TP 的排污系数见表 5-29。

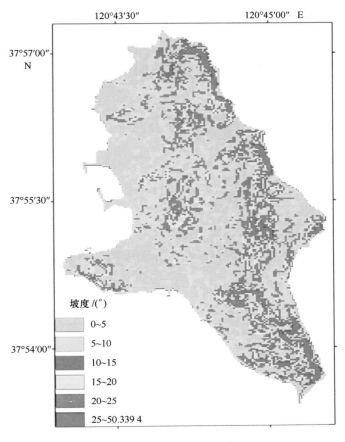

图 5-16　坡度因子分布

表 5-29　排污系数

类型			TN	TP
土地利用		耕地/kg·hm^{-2}·a^{-1}	23.2	1.61
		林地/kg·hm^{-2}·a^{-1}	2.5	0.15
		草地/kg·hm^{-2}·a^{-1}	6	0.8
		建设用地/kg·hm^{-2}·a^{-1}	11	1.8
		其他用地/kg·hm^{-2}·a^{-1}	8.56	0.51
居民生活/kg·人$^{-1}$·a^{-1}			4.38	0.88
大气沉降/kg·hm^{-2}·a^{-1}			22.6	1.1
畜禽饲养		牛、羊/kg·头$^{-1}$·a^{-1}	61.101	10.074
		猪/kg·头$^{-1}$·a^{-1}	4.507	1.699
		鸡、鸭家禽/kg·只$^{-1}$·a^{-1}	0.548	0.305

　　海岛非点源污染是一定时期内，由降雨形成的地表径流携带入海，要估算负荷入海量，需要确定入海系数。入海系数一般需要长期降雨时的同步监测获得，由于南长山岛缺少相关的资料，本研究利用已有的研究成果（任宪韶，2007；辛志伟等，2009；朱梅，2011；邓欧平等，2013；麻德明等，2014），作为南长山岛非点源污染入海系数（表 5-30）。

表5-30 入海系数

类型	TN	TP
土地利用	10%	10%
居民生活	20%	20%
大气沉降	17.19%	17.19%
畜禽饲养	7%	7%

5.6.2.4 负荷总量估算及分析

利用Landsat8 30 m分辨率遥感影像进行解译获取南长山岛土地利用分布图，为了便于对非点源污染负荷估算，把商服用地、工矿仓储用地、公共管理与公共服务用地、交通运输用地、住宅用地土地类型合并为建设用地来处理。经过叠加分析，分别计算10个子流域内不同土地利用类型面积（图5-17，表5-31）。

表5-31 各子流域土地利用类型面积

序号	子流域名称	建设用地/km²	耕地/km²	草地/km²	林地/km²	其他用地/km²
1	子流域1	0.266 1	0.043 5		0.382 9	
2	子流域2	0.273 7	0.019 3		0.174 6	
3	子流域3	0.813 1			0.691 9	
4	子流域4	0.559 0			0.185 7	
5	子流域5	0.079 8			0.219 4	
6	子流域6	1.336 0	0.335 2	0.063 9	0.662 2	
7	子流域7	0.124 4	0.044 1	0.258 4	0.918 4	0.064 9
8	子流域8	0.178 5			1.170 7	0.000 8
9	子流域9	0.215 9		0.108 6	0.677 9	0.042 3
10	子流域10	0.403 3	0.399 9	0.168 5	1.559 0	

根据山东省长岛县国民经济统计资料和长岛年鉴，2010年底，南长山镇居民人口6 123人，牛、羊55头，猪103头，鸡、鸭5 250只。

把上述已知数据代入非点源污染负荷估算模型，分别计算出各子流域不同源强产生的TN和TP总量（表5-32）。

表5-32 各子流域不同源强污染负荷量

序号	子流域名称	土地利用/kg		居民生活/kg		大气沉降/kg		畜禽养殖/kg	
		TN	TP	TN	TP	TN	TP	TN	TP
1	子流域1	489	61			1 559	76		
2	子流域2	390	55			1 040	51		
3	子流域3	1 067	157			3 390	165		
4	子流域4	661	103			1 672	81		
5	子流域5	143	18			2 305	112		

续表

序号	子流域名称	土地利用/kg		居民生活/kg		大气沉降/kg		畜禽养殖/kg	
		TN	TP	TN	TP	TN	TP	TN	TP
6	子流域 6	2 451	309			5 424	264		
7	子流域 7	679	67			3 187	155		
8	子流域 8	490	50			3 074	150		
9	子流域 9	508	60			2 373	116		
10	子流域 10	1 862	174			5 718	278		
合计		8 740	1 054	26 819	5 388	29 742	1 448	6 702	2 330

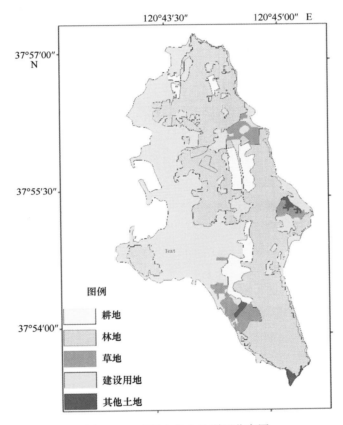

图 5-17　南长山岛土地利用分布图

　　由于地形对污染负荷随降雨径流的影响较大，本研究把坡度因子作为地形影响权重对负荷总量进行约束，利用已有的研究成果（Shen，2008），坡度因子系数可定义为：

$$SL = \frac{L(\beta)}{L(\theta)} = \frac{m\beta^n}{m\theta^n} = \frac{\beta^n}{\theta^n}, \tag{5-7}$$

式中，β 为研究区空间单元的坡度；θ 为整个区域的平均坡度。利用 Li 等（2006）、Ding 等（2010）和任玮等（2015）的数据可以得到 n 的值为 0.610 4，研究区的平均坡度为 8.88°，由前面坡度值计算可得各子流域的坡度因子系数（表 5-28）。

　　基于入海系数和坡度因子系数，分别计算各子流域的污染负荷量，因居民和畜禽养殖无法剥离分配到各子流域，本研究暂不考虑进行地形约束。综上，最终估算出南长山岛非点源污染负荷量。从表5-33可以看出南长山岛全氮年负荷量11 539 kg，贡献量从大到小分别为居民生活、大气沉降、土地利用和畜禽养殖，分别约占46.5%、42.4%、7%、4.1%；全磷年负荷量2 025 kg，贡献量从大到小分别为居民生活、土地利用、大气沉降和畜禽养殖，分别约占53.2%、27%、11.8%、8%。从总体来看，来自居民生活的污染源强的贡献率最大，无论是全氮还是全磷基本维持在一半左右，而在全氮负荷量中，大气沉降占据了很大的比例，是个不可忽视的污染源强。

目前没有见到针对南长山岛非点源污染负荷估算的报道，也没有相应的污染监测资料，估算的结果尚不能与实际的污染总量进行直接的对比来评定本研究的估算精度。因此，为使估算结果更接近实际，本文对海岛小区域又进行了精细划分，以更小的计算单元为基础，把已有的数据资料进行细粒度划分，同时利用地形因子加以约束。在排污系数和入海系数选择上，优先选择更接近研究区域、且通过大量的监测数据或者实验得到的排污系数，同时每一类型的排污系数在与已有的研究成果进行对比、甄别与筛选的基础上最终确定。由于南长山岛耕地较少，所以化肥、农药的使用量相对小，故耕地产生的氮、磷偏少，因此不难理解氮、磷主要来源于居民生活；已有研究发现黄海西部来自大气沉降的溶解无机氮和磷分别占大气与河流总输入量的58%和75%（Zhang等，1999），在近海海域，大气沉降可能是海洋中营养盐的重要来源（Qi等，2013；高会旺等，2014），在中国太湖地区的研究表明，大气沉降数量不可忽视且已成为该地区氮污染的重要来源（宋玉芝等，2005；Xie等，2008），本研究的大气沉降产生的污染负荷占据较大比例与上述学者的研究成果相符合。

表5-33　南长山岛非点源污染负荷总量

污染指标	土地利用/kg	居民生活/kg	大气沉降/kg	畜禽养殖/kg	合计/kg
TN	814	5 364	4 892	469	11 539
TP	546	1 078	238	163	2 025

5.6.3　小结

针对海岛非点源污染现状，基于输出系数模型，耦合了大气沉降源强，并以南长山岛为例，划分了10个子流域，并对每个子流域进行了地形坡度因子约束，分别估算了TN和TP的年负荷量分别为11 539 kg和2 025 kg，不难发现TP年负荷量远远大于TN，其中居民生活是最主要的污染源强，其贡献率约占50%。为减少环境污染，应当加强居民生活污水和垃圾的日常处理，识别海岛区域非点源污染的负荷量及其空间分布，为海岛管理措施的制定和环境的调控提供依据。

在氮污染中，大气沉降贡献率占到了42.4%，几乎和居民生活的贡献相同，在磷污染中，大气沉降的贡献率也达到了11.8%，作为海岛非点源污染源强的大气沉降不可忽视，说明大气沉降应当作为非点源污染估算的重要考虑因素，应及时开展大气沉降方面的实时监测工作。

在入海口布设长期观测站，特别是降雨的时候实时监测入海水质状况，进行长期动态跟踪研究；另外，建立入海主要污染物水质模型和预测模型，分析入海污染物的排放特征，特别是非点源排放状况和海水养殖排放频率估算，掌握非点源污染物的动态变化情况，逐步实现海湾环境质量的实时监控和预警（麻德明等，2016）。

5.7　海岛生态系统承载力评估

以庙岛群岛南部岛群为研究区，构建一套能够反映陆海双重特征及其空间分异性的海岛生态系统承载力评估模型并开展评估，以期阐明南部岛群生态系统承载力的空间变化规律，为合理开发利用海岛、维护海岛生态平衡、建设海岛生态文明提供依据。

5.7.1　海岛生态系统承载力评估模型

5.7.1.1　指标体系

如表 5-34 所示，基于海岛生态系统典型特征和我国海岛实际状况，构建海岛生态系统承载力评估指标体系，共包含 2 个一级指标，9 个二级指标。

表 5-34　海岛生态系统承载力评估指标体系

目标层	指标层			含义
	一级指标	二级指标	指标类型	
海岛生态系统承载力	开发强度 (I_1)	岸线开发强度 (I_{11})	T	人工岸线长度占岸线总长度的比例
		岛陆开发强度 (I_{12})	T	岛陆利用类型、规模、分布及其对自然生态系统的影响程度
		海域开发强度 (I_{13})	S	用海方式、规模、分布及其对海洋生态系统的影响程度
	生态状况 (I_2)	岛陆净初级生产力 (I_{21})	T	岛陆子系统的活力
		岛陆植物多样性 (I_{22})	T	岛陆子系统的稳定性
		岛陆土壤质量 (I_{23})	T	岛陆子系统的物质基础
		环岛近海初级生产力 (I_{24})	S	环岛近海子系统的活力
		环岛近海浮游植物多样性 (I_{25})	S	环岛近海子系统的稳定性
		环岛近海海水水质 (I_{26})	S	环岛近海子系统的污染状况

注：指标类型中 T 表示岛陆指标，S 表示环岛近海指标。

5.7.1.2　指标计算方法

（1）开发强度

岸线开发强度（I_{11}）计算方法：

$$I_{11} = I_{11L}/I_{11T}，\tag{5-8}$$

式中，I_{11L} 为海岛人工岸线长度；I_{11T} 为海岛岸线总长度。

岛陆开发强度（I_{12}）计算方法：

$$I_{12} = I_{12C}/I_{12T}，\tag{5-9}$$

式中，I_{12C} 为岛陆开发利用规模；I_{12T} 为岛陆总面积。I_{12C} 的计算公式为：

$$I_{12C} = \sum_{i=1}^{n} IA_i \times IF_i,\qquad(5-10)$$

式中，IA_i 为第 i 类岛陆利用类型面积；IF_i 为第 i 类岛陆利用类型的生态系统影响系数。不同岛陆利用类型的生态系统影响具有差异，交通用地不仅深刻改变海岛地表形态，破坏生物栖息地和群落结构，割裂自然景观，还通过船舶、车辆排放污染物等方式对海岛带来持续的影响（池源等，2015）；建筑用地同样具有上述影响，但其往往连片分布，形状规整，带来的景观破碎化程度较低（池源等，2017），且在运营期产生的污染物相对较少；广场和晒场的影响主要表现在侵占生物栖息地并破坏群落结构，同时一定程度的改变地形和景观格局；农田开垦将自然界的植物改造成大面积种植的特定农作物，改变植物群落结构，影响生物多样性（尤民生等，2004）；人工林建设能够帮助维持海岛生态系统稳定性，但会对原生植物群落构成威胁，实质上也是一种人为干扰（Michelsen 等，2014）。如表 5-35 所示，根据不同岛陆利用类型对自然生态系统的影响特点，得到其影响系数。

表 5-35　岛陆利用类型的影响系数

岛陆利用类型	改变地表形态	割裂自然景观	侵占生物栖息地	影响生物群落结构	排放污染物	影响系数
交通用地	★	★	★	★	★	1.0
建筑用地	★	☆	★	★	☆	0.8
广场和晒场	☆	☆	★	★	○	0.6
农田	☆	○	☆	★	○	0.4
人工林	○	○	○	★	○	0.2

注：★为有显著影响，取值 0.2；☆为有一定影响，取值 0.1；○为基本无影响，取值 0。

海域开发强度（I_{13}）计算方法：

$$I_{13} = I_{13C}/I_{13T},\qquad(5-11)$$

式中，I_{13C} 为海域开发利用规模；I_{13T} 为海域总面积。I_{13C} 的计算公式为：

$$I_{13C} = \sum_{i=1}^{n} SA_i \times SR_i,\qquad(5-12)$$

式中，SA_i 为第 i 类用海方式面积；SR_i 为第 i 类用海方式的生态系统影响系数。用海方式是根据海域使用特征及对海域自然属性的影响程度划分的海域使用方式。建设填海造地和非透水构筑物的施工工艺类似，其直接改变海域面积、海底地形等自然属性，显著影响水动力和泥沙冲淤环境，侵占生物栖息地，施工期排放污染物（Lee 和 Sang，2008；林磊等，2016）。围海养殖同样占用生物栖息地，影响生物多样性和近海水沙环境，一定程度地改变海底地形，并带来大量的污染物排放（Tovar 等，2000；Páez-Osuna，2001），而开放式养殖的影响主要表现在改变群落结构和排放一定污染物，与围海养殖相比较小（舒廷飞等，2002；池源等，2015）。跨海桥梁对地形地貌、水动力、生物栖息地等均具有一定影响（饶欢欢等，2015），主要是由桥墩建造带来的，而桥墩的空间仅占跨海桥梁全部用海面积的小部分，且分散分布，其生态系统影响相对较小（韩海骞等，2002；庞启秀等，2008）。海砂开采对采砂区的地形地貌带来直接影响，但由于动态补偿作用，本研究区的采砂工程对海底地形的影响总体不大（田振环等，2015），另外也能够一定程度改变水沙环境（金永福等，2006）。透水构筑物、港池和海底电缆等用海方式从不同方面对海洋生态系统构成影响，但影响总体较小。此外，与岛陆不同的是，海水的流动性使海域开发利用不仅对其占用海域产生影响，同时对周边海域带来一定影响（王佩儿，2005），根据用海方式的不同，其影响程度也具有差别。研究发现，围填海等用海活动对 200 m 以内的海域影响较明显，之后随着距离的增加影响逐渐减小（聂源等，2009）。分别对用海活动占用海域 0，0～200，200～500，500～1 000 m 范围的影响进行评估。如表 5-36 所示，根据不同用海方式的生态系统影响特征，得到其影响系数。

表 5-36　海域使用方式的影响系数

影响范围 /m	用海方式	改变地形地貌	影响水沙环境	侵占生物栖息地	影响生物群落结构	排放污染物	影响系数
0	建设填海造地	★	★	★	★	★	1.0
	非透水构筑物	★	★	★	★	★	1.0
	围海养殖	☆	★	★	★	☆	0.8
	跨海桥梁	☆	☆	☆	☆	☆	0.5
	海砂等矿产开采	☆	★	☆	○	○	0.4
	透水构筑物	☆	☆	☆	○	○	0.3
	港池	☆	☆	○	○	○	0.3
	开放式养殖	○	○	○	☆	☆	0.2
	海底电缆管道	☆	○	○	○	○	0.2
0～200	建设填海造地	☆	★	○	☆	☆	0.5
	非透水构筑物	☆	★	○	☆	☆	0.5
	围海养殖	○	☆	○	☆	★	0.4
	跨海桥梁	○	☆	○	○	☆	0.2
	海砂等矿产开采	○	☆	○	○	○	0.1
	透水构筑物	○	☆	○	○	○	0.1
	港池	○	○	○	○	☆	0.1
	开放式养殖	○	○	○	○	☆	0.1
200～500	建设填海造地	○	★	○	○	○	0.2
	非透水构筑物	○	★	○	○	○	0.2
	围海养殖	○	○	○	○	★	0.2
500～1 000	建设填海造地	○	☆	○	○	○	0.1
	非透水构筑物	○	☆	○	○	○	0.1
	围海养殖	○	○	○	○	☆	0.1

注：★为有显著影响，取值 0.2；☆为有一定影响，取值 0.1；○为基本无影响，取值 0。

（2）生态状况

I_{21} 主要依据 CASA 模型，基于遥感数据、气象资料和现场调查进行计算，主要计算过程如下：

$$I_{21}(x,\ t) = \mathrm{APAR}(x,\ t) \times \xi(x,\ t), \tag{5-13}$$

$$\mathrm{APAR}(x,\ t) = \mathrm{PAR}(x,\ t) \times \mathrm{FPAR}(x,\ t), \tag{5-14}$$

$$\xi(x,\ t) = ft(t) \times fw(t) \times \xi_{\max}, \tag{5-15}$$

式中，$I_{21}(x,\ t)$ 为 x 点 t 月净初级生产力，单位：g/（m² · month）（以碳计）；APAR（$x,\ t$）为 x 点 t 月吸收的光合有效辐射，单位：MJ/（m² · month）；$\xi(x,\ t)$ 为 x 点 t 月的实际光能利用率，单位：g/MJ（以碳计）；PAR（$x,\ t$）为 x 点 t 月的光合有效辐射，单位：MJ/（m² · month）；

FPAR (x, t) 为 x 点 t 月光合有效辐射吸收百分比；$ft(t)$ 和 $fw(t)$ 分别为研究区 t 月的气温胁迫因子和水分胁迫因子，%；ξ_{max} 为植被最大光能利用率，单位：g/MJ（以碳计）。根据各月的计算结果得到全年净初级生产力的平均密度，单位：g/（$m^2 \cdot a$）（以碳计）。

I_{22} 和 I_{25} 采用目前在国内外相关研究中普遍应用的 Shannon-Wiener 指数（H'）和 Pielou 指数（J）进行表征，前者侧重于反映物种的复杂程度，后者则更加强调物种的均匀度。计算方法如下：

$$H'_s = -\sum_{i=1}^{n} IV_{s,i}\ln(IV_{s,i}), \tag{5-16}$$

$$J_s = H'_s/\ln(N_s), \tag{5-17}$$

式中，H'_s、J_s 分别为样地/站位 s 的 Shannon-Wiener 指数和 Pielou 指数；N_s 为样地/站位 s 的物种数量。$IV_{s,i}$ 为各样地/站位内不同物种的重要值，方法如下：

$$IV_{s,i} = \frac{Ab_{s,i}}{Ab_s}, \tag{5-18}$$

式中，$IV_{s,i}$ 为样地/站位 s 中物种 i 的重要值；$Ab_{s,i}$ 为样地/站位 s 内物种 i 的多度；Ab_s 为样地/站位 s 物种多度之和。

I_{23} 和 I_{26} 基于岛陆土壤和环岛近海海水因子，采用内梅罗综合指数法计算，方法如下：

$$I_{23}/I_{26} = \sqrt{\left[\left(\frac{1}{n}\sum P_i\right)^2 + P_{max}^2\right]/2}, \tag{5-19}$$

式中，I_{23} 和 I_{26} 分别为岛陆土壤质量综合指数和海水水质综合指数；n 为因子个数；P_i 为因子 i 的质量指数；P_{max} 为所有因子质量指数中的最大值。

P_i 由式（5-20）得出：

$$P_i = C_i/S_i, \tag{5-20}$$

式中，C_i 为因子 i 的实测值；S_i 为因子 i 的标准值，执行相应的环境标准。长岛县及其临近大陆基本没有污染工业，避免了重金属对环境要素的污染，多年的环境质量公报显示，研究区各环境要素中重金属均符合最严标准。由于自身条件的特殊性，研究区土壤质地较差，肥力较弱，对植物生长构成制约，本书中土壤质量主要对其肥力状况进行评估。环岛近海中海水养殖、生活污水排放等人类活动带来了 COD、氮磷等污染源，且航运频繁，存在溢油风险，石油类也是重要的影响因子，重点对这些因子进行评估。

I_{24} 使用叶绿素法，依据 Cadee 和 Hegeman（1974）提出的简化公式进行计算，方法如下：

$$I_{24} = P_s \times E \times D/2, \tag{5-21}$$

式中，I_{24} 为该季节每日初级生产力，单位：mg/（$m^2 \cdot d$）（以碳计）；P_s 为表层水（1 m 以内）中浮游植物潜在生产力，单位：mg/（$m^2 \cdot h$）（以碳计）；E 为真光层的深度，取透明度的 3 倍，单位：m；D 为白昼时间，单位：h。

P_s 由式（5-22）得出：

$$P_s = C_a \times Q, \tag{5-22}$$

式中，C_a 为表层叶绿素 a 的含量，单位：mg/m^3；Q 为同化系数，单位：mg/[（mg $Chl\text{-}a$）$\cdot$ h]（以碳计），采用经验系数 3.7。进而，由不同季节每日的初级生产力结果计算得到环岛近海全年初级生产力。

5.7.1.3　海岛生态系统承载力评估方法

1）海岛生态系统综合承载力

对各二级指标进行评估，方法如下：

$$RI_i = \begin{pmatrix} I_i/S_i & I_i \text{ 为负向指标} \\ S_i/I_i & I_i \text{ 为正向指标} \end{pmatrix}, \tag{5-23}$$

式中，RI_i 为指标 i 的评估值；I_i 为指标计算值；S_i 为指标标准值。在本书中，$I_{11} \sim I_{13}$ 和 I_{26} 为负向指标，$I_{21} \sim I_{25}$ 为正向指标。表 5-37 为各指标标准值。

表 5-37　二级指标评估标准

一级指标	二级指标		标准值（S_i）
开发强度（I_1）	岸线开发强度（I_{11}）	海岛面积 /km² 0~1	0.2
		1~5	0.3
		>5	0.4
	岛陆开发强度（I_{12}）	海岛面积 /km² 0~1	0.2
		1~5	0.3
		>5	0.4
	海域开发强度（I_{13}）		0.3
生态状况（I_2）	岛陆净初级生产力（I_{21}）		324 g/（m²·a）（以碳计）（朱文泉等，2007）
	岛陆植物多样性（I_{22}）	H'	2.269 3（梁军等，2011）
		J	0.785 1（梁军等，2011）
	岛陆土壤质量（I_{23}）		NY/T391-2013《绿色食品 产地环境质量》 旱地土壤肥力Ⅱ级指标
	环岛近海初级生产力（I_{24}）		96.36 g/（m²·a）（以碳计）（吕瑞华等，1999）
	环岛近海浮游植物多样性（I_{25}）	H'	1.208 7（鹿琳，2012）
		J	0.513 5（鹿琳，2012）
	环岛近海海水水质（I_{26}）		GB3097-1997《海水水质标准》第一类标准

海岛生态系统综合承载力结果取二级指标评估结果的平均值，其中岛陆子系统承载力取岛陆指标评估结果的平均值，环岛近海子系统承载力取环岛近海指标评估结果的平均值。根据表 5-38 可判断承载力等级。

表 5-38　海岛生态系统承载力等级划分

评估结果	等级划分
0~0.8	可载
0.8~1.0	临界超载
1.0~1.5	轻度超载
1.5~2.0	中度超载
>2.0	重度超载

2）海岛生态系统承载力空间分异性

根据评估对象差异和评估单元大小，从单岛尺度和区块尺度开展海岛生态系统承载力空间分异性评估。单岛尺度上，计算各岛的岛陆指标，得到不同海岛的生态系统承载力结果。区块尺度上，借助 GIS，将研究区划分为 100 m×100 m 的规则区块，区块分为岛陆区块和环岛近海区块，分别采用岛陆指标和环岛近海指标进行计算得到各区块生态系统承载力，形成海岛生态系统承载力空间分布图，并统计不同承载力等级区域的面积。

5.7.2 海岛生态系统承载力评估结果

5.7.2.1 开发利用状况

图 5-18 为海岛岸线、岛陆和海域开发利用状况。南长山岛人工岸线比例较高，其次为北长山岛和庙岛，其余海岛人工岸线总体较少。交通用地、建筑用地、广场和晒场在南长山岛分布广泛，其次为北长山岛，在其他海岛上总体较少；农田在北长山岛和大黑山岛有一定规模的分布；人工林建设（黑松林和刺槐林）在各岛具有普遍性。海域开发利用类型较多，以开放式养殖为主要用海方式，用海多分布于临近岸线的海域。

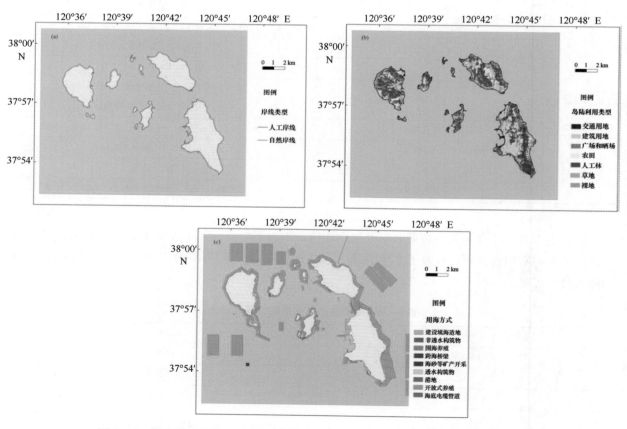

图 5-18　海岛岸线状况（a）、岛陆开发利用现状（b）和海域开发利用现状（c）

5.7.2.2 生态状况

图5-19为岛陆生态状况。岛陆净初级生产力（Net primary productivity，NPP）均值为331.06 g／（m²·a）（以碳计），但具有明显的空间分异性。环岛近海初级生产力整体较低，最高不足80 g／（m²·a）（以碳计）。岛陆植物多样性Shannon-Wiener指数在1.39~2.46之间，Pielou指数在0.83~1之间。环岛近海浮游植物多样性总体较高，但大黑山岛南部海域相对较低。岛陆土壤质量总体较差，环岛近海海水水质则处于较好的水平。

5.7.2.3 海岛生态系统综合承载力

海岛生态系统综合承载力结果为1.043，处于轻度超载状态；岛陆子系统承载力结果为1.121，环岛近海子系统承载力结果为0.946，分别处于轻度超载和临界超载状态（表5-39）。

表5-39 海岛生态系统综合承载力评估结果

一级指标	二级指标	指标类型	评估结果
开发强度（I_1）	岸线开发强度（I_{11}）	T	0.929
	岛陆开发强度（I_{12}）	T	0.777
	海域开发强度（I_{13}）	S	0.421
生态状况（I_2）	岛陆净初级生产力（I_{21}）	T	0.979
	岛陆植物多样性（I_{22}）	T	0.985
	岛陆土壤质量（I_{23}）	T	1.935
	环岛近海初级生产力（I_{24}）	S	1.635
	环岛近海浮游植物多样性（I_{25}）	S	0.941
	环岛近海海水水质（I_{26}）	S	0.786
海岛生态系统综合承载力			1.043
岛陆子系统承载力			1.121
环岛近海子系统承载力			0.946

5.7.2.4 海岛生态系统承载力空间分异性

1）单岛尺度

图5-20和图5-21为各岛开发强度、生态状况和生态系统承载力评估结果。就开发强度而言，南长山岛较高，其余海岛均较低；就生态状况而言，羊驼子岛和牛砣子岛一般，其余海岛状况较差。各岛生态系统承载力评估结果显示，南长山岛、北长山岛和庙岛处于轻度超载状态，大黑山岛和小黑山岛处于临界超载状态，5个无居民海岛均处于可载状态。

2）区块尺度

图5-22和图5-23为海岛开发强度、生态状况和生态系统承载力空间分异性评估结果。就开发强度而言，岛陆和环岛近海均表现出明显的空间分异性，岛陆子系统中城乡建设集中区开发强度相对较高，环岛近海子系统中临岸海域以及养殖分布区总体较高；就生态状况而言，岛陆表现出了明

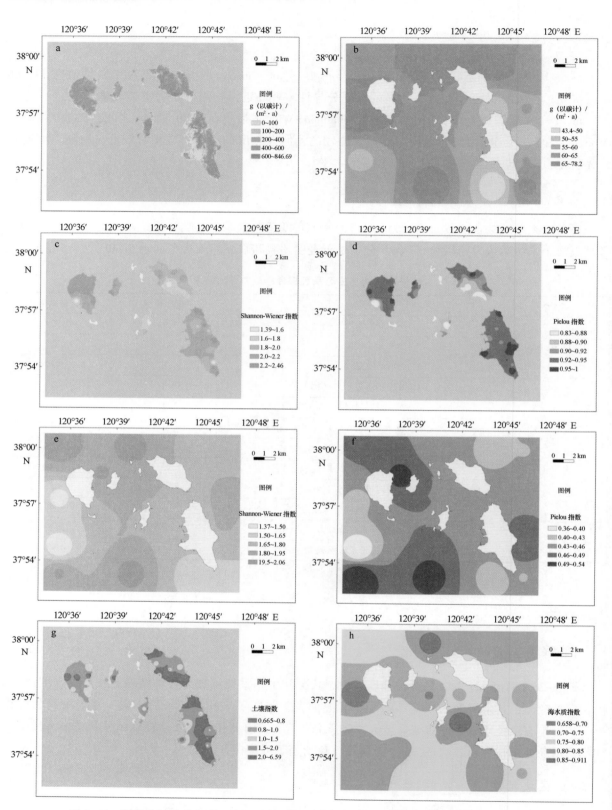

图 5-19　岛陆净初级生产力（a）、环岛近海初级生产力（b）、岛陆植物多样性（c，d）、
环岛近海浮游植物多样性（e，f）、岛陆土壤质量（g）和环岛近海海水水质（h）

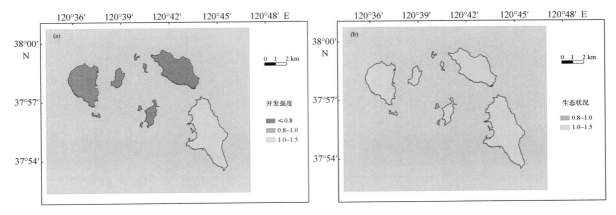

图 5-20　不同海岛开发强度（a）和生态状况（b）

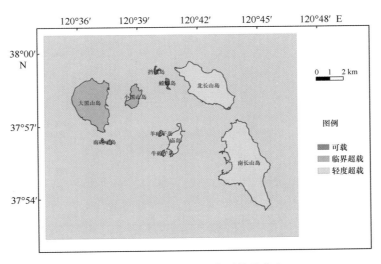

图 5-21　不同海岛生态系统承载力

显的空间分异性，在开发强度较高的区域其生态状况相应较差，环岛近海空间分异性相对不明显，庙岛湾处于生态状况"低谷区"，其他海域总体相一致。同时，各区块开发强度和生态状况具有显著的相关性（$p<0.01$）。海岛生态系统承载力表现出显著的异质性特征，由表 5-40 可知，不同承载力等级分区面积由大到小依次为临界超载区、轻度超载区、可载区、中度超载区和重度超载区。

表 5-40　海岛生态系统承载力空间分区统计结果（%）

评估分区	海岛生态系统	岛陆子系统	环岛近海子系统
可载区	7.8	2.0	8.5
临界超载区	53.9	29.1	56.9
轻度超载区	33.6	49.5	31.7
中度超载区	3.4	12.1	2.3
重度超载区	1.3	7.3	0.6

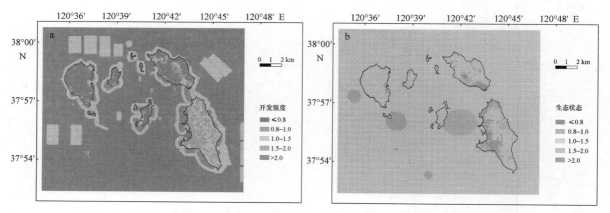

图 5-22　海岛开发强度（a）和生态状况（b）的空间分异性

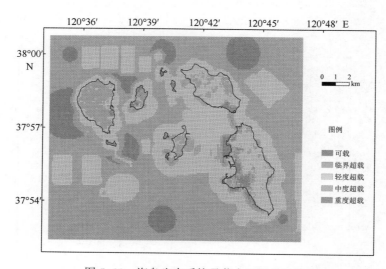

图 5-23　海岛生态系统承载力空间分异性

5.7.3　小结

　　庙岛群岛南部岛群生态系统总体上处于轻度超载状态，其中岛陆子系统为轻度超载，环岛近海子系统为临界超载。应当限制新增人工岸线，修复受损岸线；控制岛陆开发利用规模，优化开发布局；加强海洋生态环境监测，积极开展生态修复。各岛生态系统承载力评估结果显示，南长山岛、北长山岛和庙岛处于轻度超载状态，应当限制建设规模，采取措施减少开发利用产生的负面影响，积极开展植被和土壤修复。大黑山岛和小黑山岛为临界超载，前者可在明确功能后有重点地进行开发利用，后者在开展生态修复的同时可进行小规模的开发利用。5 个无居民海岛均处于可载状态，可在保护其生态系统的前提下进行适度的基础设施建设。海岛生态系统承载力表现出了显著的异质性特征，不同承载力等级分区面积由大到小依次为临界超载区、轻度超载区、可载区、中度超载区和重度超载区。对岛陆子系统而言，超载区分布于南长山岛整岛以及其他海岛的城乡建设和旅游区，临界超载区位于南、北长山岛的植被集中分布区，并成片分布于其他 3 个有居民海岛，可载区在大、小黑山岛和各无居民海岛有所分布。对环岛近海子系统而言，超载区主要分布于海岛临岸海域、庙岛湾以及其他海域的用海区；可载区在研究海域分散分布；其余均为临界超载区（池源等，2017a，2017b）。

5.8　典型海岛生态文明建设优劣势分析

5.8.1　典型海岛生态文明建设优势分析

1）具有优良的海洋生态环境

由于长期与陆地分离，群岛没有受到大规模人为破坏，大部分岛屿保留了原生态环境。长岛是国家级自然保护区和国家森林公园。全县森林覆盖率约 56%，空气大气环境质量保持国家一级标准，辖区海域水质达到国家一类海水标准。

2）具有丰富的海洋特色资源

旅游资源独具特色。长岛岛岸风光优美，奇礁异石众多，是全国唯一的海岛型国家地质公园。生物资源奇特，每年途经的候鸟达数百万只，在此栖息的斑海豹 400 多只，大黑山岛是中国第二大蛇岛。海洋渔业资源得天独厚。长岛海域水深流大，岩礁密布，海藻丰富，海产品品质优良，有 30 多种经济鱼类和 200 多种贝藻类水产品在此繁衍生息，被命名为中国鲍鱼之乡、中国扇贝之乡、中国海带之乡。海洋文化底蕴深厚，有距今 6 500 年历史，被专家称为"东半坡"的大黑山北庄遗址；有距今 890 多年，我国北方建造最早、影响最大的妈祖庙；有以国家非物质文化遗产"长岛渔号"为代表的特色渔家文化。

3）具有一定的生态产业发展基础

生态旅游业蓬勃发展。全面整合陆上旅游资源，包装策划海上游、民俗游、文化游等特色项目，旅游产品吸引力进一步增强。着力加强旅游服务设施建设，旅游接待能力明显提升。2015 年全年接待海内外旅游者 350 万人次，比上年增长 15.4%。大力发展生态养殖。本着生态优先与有序开发、科技兴海与科学用海并举的原则，紧紧围绕现代生态渔业发展开展科技创新与服务。实施了"科技兴海"示范基地建设和"海水健康养殖"社会发展示范工程项目，推广应用了"海珍品综合立体化养殖"、"海水健康养殖模式"等新技术。在传统栉孔扇贝、虾夷扇贝和裙带菜、海带养殖的基础上，引进新品种，推广新养殖模式，先后开展了"中科"系列海带、龙须菜等藻类和象拔蚌、魁蚶、三倍体牡蛎等贝类品种的引进与试养。逐步探索建立了贝藻间养、贝藻轮养，多品种、立体化、生态型养殖新模式。

4）具有较好的生态保护社会氛围

长岛县干部、群众对加强生态环境保护认识统一，在经济社会发展中坚持生态优先原则，将长岛建设成为宜居宜业宜游、人与自然和谐，代表中国海岛品质的生态旅游度假岛，创造海岛可持续发展的范例。采取多种方式，加强生态环境保护、海水健康养殖、资源可持续利用等方面的宣传教育，切实改变了群众靠山吃山、靠海吃海的传统观念，可持续发展已经成为广大干部、群众的共识和自觉行动（长岛县人民政府，2012）。

5.8.2 典型海岛生态文明建设劣势分析

长岛县生态环境质量虽然总体良好，但生态环境仍存在诸多问题（长岛县人民政府，2012）。主要体现在：

1）自身生态系统脆弱

海岛由于面积的有限性和空间的隔离性，具有明显的生态脆弱性特征。近年来，由于海洋资源开发过度，部分海岸、海湾、海岛等重要生态系统结构发生改变，不少生态系统受到破坏，生态功能降低。由于地下水超采严重，地下水位迅速下降，致使海水入侵面积剧增，水质恶化。近几年，长岛地下水位平均下降 5.3 m，海水入侵面积达 39 km²，占全岛面积的 70% 左右。此外，松材线虫的传播也给长岛人工林的保护带来越来越大的压力。

2）外部污染压力较大

长岛地处渤海海峡交通要道，周边海域油田和过往船舶溢油时有发生。自 2006 年以来，长岛海域发生的大规模溢油污染达到 20 多次，给沿岸海洋环境造成严重影响，部分海洋生态系统受损。渤海作为我国半封闭性的内海，周边经济发达，部分海域污染严重，由于水体的流动性，对长岛周边海域亦产生一定的影响。

3）资源环境承载能力有限

长岛县有限的陆地面积，对人口和岛陆社会经济活动规模的承载能力有限。长岛周边多数海域水流通畅，但沿岸仍有一些海湾水交换能力较弱，甚至存在部分淤积，入海污染物的环境容量有限。同时，在长时期高强度影响下，我国近海渔业资源已部分呈现衰退趋势，长岛海洋捕捞业的发展也受到最大可持续捕捞量的限制。

5.9 典型海岛生态文明建设重点与推进策略

5.9.1 健全重要生境保护与管理

1）加强海洋保护区建设

建设基本覆盖整个海岛生态系统的各级各类海洋、海岛保护区，形成海洋、海岛保护网络体系。科学合理划分功能区，重点保护重要的海岛生物物种资源，防止外来物种入侵，维护海岛生态安全。在保护海洋生态功能的前提下，允许适度开发利用海洋资源，实现自然资源保护与社会经济的双赢目的。以国家的法律、法规和政策为基础，制定海洋保护区管理办法，使各级各类海洋保护区的运行、管理和建设有法可依、有章可循。建立和完善海洋保护区监测体系，提升海洋监视监测能力，加强对海洋保护区的监管和看护。加强执法队伍建设，完善海洋保护区安保体系，努力提高执法水平，坚决打击各种违法犯罪活动，实行依法治区，保障海洋保护区建设目标的实现。加强海洋信息化建设，建立规范的海岛管理信息系统以及各类海岛基本地理要素数据库，实现海岛的信息化管理，提升海岛保护与管理的科技含量。

2）推进无居民海岛的生态化管理

无居民海岛对海岛经济发展起着重要作用，应加强这些无居民海岛的生态化管理，用尽可能小的海岛资源和环境代价，换取最大的经济效益和社会效益。完善无居民海岛使用确权登记制度，推进无居民海岛有偿使用制度建设，加强监督检查力度，规范无居民海岛申请、审批、登记和发证工作。在海岛总体规划基础上，根据各个无居民海岛不同的区位特征、生态环境特点、资源优势和功能定位，按照统一规划、统筹兼顾的原则，制定无居民海岛开发保护规划。依法依规对涉岛建设项目进行审查和审核，重点保障和支持国家和地区重大建设项目、改善民生的建设项目、对海洋环境影响小的建设项目、高新技术和新能源等建设项目的用海需求。实现海岛信息化管理，将无居民海岛纳入海洋开发利用和保护监控范围。

5.9.2　优化海洋产业结构和布局，突出比较优势

坚持海陆统筹、城乡统筹、区域统筹，保护与开发并举，经济建设与社会发展同步，以转方式、调结构为主线，以生态化、人本化、特色化和国际化为方向，以休闲度假为核心，实施资源整合和产业融合，创新体制机制和发展模式，将长岛建设成为宜居宜业宜游、人与自然和谐，代表中国海岛品质的休闲度假岛，创造海岛可持续发展的范例。

1）优化海洋产业布局和结构

根据海岛的区位优势、资源环境以及当前的重大机遇，充分认识区域最为突出的比较优势，确定海岛开发的龙头产业、重点产业、适度发展产业，以此优化产业结构，构建优势产业格局，实现产业联动与融合。长岛县总体构建"以生态旅游服务业为主导，以现代渔业、海洋文化产业、海洋新能源为支撑"的优势产业格局。

2）明确海岛发展布局

依据海岛发展的总体目标，结合资源分布，按照以岛带海、以海促岛、岛海统筹、人海和谐的发展模式，按照功能区与资源环境协调、与产业体系相配套的布局原则，明确海岛开发功能区划和空间布局。

3）发展海洋循环经济

海岛发展应以低能耗、绿色、低碳为目标，创新负碳经济发展体制机制，发展海洋循环经济。做好天然气、风能、太阳能等清洁能源的开发利用，全面普及应用清洁能源和可再生能源。加强新能源汽车、节能灯、建筑节能等低碳技术及产品应用，提高清洁能源在一次性能源消费中比例。发展绿色建筑、绿色餐饮、绿色交通，推进节约型机关、企业、学校、家庭建设，加快形成绿色低碳

的生活方式和消费模式。

5.9.3 加强生态与环境整治修复

结合海岛实际开发状况和区域发展空间，遵循区域发展一体化理念，将海岛生态整治修复融入区域发展中，改善海岛的民生状况，进一步提升海岛可持续发展能力。

1）海岛海岸带环境整治修复

以环境–资源–经济的可持续发展为主线，分类分区地开展海岛环境综合整治修复，突出整治工程与能力建设，恢复和提高海岛周边海域生态环境的可持续利用能力，协调海洋生态环境、经济社会发展与海洋资源开发。主要包括：（1）通过修复已破坏的山体或岸线、拆除沿岸养殖池及厂房、建设景观护岸等，改善受损的海岛生态系统，恢复受损生态系统的结构，恢复海岛生态系统的多样性及其自然景观，构筑海岛生态安全屏障；（2）通过垃圾、污水处理厂等海岛生态建设工程的实施，促进海岛生物多样性的提高，改善海岛生态系统的敏感性和脆弱性，提高海岛资源环境的承载力；（3）通过亲水岸线等的建设，改善海岛人居生存环境，提升海岛生态系统物质供给及能量循环功能的发挥，促进人与海岛的和谐。

2）开展渔业资源养护和海洋牧场建设

加强长岛海洋牧场建设的科学规划，提高海洋牧场建设的效果。开展海洋渔业资源养护，重点进行以人工鱼礁构建技术、增殖放流技术和设施养殖技术为标志的海洋牧场建设，实现海洋渔业经济可持续发展。

3）开展海上溢油污染修复

长岛县处于渤海海峡口门位置，占据渤海海峡 2/3 的海域，特殊的地理位置使长岛成为历次渤海油污染中受污染最严重、损失最大的区域之一。海上石油污染具有持续影响性，生态系统恢复缓慢，特别是对海洋底质的影响修复困难。选择庙岛湾等污染严重、损失较大的区域作为海洋溢油污染修复的示范区域，逐步消除海洋溢油的污染影响。

5.9.4 提升防灾减灾与应急能力

1）明确防灾减灾的战略要求

坚持"防、抗、避、救相结合"的方针，做好防灾、减灾工作。严格控制船舶、港口倾废排污，防范突发性海洋污染事故。重点做好海洋油污染的预警和应急处理等管理工作，确保在发生油污染事件后，能够有效处置油污染灾害，及时追查到污染源。在气象预报、救助队伍、避风港、直升机停靠设、渔民救助组织等方面，增强对邻近海域进行安全救助的软、硬实力。加强与蓬莱市、招远市、旅顺市等周边地区的安全管理和救助协作。依托现有国家级站点和平台，建立渤海海上安全管理和救助中心。

2）长岛溢油监测系统建设

应积极争取国家各有关部委、山东省各有关部门的资金、政策支持，加紧建立覆盖长岛所有管辖海域的溢油监测系统，提升渤海地区溢油应急处置能力，为渤海海洋环境保护提供基础保障，为科学防范、降低长岛溢油灾害损失提供技术支撑。

3）应急能力建设

建立健全海上溢油、赤潮、风暴潮等海洋灾害应急预案，加强海上突发事件应急能力建设，提高应急处置能力。加强海洋灾害预报预警，建立覆盖全面、多渠道的信息发布机制。加强海上搜救、海上执法能力建设，提高海上安全事故的防范和处置能力。

4）建立海洋产业发展风险基金和保险制度

针对长岛海洋产业发展的特点，按照社会保险和风险投资业经营机制，吸纳社会资金投入，引入海洋发展风险基金，建立全面参与、分散经营、风险共担的海洋产业保险体系，保障长岛海洋经济平稳较快发展。

5.9.5　做好海洋生态文明宣传教育

强化海洋生态文明宣传，牢固树立海洋生态文明理念。深入开展海洋生态文明宣传教育活动，大力宣传海洋生态文明方面的有关政策、法规及海洋生态文明知识，全面提高海岛群众依法保护生态环境、建设生态文明的意识。通过各种媒体和活动载体，大力提倡爱护海洋环境的生活习惯，弘扬人与自然和谐相处的核心价值观，努力营造海洋生态文明建设的舆论环境，使海洋生态文明建设家喻户晓，人人皆知，把建设海洋生态文明变成自觉行动。建立健全公众参与机制，促进社会公众认识海洋、关注海洋、善待海洋。

参考文献：

蔡明,李怀恩,庄咏涛,等.2004.改进的输出系数法在流域非点源污染负荷估算中的应用[J].水利学报(7):40-45.

长岛县人民政府.2012.长岛县国家级海洋生态文明示范区建设规划[R].

常娟,王根绪.2005.黑河流域不同利用类型下水体 N、P 质量浓度特征与动态变化[J].兰州大学学报,41(1):1-7.

池源,石洪华,郭振,等.2015.海岛生态脆弱性的内涵、特征及成因探析[J].海洋学报,37(12):93-105.

池源,石洪华,王恩康,等.2017a.庙岛群岛北五岛景观格局特征及其生态效应[J].生态学报,37(4):1270-1285.

池源,石洪华,王媛媛,等.2017b.海岛生态系统承载力空间分异性评估——以庙岛群岛南部岛群为例[J].中国环境科学,37(3):1188-1200.

邓欧平,孙嗣旸,吕军.2013.基于 ArcSWAT 模型的长乐江流域非点源氮污染源识别和分析[J].环境科学,34(4):1284-1290.

杜娟,李怀恩,李家科.2013.基于实测资料的输出系数分析与陕西沣河流域非点源负荷来源探讨[J].农业环境科学学报,32(4):827,837.

高会旺,姚小红,郭志刚,等.2014.大气沉降对海洋初级生产过程与氮循环的影响研究进展[J].地球科学进展,29(12):1325-1332.

韩海骞,熊绍隆,朱军政,等.2002.杭州湾跨海大桥对钱塘江河口水流的影响[J].东海海洋,20(4):57-63.

金永福,郑锡建,李金铎.2006.崎头洋海砂开采对朱家尖沿岸沙滩的影响[J].海洋环境科学,25(3):46-49.

梁军,孙志强,朱彦鹏,等.2011.昆嵛山天然林13年演替动态——生物多样性变化、物种周转与食叶害虫的短期干扰[J].中南林业科技大学学报,31(1):9-17.

林磊,刘东艳,刘哲,等.2016.围填海对海洋水动力与生态环境的影响[J].海洋学报,38(8):1-11.

龙天渝,梁常德,李继承,等.2008.基于SLURP模型和输出系数法的三峡库区非点源氮磷负荷预测[J].环境科学学报,28(3):574-581.

鹿琳.2012.黄渤海浮游植物种多样性及部分种分子鉴定[D].青岛:中国海洋大学.

吕瑞华,夏滨,李宝华,等.1999.渤海水域初级生产力10年间的变化[J].海洋科学进展(3):80-86.

麻德明,彭文,池源,等.2016.海岛非点源污染负荷估算方法研究[J].中国环境科学,36(10):3150-3158.

麻德明,石洪华,丰爱平.2014.基于流域单元的海湾农业非点源污染负荷估算-以莱州湾为例[J].生态学报,34(1):173-181.

马建新,郑振虎,李云平,等.2002.莱州湾浮游植物分布特征[J].海洋湖沼通报(4):63-67.

孟晓云,于兴修,泮雪芹.2012.云蒙湖流域土地利用变化对非点源氮污染负荷的影响[J].环境科学,33(6):1789-1794.

聂源,羊天柱,许雪峰.2009.基岩海岸围填海工程后的流场变化[J].海洋学研究,27(4):45-54.

宁璇璇,纪灵,王刚,等.2011.2009年莱州湾近岸海域浮游植物群落的结构特征[J].海洋湖沼通报(3):97-104.

庞启秀,庄小将,黄哲浩,等.2008.跨海大桥桥墩对周围海区水动力环境影响数值模拟[J].水道港口,29(1):16-20.

饶欢欢,彭本荣,刘岩,等.2015.海洋工程生态损害评估与补偿——以厦门杏林跨海大桥为例[J].生态学报,35(16):5467-5476.

任玮,代超,郭怀成.2015.基于改进输出系数模型的云南宝象河流域非点源污染负荷估算[J].中国环境科学,35(8):2400-2408.

任宪韶.2007.海河流域水资源评价[M].北京:中国水利水电出版社.

史志华,张斌,蔡崇法,等.2002.汉江中下游农业面源污染动态监测信息系统的建立与初步应用[J].遥感学报,6(5):63-68.

舒廷飞,罗琳,温琰茂.2002.海水养殖对近岸生态环境的影响[J].海洋环境科学,21(2):74-79.

宋欢欢,姜春明,宇万太.2014.大气氮沉降的基本特征与监测方法[J].应用生态学报,25(2):599-610.

宋玉芝,秦伯强,杨龙元,等.2005.大气湿沉降向太湖水生生态系统输送氮的初步估算[J].湖泊科学,17(3):226-230.

唐锋,蒋霞敏,王弢,等.2013.舟山典型海区浮游植物的动态变化[J].海洋环境科学,32(1):67-72.

田振环,王琳,曹艳玲,等.2015.庙岛南部海域海砂开采对海底地形的影响[J].海洋地质前沿(1):52-58.

王佩儿.2005.海洋功能区划的基本理论、方法和案例研究[D].厦门:厦门大学.

王媛媛.2016.庙岛群岛南部海域浮游生物群落特征及其环境影响因素[D].青岛:青岛理工大学.

辛志伟,孙韧,卢学强.2009.区域水环境综合解析与管理策略-GEF在天津[M].北京:中国环境科学出版社.

应兰兰,侯西勇,路晓,等.2010.我国非点源污染研究中输出系数问题[J].水资源与水工程学报,21(6):89-99.

尤民生,刘雨芳,侯有明.2004.农田生物多样性与害虫综合治理[J].生态学报,24(1):117-122.

中国环境规划院.2003.全国水环境容量核定技术指南[M].北京:中国环境规划院.

朱根海,山本民次,大谷修司,等.2000.浙江舟山群岛邻近海域微、小型浮游植物与赤潮生物研究[J].东海海洋,18(1):28-36.

朱梅.2011.海河流域农业非点源污染负荷估算与评价研究[D].北京:中国农业科学院.

朱文泉,潘耀忠,张锦水.2007.中国陆地植被净初级生产力遥感估算[J].植物生态学报,31(3):413-424.

Cadée G C, Hegeman J.1974.Primary production of phytoplankton in the Dutch Wadden Sea[J].Netherlands Journal of Sea Research,8(S2/3):240-259.

Calbet A.2001.Mesozooplankton grazing effect on primary production:A global comparative analysis in marine ecosystems[J].Limnology & Oceanography,46(7):1824-1830.

Caron D A, Hutchins D A.2012.The effects of changing climate on microzooplankton grazing and community structure:drivers, predictions and knowledge gaps[J].Journal of Plankton Research,35(2):235-252.

Castellani C, Irigoien X, Mayor D J, et al.2008.Feeding of Calanus finmarchicus and Oithona similis on the microplankton assemblage in the Irminger Sea, North Atlantic[J].Journal of Plankton Research,30(10):1095-1116.

Chen M R, Kâ S, Hwang J S.2010.Diet of the Copepod Calanus Sinicus Brodsky, 1962 (Copepoda, Calanoida, Calanidae) in Northern Coastal Waters of Taiwan During the Northeast Monsoon Period[J].Crustaceana,83(7):851-864.

Deason E E.1980.Grazing of Acartia hudsonica (A.clausi) on Skeletonema costatum in Narragansett Bay (USA):Influence of food concentration and temperature[J].Marine Biology,60(2/3):101-113.

Ding X, Shen Z, Hong Q, et al.2010.Development and test of the export coefficient model in the upper reach of the Yangtze River[J].Journal of Hydrology,383(3):233-244.

Dugas J C, Koslow J A.1984.Microsetella norvegica:a rare report of a potentially abundant copepod on the Scotian Shelf[J].Marine Biology,84(2):131-134.

Griffin S L, Rippingale R J.2001.Zooplankton grazing dynamics:top-down control of phytoplankton and its relationship to an estuarine habitat[J].Hydrological Processes,15(15):2453-2464.

Gualbert P, Oude E.2001.Improving fresh groundwater supply-problems and solutions[J].Ocean and Coastal Management,44(5/6):429-449.

Johnes P J.1996.Evaluation and management of the impact of land use change on the nitrogen and phosphorus load delivered to surface waters:the export coefficient modelling approach[J].Journal of Hydrology,183:323-349.

Kent M, Newnham R, Essex S.2002.Tourism and sustainable water supply in Mallorca:a geographical analysis[J].Applied Geography(22):351-374.

Lee D B, Song H Y, Park C, et al.2012.Copepod feeding in a coastal area of active tidal mixing:diel and monthly variations of grazing impacts on phytoplankton biomass[J].Marine Ecology,33(1):88-105.

Li C, Wang R, Sun S.2003.Grazing impact of copepods on phytoplankton in the Bohai Sea[J].Estuarine Coastal & Shelfence,58(3):487-498.

Li Y, Wang C, Tang H.2006.Research advances in nutrient runoff on sloping land in watersheds[J].Aquatic Ecosystem Health & Management,9(1):27-32.

Liu X J, Zhang Y, Han W X, et al.2013.Enhanced nitrogen deposition over china[J].Nature,494:459-462.

Meunier C L, Boersma M, Wiltshire K H, et al.2015.Zooplankton eat what they need:copepod selective feeding and potential consequences for marine systems[J].Oikos,125(1):50.

Michelsen O, McDevitt J E, Coelho C R V.2014.A comparison of three methods to assess land use impacts on biodiversity in a case study of forestry plantations in New Zealand[J].The International Journal of Life Cycle Assessment,19(6):1214-1225.

Lee H J, Sang O R.2008.Changes in topography and surface sediments by the Saemangeum dyke in an estuarine complex, west coast of Korea[J].Continental Shelf Research,28(9):1177-1189.

Nomura H, Aihara K, Ishimaru T.2007.Feeding of the chaetognath Sagitta crassa Tokioka in heavily eutrophicated Tokyo Bay, Japan[J].Plankton & Benthos Research,2(3):120-127.

Páez-Osuna F.2001.The environmental impact of shrimp aquaculture:a global perspective[J].Environmental Pollution,112(2):229-231.

Qi J H, Shi J H, Gao H W, et al.2013.Atmospheric dry and wet doposition of nitrogen species and its implication for primary productivity in coastal region of the Yellow Sea, China[J].Atmospheric Environment,81:600-608.

Roman M R, Ashton K A, Gauzens A L.1988.Day/night differences in the grazing impact of marine copepods[J].Hydrobiologia,167-168(1):21-30.

Shen Z.2008.Parameter uncertainty analysis of the non-point source pollution in the Daning River watershed of the Three Gorges Reservoir Region[J].China Science of The Total Environment,405(1/3):195-205.

Strom S L,Macri E L,Olson M B.2007.Microzooplankton grazing in the coastal Gulf of Alaska:Variations in top-down control of phytoplankton[J].Limnology & Oceanography,52(4):1480-1494.

Tovar A,Moreno C,Mánuel-Vez M P,et al.2000.Environmental impacts of intensive aquaculture in marine waters[J].Water Research,34(1):334-342.

Vargas C,Martinez R,Escribano R,et al.2010.Seasonal relative influence of food quantity,quality,and feeding behaviour on zooplankton growth regulation in coastal food webs[J].Journal of the Marine Biological Association of the United Kingdom,90(6):1189-1201.

Wu C J,Chiang K P,Liu H.2010.Diel feeding pattern and prey selection of mesozooplankton on microplankton community[J].Journal of Experimental Marine Biology & Ecology,390(2):134-142.

Xie Y X,Xiong Z Q,Xing G X,et al.2008.Source of nitrogen in wet deposition to a rice agroecosystem at Tai Lake region[J].Atmos Environ,42:5182-5192.

Zachal'ias I,Koussouris T.2000.Sustainable water management in the European islands[J].Phys Chem.Earth(B),25(3):233-236.

Zhang G T,Li C L,Sun S,et al.2006.Feeding habits of Calanus sinicus (Crustacea :Copepoda)during spring and autumn in the Bohai Sea studied with the herbivore index[J].Scientia Marina,70(3):381-388.

Zhang J,Chen S Z,Yu Z G,et al.1999.Factors influencing changes in rainwater composition from urban versus remote regions of the Yellow Sea[J].Journal of Geophysical Research:Atmospheres,104(D1):1631-1644.

第 6 章 典型养殖型海域生态修复策略研究

本书第 3 章指出，污染等人为干扰导致海洋资源环境退化、灾害频发是我国当前海洋生态文明建设面临的重要问题。部分近岸海域环境复合污染严重、海岸带生态系统破坏与海洋生态系统服务功能下降、海洋生态环境灾害频发、近海渔业资源种群再生能力下降导致渔业资源严重衰退等问题是近海生态环境问题的集中体现。因此，针对我国近海生态环境问题，开展典型近海退化生态系统修复理论、技术和策略的研究，是加快开展我国海洋生态文明建设和全面推进国家生态文明建设的重要策略之一。

本章选择三沙湾富营养化海水养殖海域为研究区域，开展典型养殖海域生态修复策略的研究。首先，开展研究区域水环境质量现状调查与退化诊断，评价现有养殖状况对水环境质量的影响；其次，评估大型海藻与贝类养殖对氮磷等生源要素和颗粒有机物的移除能力，研究养殖生态系统生物修复策略；最后，建立基于大型海藻栽培和贝类养殖的封闭海湾水质修复技术，提出修复策略。研究结果将为提高我国近岸海域环境保护与生态修复提供技术支撑和决策参考。

6.1 研究背景

我国有着漫长的海岸线，海洋资源丰富多样，广阔的海域为我国海水养殖的发展提供了重要的先决条件。养殖活动的广泛开展，缓解了过度捕捞对天然海域生态系统的压力。但是，网箱养殖密度过大且缺乏科学合理的布局给我国近海海域的养殖活动带来了严重的阻碍。同时，由受污染的河水径流、点源污染和面源污染等污水和污染物的肆意排放；伴随着潮汐作用和海洋气候异常的作用，污染范围扩大，导致近岸海域主要以氮、磷负荷为营养特征的富营养化日趋严重，引起赤潮、绿潮等灾害的频发。以上这些负面问题影响着我国近岸海域养殖业的健康发展，给养殖户带来经济损失，易造成养殖品种病害蔓延。如何克服海水养殖业的瓶颈、建立科学合理的养殖产业链和实现海水养殖业可持续发展，是我国乃至世界亟待解决的问题。

国内外各领域的学者针对合理规划养殖活动进行了大量的基础理论和应用模式的研究，根据养殖活动的自身特点和海域地理位置的特殊性，提出了多营养层次的综合养殖模式（Integrated Multi-tropic Aquaculture，IMTA），旨在建立一个平衡的养殖生态系统，使得网箱养殖有利于海洋生态系统生态功能和水质环境的改善。大型经济海藻和经济贝类素有海洋环境"净化器"和"过滤器"之称，为网箱养殖产业的发展指明了健康之路。

6.1.1 我国近岸海水养殖业的发展概况和面临的问题简析

6.1.1.1 我国近岸海水养殖业发展概况

自20世纪50年代起，海带栽培业的发展大力推动着我国海水养殖业的快速崛起和发展；80年代起，虾类、蟹类和贝类的网箱养殖规模逐渐扩大，海水养殖活动几乎遍布我国近岸所有可能开发的海域和滩涂（詹兴旺，2001）。自1989年至今，我国海水养殖业水产品总量一直保持在世界第一，为我国和全球食物供应做出了重要贡献。海水养殖水产品是重要的蛋白质来源，备受世界关注。我国近海海水养殖主要从20世纪70年代开始发展，当时主要养殖的种类为石斑鱼；90年代，全国养殖网箱已经约达到17万只，年产量约10万t。21世纪至今，农业部渔业局统计数据显示全国的养殖网箱总数已然超过了100万只，年产量超过60万t。

目前，我国浅海贝类养殖面积已达到了45万亩（1亩≈666.7 m^2），年产贝类超过450万t。养殖的贝类滤食海水中的颗粒悬浮物，增加水体的透明度，滤食作用产生的粪和假粪加速颗粒物的沉降速率。然而，20世纪80-90年代以后，我国贝类长期的单品种高密度养殖，造成水质恶化、病害蔓延等生态灾害。

紫菜、龙须菜、裙带菜和海带等10多种大型经济海藻已在我国近岸海域得到了规模化养殖，为发展沿海经济和改善近岸海域水质带来了经济效益和生态效益。20世纪50年代以来，我国藻类学者解决了一系列理论难题，在此基础上创建了许多关键性养殖技术，如筏架养殖、夏苗培育等。其中，我国的海带养殖规模和技术达到世界领先水平，海带养殖也由辽宁和山东海域逐渐南移至浙江、福建和广东海域，单位面积产量显著提高；80年代末期，受到国内外琼胶市场需求量急剧增加的影响，我国藻类学者开始积极研究产胶藻类，首次在山东青岛海域挂养龙须菜并取得成功。经此后30年的不断发展，山东、福建和广东等海区已形成了成熟的龙须菜栽培产业，2014年，我国龙须菜的栽培面积超过30万亩，年产量达到20万t干品。

6.1.1.2 我国近岸海水养殖业面临的污染问题

网箱养殖已经在世界范围内的主要渔业国家得以开展，如日本、韩国、加拿大、美国和中国等。然而，由于养殖系统内生态结构过于单一，养殖方式存在不足，经过长时间的积累，使得部分养殖海域也出现了许多负面环境问题。《浅海滩涂资源开展》一书中提出"养殖污染"的概念，主要包括营养物质的污染、药物污染、底泥的富集污染和与此相关的生态环境问题（国家科学技术部农村与社会发展司和国家科学技术部中国农村技术开发中心，1999）。Alongi等（2003）研究海水鱼类网箱养殖对浮游系统碳通量时表明，海水鱼类网箱养殖区的初级生产高于非养殖区，但生物量变化趋势不尽相同；而且，在鱼类网箱养殖海域，浮游植物群落演替发生改变，环境改变加速了小型硅藻类的生长。显然，海水鱼类网箱养殖对该海域浮游生物的种类组成、群落演替和生产力均产生了显著影响。

营养物质污染是水产养殖过程中主要污染问题。人工投饵是鱼类网箱养殖的饵料主要来源方式。有研究表明，在网箱养殖系统中，由于有机物和无机物的长期输入，对养殖水域环境产生了质的改变，引起海水的富营养化，在一定条件下（如水体的透明度、温度、光照、水动力条件等），为有害藻华和局部海区的缺氧症提供潜在的可能。有些赤潮种类的微藻可分泌黏液等有害物质，导致鱼、虾、蟹、贝等死亡，造成渔业经济严重受损。2013年3月的《2012年中国海洋环境状况公报》中指出：2012年福建沿岸海域赤潮造成直接经济损失约20.15亿元，占当年全国总损失的99.8%。

药物污染是海水养殖带来的重要环境问题之一。长期以来，渔民在生产上盲目使用药物，对药效在养殖环境的生态影响缺乏重视。在杀害病原菌的同时，也威胁到水体中本身存在的微生物、有益菌和浮游生物等。长期使用药物，会改变微生物的群落结构，使部分病原菌具有抗药性。部分药物化学性质较稳定，会随着食物链进入水生生物体内，通过食物链不断放大，对养殖生物和人类健康造成严重危害。

长期网箱养殖会造成沉积物环境的改变，残饵和鱼类粪便是底质环境的主要污染源。过密的网箱养殖阻碍水流的交换作用，加速有机物的积累。沉积物中微生物的分解活动加剧，造成局部海区底部环境处于缺氧甚至无氧状态（Beveridge等，1994）。低氧环境促进了沉积物-上覆水中营养盐释放的通量，使得沉积物对海洋水体中营养盐由"汇"变成"源"（杨波等，2012）。

6.1.2　大型海藻在治理水体富营养化及养殖中的作用与优势

近海养殖海域的富营养化现在已是各国学者们研究的热点，治理水体富营养化的主要方法有：（1）物理方法，如稀释冲刷、深层排水、底泥就地处理和曝气充氧等，但是此类方法费时费力，效果不显著，且只能用于小范围富营养化区域的治理；（2）化学方法，如在水体中添加化学药剂或絮凝物质，利用凝聚作用等来减少水体中的氮磷以促使有机质和藻类沉降，化学方法效果快速明显，但容易造成二次污染，难以掌握剂量，成本高，可能会对水体及其中的生态环境造成更严重的后果；（3）生物学方法，这是当前科研人员最热衷的研究热点，被认为是最环保、无二次污染的一种方法，主要有3种方式，一是通过水生植物的净化作用，大型海藻吸收水体中各类营养盐，同时，大型海藻能固碳、产生氧气，调节和改善水质环境；二是通过贝类动物滤食水体中的颗粒悬浮物和浮游生物，贝类的收获拔出水体中的各类生源要素；三是利用海洋微生物对水体进行治理，利用微生物快速生长和分解的作用，稀释有机污染物，抑制赤潮藻的生长，如粘细菌等。

6.1.2.1　大型海藻对近岸海域生态修复优势与能力

与其他清洁生物相比，大型海藻已经被证明是一种有效的治理富营养化水体的主要生态修复手段和推动近海富营养化水体修复的首选方案，有着独特的营养盐吸收和贮存机制，其优势在于：（1）大型海藻生长迅速，在生长过程中可以从水体中吸收大量的氮磷等营养物质，降低养殖水域环境中的营养水平；（2）大型海藻的栽培具有可调控性，可以根据特定海区的环境特征，合理栽培不同种类的大型海藻和规模；（3）构建人工和半人工大型海藻牧场，提高海洋生态系统多样性；（4）大型海藻的栽培在具有生态修复功能的同时，也具有可观的经济效益。

在起初阶段人们多使用微生物、浮游植物和碎屑食性鱼类等生物学方法治理水体富营养化，此类运用清洁微生物和浮游植物虽然可以吸收大量的营养盐等污染物，但是微生物和浮游植物种群数量难以控制，且不易有效与水体分离，清洁动物的方法本身会改变水体生态系统平衡，产生代谢产物，增加环境负荷，甚至可能诱发生物入侵。因此，随着养殖技术的日趋完善，能够被人工栽培并产生经济效益的大型海藻已有20多种。据相关统计，世界海藻年产量鲜重可达635万t，总面积约30万hm²（费修绠等，2000）。

大型海藻是近岸海区重要的初级生产者，种类多、生物量大、生长周期短。大型海藻依靠基部的假根固着在硬质基质上，固着基上长有叶柄，从叶柄上长出大型海藻叶片，上面富有气囊以在水体中漂浮。在富营养化海域，特别是在 N、P 营养盐浓度高的条件下，大型海藻细胞可以在短时间内吸收营养盐并转化为自身的组织氮、氨基酸、叶绿素、藻胆蛋白、酶类等不同形式而存储下来（Jones 等，1996）。

大型海藻除了可以净化水体环境之外，还可以对同海区同生态位的初级生产者产生竞争，特别在抑制某些赤潮微藻方面起着积极的作用。一方面与浮游植物竞争营养盐，有研究发现在营养盐浓度较高的环境下，相对于微藻，石莼对无机氮有竞争优势从而抑制微藻的繁殖生长（Smith，1998）；另一方面向水体中分泌相克的化合物，抑制这些赤潮种的生长。有研究发现，龙须菜的乙醇浸出组可以显著抑制中肋骨条藻的生长，使其生物量明显下降，因此，龙须菜的栽培对控制中肋骨条藻的暴发具有重要作用（卢慧明等，2008）。Nakai 等（1993）的研究认为大型海藻的海膜可以持续向环境中分泌一种化合物，这对蓝藻的生长具有抑制作用。

二氧化碳（CO_2）是主要的温室气体，海洋对 CO_2 的溶解作用对减轻全球气候变化起着举足轻重的作用，大型海藻的栽培是一种有效的生物泵，有利于水体吸收大气中的 CO_2，缓解温室效应（蒋增杰等，2013）。

6.1.2.2 大型海藻在养殖业中的应用

自 20 世纪 70 年代大型海藻作为生物净化器技术在世界范围内逐步发展起来。我国在以大型海藻为基础的生态修复方面的研究起步晚，但经过科学家的不断努力，也逐步发表了大量的科技论文，并建立了一系列的技术方案。汤坤贤等（2005）在福建省东山县八尺门网箱养殖区用菊花心江蓠进行生物修复实验发现江蓠对受污染的海水具有较好的修复效果，对菊花心江蓠养殖水域中的 DO 具有显著提高的作用，且 DIN 和 DIP 的浓度显著降低，其中，对氨氮的吸收效率最高。徐姗楠（2008）用大型海藻组织中 N、P 的含量来推算氮磷的拔除率发现，每收获 1 t 海带可拔除海洋中 2.2 kg N 和 0.3 kg P；每 1 t 紫菜可吸收水体中 6.2 kg N 和 0.6 kg P；每 1 t 江蓠可去除水中 2.5 kg N 和 0.03 kg P。

我国作为渔业大国，藻类和贝类的养殖是实现渔业碳汇的主要方式。唐启升（2011）提出现今渔业碳汇的概念不仅包括藻类、贝类和滤食性鱼类养殖吸收碳元素，还包括以此为基础摄食的鱼类和头足类等生物种类。多营养层次综合养殖模式是现在学者们主要的研究热点，根据生态系统自身的平衡、生态位互补和经济价值，将多种水产品进行合理的搭配和布局的一种养殖模式。当前，大型海藻与鱼、虾、贝类等养殖动物的综合养殖和匹配模式研究已经取得长足的进步。

6.1.3 研究区概况

三沙湾位于福建东北部沿海，地处霞浦、福安、宁德和罗源滨岸交界处，东北侧近邻福宁湾，南邻罗源湾。三沙湾由三都澳、鲈门港、白马港、盐田港、东吾洋、官井洋和覆鼎洋组成，四周被群山环绕，仅在南方有一个狭口——东冲口与东海相通，湾口宽仅 3 km。

三沙湾是世界上少有的天然良港，也是优良的水产养殖场所。近年来，随着海水养殖业的迅速发展和"环三都澳"区域经济发展战略的实施，出现了一些不协调的问题，如缺乏科学的海水养殖规划，局部海域养殖密度过大，养殖生物大面积死亡事件时有发生，造成重大的渔业经济损失。因此需通过合理规划、科学养殖，改善海水养殖区生态环境。

6.1.3.1 三沙湾养殖海域现状

三沙湾岸线总长 450 km，水域开阔，海湾总面积 714 km^2，其中浅海面积 262 km^2，滩涂面积约 308 km^2，湾内最大水深达 90 m。三沙湾可养殖总面积为 27 783 hm^2，其中养殖区面积为 19 630.4 hm^2、临时养殖区面积为 8 152.6 hm^2；浅海可养殖面积为 11 315.0 hm^2，滩涂可养殖面积为 14 124.5 hm^2（表6-1）。

表 6-1 三沙湾养殖水域资源情况（hm^2）

地区	浅海面积		滩涂面积		池塘面积	合计	
	总面积	可养殖面积	总面积	可养殖面积	可养殖面积	总面积	可养殖面积
霞浦县	11 427	7 958.3	15 448	9 847.5	1 165	26 875	18 970.8
福安市	5 022	900.7	4 551	1 307.9	420	9 573	2 628.6
蕉城区	9 751	2456	10 801	2 969.1	758.5	20 552	6 183.6
合计	26 200	11 315	30 800	14 124.5	2 343.5	57 000	27 783

三沙湾内海水养殖品种有鱼类、贝类、虾类、蟹类、藻类。在养殖品种结构比例方面，鱼类养殖产量占总产量的 17.2%，其中主要以大黄鱼为主，占鱼类产量的 72.3%；贝类养殖产量占总产量的 42.0%，其中以牡蛎、缢蛏和泥蚶为主，分别占贝类产量的 58.3%、25.5% 和 7.4%；虾类养殖以南美白对虾为主，进行高位池养殖，产量占虾类养殖的 64.2%，其他品种为日本对虾、刀额新对虾等；藻类养殖产量占总产量的 36.5%，以海带为主，占藻类产量的 73.0%，其他品种为紫菜和江蓠。

鱼类的网箱养殖包括鱼类传统网箱养殖、鲍参筏式或网箱养殖。三沙湾鱼类传统网箱已经超过 2 万口，该种养殖模式的兴起主要是由于大黄鱼养殖的兴起带动起来的。受经济利益的驱使，该模式近 10 年发展迅速，但由于缺乏合理规划，普遍出现网箱布局过分密集（如蕉城区青山斗帽一带海区网箱布局密度达 75% 左右），严重阻挡水流，造成病害频发，严重影响了养殖经济效益。鱼类传统网箱绝大部分集中在三沙湾内，养殖的品种主要有大黄鱼、鲷科鱼类等。近年来，鱼类传统网箱养殖技术有较大改进，小网箱普遍改成较大网箱，多个框架合并利用，单个网箱面积从以前的 9 m^2 增加到现在的 20~300 m^2；网箱深度也有所增加，最深达 10 m；单位水体产量有较大提高，最高可达 20 kg/m^3。

6.1.3.2 存在的问题

近 10 年来，三沙湾内海水养殖开发步伐放缓，因一些大企业参与开发，该海域的水产养殖向着基地化、规模化养殖发展方向，并取得了良好的成效。然而，从发展的眼光来看待当前海水养殖现状，仍存在诸多不尽合理的问题，快速发展和全面开发所带来的负面影响正逐渐凸显。

首先，海区富营养化加重，养殖水域环境质量下降。海洋污染问题主要包括陆源污染物污染和养殖自身污染两个方面。工业废水未经处理直接向近岸海水中排放，人们的生活垃圾、生活污水也常向江河倾倒，海上船舶污水排放或泄漏入海，直接污染海区；水产养殖产生的大量残饵、排泄物直接污染养殖区。网箱养殖绝大多数投喂冰鲜小杂鱼虾，饵料质量优劣不一，饵料系数普遍偏高，残饵量大，对养殖区污染明显。为了减少病害频繁暴发带来损失，渔民盲目使用药物，造成鱼类体内药物残留量超标。

其次，养殖规划滞后，用海不合理，缺乏统筹规划，致使养殖户盲目发展、扩大养殖规模，影响了浅海养殖的合理布局。局部海区养殖密度过大，环境污染严重，导致病害频发，海区生境退化等问题，使养殖业蒙受巨大的经济损失。

最后，养殖品种退化，苗种质量堪忧。当前，三沙湾海域大宗水产养殖品种大黄鱼、褶牡蛎、坛紫菜、海带等都存在着种质退化的问题，影响了养殖产量和质量。目前宁德市海水网箱养鱼的当家品种仍是大黄鱼，其产量占鱼类产量的 72.29%，贝类养殖的当家品种则为牡蛎、缢蛏，藻类养殖以海带、龙须菜、紫菜等大型经济海藻为主。养殖品种单一，结构比例不合理等都对养殖业的健康发展产生负面影响。

同时，频发的自然灾害也给当地海产养殖带来严重的经济损失，如 2015 年接连受到第 13 号强台风"苏迪罗"（8 月 8—9 日）和第 21 号超强台风"杜鹃"（9 月 28 日）及引发暴雨、山洪和异常增水影响，养殖产业损失严重。

6.1.3.3 本章研究目的和内容

针对我国封闭型海湾水环境质量富营养化和污染严重导致生境退化的问题，本文选择三沙湾为研究区域，首先，开展重点区域水环境质量现状调查与退化诊断；对现有大型海藻龙须菜和海带、经济贝类长牡蛎养殖规模、产量和配置模式等进行调查，评价其对封闭型海湾水环境质量的影响并提出合理化生态养殖建议；其次，以经济性状强、适合度高的大型海藻龙须菜与海带和长牡蛎等贝类，根据养殖经济物种的生理生态学特征、水环境质量特征及贝藻类养殖对氮、磷等生源要素和颗粒有机物的移除能力，进行养殖生态系统生物修复策略研究；最后，建立基于大型海藻－贝类养殖生态系统生物修复的封闭海湾水质修复技术，提出修复策略，为提高我国封闭海湾水环境保护与修复能力，提供技术支撑和决策参考。

6.2 典型养殖海域生态现状调查

6.2.1 养殖海域海–气界面 CO_2 交换通量的时空变化

海洋对调节全球气候至关重要，特别是对减缓温室效应的影响起着巨大的作用，通过物理溶解、海水碳酸盐系统缓冲作用和海洋浮游植物光合作用吸收大气中的 CO_2（宋金明，1991），同时，海水中 CO_2 体系影响着海洋中许多化学平衡。目前人类活动每年排放的 CO_2 以碳计为 55 亿 t，其中海洋吸收了人类排放 CO_2 总量的 30%~50%（蒋增杰等，2012），所以区域性以及全球海洋是吸收（汇）还是排放（源）CO_2 就显得非常重要（宋金明，2003）。我国的海水养殖已经居世界首位，其中贝藻养殖活动可能成为减排增汇的有效手段（Tang 等，2011），有关海水养殖海域海水中的 pCO_2 的变化特征与 CO_2 交换通量已进行了一些研究报道。张继红等（2013）于 2011—2012 年对桑沟湾表层水 CO_2 体系各参数进行分析，分析了该海域 pCO_2 的季节变化可能与物理、生物和大规模贝藻养殖的之间的相关性。蒋增杰等（2013）对山东俚岛湾养殖海域海–气界面 CO_2 交换通量进行估算，指出栽培大型海藻促进了海洋对大气中 CO_2 的吸收。王文松等（2012）于 2011 年春季对胶州湾春季表层海水 pCO_2 和海-气界面 CO_2 交换通量进行测量时得出该海域表现为大气中 CO_2 强汇，生物活动是影响海水 pCO_2 的主要因素。

福建省三沙湾总面积为 714 km^2，水域开阔，仅东南方经东冲口与东海相通，是我国南方典型的近海封闭型海湾，湾内咸淡水交混，营养盐丰富，具有独特的海洋生态环境，不仅是全国唯一的内湾性大黄鱼产卵场与最大的海水网箱养殖基地（蔡清海，2007；马祖友等，2013），同时还有大型海藻、贝类和海参等养殖种类，盐田港是三沙湾重要港湾组成之一。然而，对该海湾的 CO_2 的源汇问题的研究尚未进行。本节根据 2012-2013 年 4 个调查航次的调查数据，估算了该养殖水域的海-气界面 CO_2 交换通量，并对影响其时空变化的环境因子进行分析，为我国封闭型海湾海水养殖业的可持续发展提供科学依据。

6.2.1.1 材料与方法

1）研究海域概况

三沙湾盐田港主要养殖大黄鱼（*Pseudosciaena crocea*）、长牡蛎（*Crassostrea gigas*）和刺海参（*Apastichopus japonicus*），根据季节更替栽培龙须菜（*Gracilaria lemaneiformis*）和海带（*Laminaria japonica*）。鱼类网箱养殖规模已经超过 2 万个网箱，鱼类的饵料主要是冰鲜小杂鱼，养殖周期通常是 2~3 a。除了鱼类，长牡蛎养殖规模是 3.37 km^2，养殖海参网箱约 1 100 口，总产量约 160 t。大型海藻龙须菜和海带是本地在不同季节养殖的主要物种，9 月至翌年 2 月主要栽培龙须菜，海带大规模栽培时间是 12 月底至翌年 5 月，调查期间两者栽培规模分别是 72.44 km^2 和 181.89 km^2。

2）采样时间、站位及方法

本研究分别于 2012 年 11 月和 2013 年 2 月、5 月、8 月共 4 个航次在福建省三沙湾内的盐田港（26.72°~26.84°N，119.76°~119.83°E）10 个站位进行调查（图 6-1）。其中，1 号站位位于非养殖区，2 号和 5~10 号位于大型海藻养殖区内，3 号位于长牡蛎养殖区内，4 号位于网箱养殖区内。

样品均按《海洋监测规范》规定的方法采集、处理和保存。在每个调查站位应用 Niskin 采水器采集表层（水面下 0.5 m）3 个水样作为重复，迅速导入 500 mL 磨口玻璃瓶中，保存在 4℃冰箱中备用。现场应用 YSI 多参数水质分析仪测定 pH，表层水温（SST）和盐度（S），应用碘量法测定溶解氧（DO）浓度（GB 17378.4-2007）。将 500 mL 水样经 0.45 μm 醋酸纤维滤膜过滤后冷冻保存带回实验室，经丙酮萃取后应用 Turner 荧光仪测定叶绿素 a（Chl a）浓度。总碱度（TA）采用 pH 法测量（GB 12763.4-2007），溶解无机碳（DIC）应用日本岛津总有机碳分析仪（TOC-V$_{CPH}$）进行测定。

3）CO_2 交换通量和无机碳体系各分量浓度估算方法

海-气界面 CO_2 交换通量的计算公式为：

$$F = k \times \alpha_s \times \Delta pCO_2, \tag{6-1}$$

式中，F 为海-气界面 CO_2 交换通量 [mmol/（m^2·d）]；k 是海-气界面气体传输速度（cm/h）；

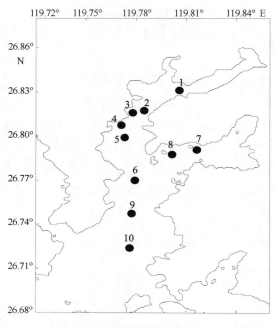

图 6-1　盐田港调查站位图

$\Delta p\mathrm{CO_2}$ 是海水和大气中 $\mathrm{CO_2}$ 分压的差值。本研究中 k 取大陆架海区的平均值 10.3，大气 $p\mathrm{CO_2}$ 取值为 361 μatm（Tsunogai 等，1999；宋金明，2004）；α_s 为 $\mathrm{CO_2}$ 在海水中的溶解度系数［10^{-2} mol／（L·atm）］，根据温度、盐度和海水中 $\mathrm{CO_2}$ 溶解度得到（陈佳荣，2000）。根据计算结果，若 F 为负值，则此区域为大气 $\mathrm{CO_2}$ 的汇；若 F 为正值，则此区域为 $\mathrm{CO_2}$ 的源。

假定海水中 $\mathrm{CO_2}$ 体系处于平衡，如果海水的温度、盐度和压力已经测定，那么 pH、总碱度（TA）、溶解无机碳（DIC）和表层水二氧化碳分压（$p\mathrm{CO_2}$）就可以任意测定两个，然后计算出其余的参数（Millero，1995；Mehrhach 等，1973）。本文利用获得 pH 和 TA 数据，计算 $\mathrm{CO_2}$ 体系的其他参数。

$$CA = [HCO_3^-] + 2[CO_3^{2-}] = TA - c_{TB}\frac{K'_B}{a_{\mathrm{H^+}} + K'_B}, \tag{6-2}$$

$$[HCO_3^-] = CA \times \frac{a_{\mathrm{H^+}}}{a_{\mathrm{H^+}} + 2K'_2}, \tag{6-3}$$

$$[CO_3^{2-}] = CA \times \frac{K'_2}{a_{\mathrm{H^+}} + 2K'_2}, \tag{6-4}$$

$$[CO_2] = CA \times \frac{[a_{\mathrm{H^+}}]^2}{K'_1 \times (a_{\mathrm{H^+}} + 2K'_2)}, \tag{6-5}$$

$$p\mathrm{CO_2} = \frac{[CO_2]}{\alpha}, \tag{6-6}$$

式中，CA 为碳酸盐碱度；K'_1、K'_2 为碳酸的第一、第二级解离常数；K'_B 为硼酸的解离常数；α 为海水中 $\mathrm{CO_2}$ 的溶解度系数；c_{TB} 为海水中的总硼酸浓度；$a_{\mathrm{H^+}}$ 近似为海水中 $\mathrm{H^+}$ 浓度。

4）数据分析

所有数据均用平均值±标准误表示，应用 SPSS 13.0 软件对不同季节和不同站位的无机碳体系各分量的浓度、pCO_2 和 CO_2 交换通量进行双因素方差分析（ANOVA），当 $p < 0.01$ 时为差异极显著，当 $p < 0.05$ 为差异显著，数据的多重比较采用 SPSS 软件中的 LSD 法及 Duncan 氏进行分析。分布图中的绘制采用 Surfer 8.0 软件。

6.2.1.2　结果

1）海区水文环境特征

三沙湾盐田港表层水温四季变化明显，调查海域春季和夏季水温较高，平均值分别为（23.38±0.67）℃ 和（29.97±0.08）℃，水温由湾内上游到下游逐渐降低；秋季水温逐渐下降，变化范围在 16.61~19.71℃ 之间，冬季表层水温仅为（12.96±0.27）℃。夏季 pH 最低，为 7.53±0.14，上游站位偏低，其他 3 个季节是大型海藻栽培的季节，pH 有所升高，其中，冬季 pH 达到最高值，为 7.87±0.05，春季和秋季 pH 分别 7.71±0.17 和 7.75±0.03，在这 3 个季节中，位于下游的海藻栽培区 pH 高于其他功能区。海水表层盐度具有显著的四季变化，表现为上游到下游逐渐增加的分布特征。夏季盐度最高，平均值为 26.66±1.60，春季盐度最低，平均值仅有 19.03±4.51，其中，位于上游的 1 号站位盐度全年最低，最低值只有 10.31，秋季和冬季变化范围分别为 20.03~25.72 和 19.73~24.18。该海域 Chl a 浓度由春季到冬季逐渐降低，变化范围在 1.12~3.92 μg/L 之间，夏季，5 号和 6 号站位 Chl a 浓度高于上游和下游的其他站位，最高达 3.61 μg/L。溶解氧（DO）浓度冬季最高，为（8.14±0.12）mg/L，夏季最低，平均值为（6.49±0.07）mg/L，春季和秋季为（7.08±0.28）mg/L 和（7.33±0.04）mg/L，溶解氧浓度分布从大至小依次为海藻养殖区、非养殖区、贝类物养殖区、网箱养殖区（表 6-2）。

表 6-2　不同季节表层海水基本参数

季节		水温/℃	pH	盐度	叶绿素 a 浓度 /μg·L^{-1}	溶解氧浓度 /mg·L^{-1}
2012 年 11 月	平均值	17.57±0.95	7.75±0.03	23.76±1.63	1.47±0.40	7.33±0.04
秋季	范围	16.61~19.71	7.72~7.81	20.03~25.72	0.95~2.02	7.27~7.42
2013 年 2 月	平均值	12.96±0.27	7.87±0.05	23.27±1.91	1.12±0.15	8.14±0.12
冬季	范围	12.61~13.63	7.81~7.95	19.73~24.18	0.88~1.34	7.94~8.31
2013 年 5 月	平均值	23.38±0.67	7.71±0.17	19.03±4.51	3.92±2.88	7.08±0.28
春季	范围	22.01~23.94	7.36~7.96	10.31~22.39	0.85~9.62	6.62~7.43
2013 年 8 月	平均值	29.97±0.08	7.53±0.14	26.66±1.60	2.61±0.53	6.49±0.07
夏季	范围	29.98~30.14	7.32~7.74	24.05~28.83	1.81~3.63	6.33~6.56

2）表层海水中无机碳体系各分量的季节变化

调查期间，三沙湾盐田港表层海水中无机碳体系各分量浓度在不同季节间差异极显著。DIC 和 HCO_3^- 浓度年变化范围分别为 955~1 957.08 μmol/L 和 905.08~1 848.13 μmol/L，平均值分别为（1 628.74±142.84）μmol/L 和（1 536.14±109.58）μmol/L，其中 HCO_3^- 是 DIC 重要的组成部分，占全年 DIC 平均值的 94.32%，秋、冬季节表层海水的 HCO_3^- 浓度比春、夏季节的值高。海水中

CO_3^{2-} 浓度年变化范围为 10.14~124.78 μmol/L，平均值为（70.16±16.42）μmol/L，该海域夏季 CO_3^{2-} 浓度显著高于其他 3 个季节；CO_2 浓度的季节变化在 11.48~39.78 μmol/L 之间，均值为（22.44±10.51）μmol/L，与 CO_3^{2-} 浓度季节变化相反，夏季 CO_2 浓度低于其他 3 个季节，仅为 3 个季节浓度均值的 58.25%（表 6-3）。同一季节 CO_2 和 CO_3^{2-} 的浓度在不同站位之间差异显著和极显著，而 DIC 和 HCO_3^- 浓度在同一季节的不同站位之间的差异不显著（表 6-4）。

表 6-3 不同季节表层海水无机碳体系各分量浓度（μmol/L）

季节		DIC 浓度	HCO_3^-浓度	CO_3^{2-}浓度	CO_2浓度
2012 年 11 月	平均值	1 730.12±78.88	1 643.63±72.20	59.93±8.87	26.55±2.08
秋季	范围	1 555.9~1812.52	1 483.01~1 716.49	47.83~79.32	22.25~29.17
2013 年 2 月	平均值	1 849.02±161.82	1 755.21±151.20	69.47±13.11	24.34±2.99
冬季	范围	1 401.14~1 957.08	1 335.01~1 848.13	45.2~87.83	20.93~30.41
2013 年 5 月	平均值	1 446.17±260.47	1 366.94±241.63	55.3±27.73	23.93±7.54
春季	范围	955~1 720.97	905.08~1 626.94	10.14~92.37	12.8~39.78
2013 年 8 月	平均值	1 479.49±205.25	1 368.02±190.54	96.94±15.33	14.53±2.69
夏季	范围	1 215.9~1 835.9	1 123.3~1 694.11	74.5~124.78	11.48~18.82

表 6-4 不同季节表层海水无机碳体系各分量的双因素方差分析

变量	变异来源	df	F	p
DIC	站位	9	1.695 1	0.139 0
	季节	3	12.389 8	0.000 0 **
HCO_3^-	站位	9	1.529 6	0.187 9
	季节	3	14.124 4	0.000 0 **
CO_3^{2-}	站位	9	5.963 3	0.000 1 **
	季节	3	25.397 8	0.000 0 **
CO_2	站位	9	2.805 0	0.018 3 *
	季节	3	21.590 8	0.000 0 **

注：* 表示差异显著，$p<0.05$；** 表示差异极显著，$p<0.01$。

3）盐田港表层海水 pCO_2 的时空分布特征

盐田港表层海水中 pCO_2 的平面分布如图 6-2 所示，由于养殖海域水环境系统的复杂性，该海域海水中 pCO_2 的分布不均匀，四季变化显著。调查期间，表层海水中 pCO_2 的年变化范围为 391.27~1 200.49 μatm，平均值为（652.71±51.73）μatm。春季和秋季 pCO_2 的平均值分别为（744.44±62.56）μatm 和（724.66±58.41）μatm，差异不显著（$p=0.740$）；冬季与夏季之间差异不显著，平均值为（572.99±32.63）μatm 和（561.89±28.37）μatm，显著低于秋季和春季（$p_{冬秋}=0.015$、$p_{冬春}=0.006$、$p_{夏秋}=0.009$ 和 $p_{夏春}=0.004$）（表 6-5）。海水 pCO_2 的值在同一季节的不同站位之间的差异显著（$p=0.039$，表 6-6，在不同季节之间的差异极显著（$p=0.001$）。秋、冬、春季节海大型藻生长旺盛，下游大规模栽培的海藻活动加剧，吸收海水中大量无机碳，使得 pCO_2 偏低；从图 6-2

可知这 3 个季节的表层海水中 pCO_2 分布趋势相同，表现为上游向下游不断降低；夏季是海藻栽培的空白期，5 号和 6 号站位较高的 Chl a 含量佐证了中游区域浮游植物活动加剧，pCO_2 分布表现为中部区域偏低，向上游和下游呈辐射状增加的趋势。

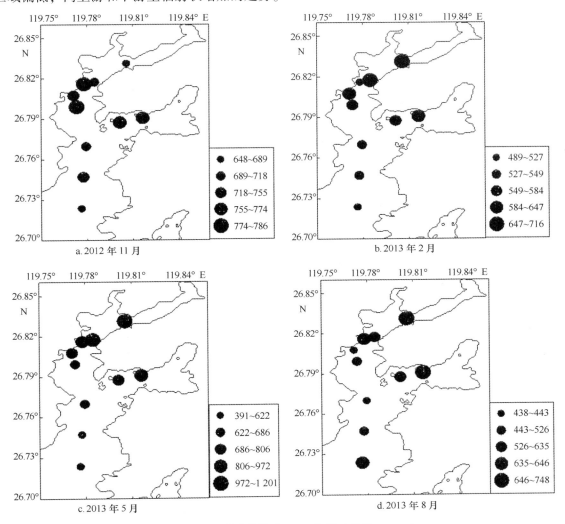

图 6-2　盐田港表层海水 pCO_2 分布（单位：μatm）

表 6-5　不同季节表层海水 pCO_2（单位：μatm）

季节		pCO_2
2012 年 11 月	平均值	724.66±58.41
秋季	范围	649.59~784.81
2013 年 2 月	平均值	572.99±32.63
冬季	范围	489.63~715.93
2013 年 5 月	平均值	744.44±62.56
春季	范围	391.27~1 200.49
2013 年 8 月	平均值	561.89±28.37
夏季	范围	438.28~747.55

表6-6　不同季节海水 pCO_2 的方差分析

变量	变异来源	df	F	p
海水 pCO_2	站位	9	2.376	0.039*
	季节	3	7.219	0.001**

注：* 表示差异显著，$p<0.05$；** 表示差异极显著，$p<0.01$。

4）盐田港海-气界面 CO_2 交换通量

盐田港的海-气界面 CO_2 交换通量的季节变化显著，全年海-气界面 CO_2 交换通量范围在 $0.25\sim6.93$ μmol/（m²·d）之间，平均值为（2.54 ± 0.92）μmol/（m²·d），表现为大气 CO_2 的源。盐田港秋、春季海-气界面 CO_2 交换通量的均值为（3.37 ± 0.48）μmol/（m²·d）和（3.12 ± 1.85）μmol/（m²·d），差异不显著（$p=0.553$），冬季平均值为（2.30 ± 0.72）μmol/（m²·d），显著低于秋季（$p=0.029$），但与春季差异不显著（$p=0.102$）；夏季显著低于秋、春和冬季节（$p=0.000$、$p=0.001$ 和 $p=0.043$）（表6-7，表6-8）。根据图6-3可知，在秋、冬、春3个季节中，盐田港 CO_2 交换通量均表现为上游向下游不断降低，下游海藻栽培区表现的源弱于3号长牡蛎养殖区和4号网箱养殖区；在夏季表现为从中部区域向上游和下游辐射状增加的趋势，除了10号站位，位于上游的长牡蛎养殖区和网箱养殖区表现的源要强于下游的非养殖区。

表6-7　不同季节海-气界面 CO_2 交换通量 F ［单位：μmol/（m²·d）］

季节		F
2012年11月	平均值	3.37 ± 0.48
秋季	范围	$2.43\sim3.96$
2013年2月	平均值	2.30 ± 0.72
冬季	范围	$1.41\sim3.74$
2013年5月	平均值	3.12 ± 1.85
春季	范围	$0.25\sim6.93$
2013年8月	平均值	1.29 ± 0.68
夏季	范围	$0.52\sim2.39$

表6-8　不同季节海-气界面 CO_2 交换通量的方差分析

变量	变异来源	df	F	p
CO_2 交换通量	站位	9	2.6169	0.0256*
	季节	3	10.8351	0.0001**

注：* 表示差异显著，$p<0.05$；** 表示差异极显著，$p<0.01$。

5）海-气界面 CO_2 交换通量与水环境因子的相关性

从表6-9中可知，从全年的尺度来看，海-气界面 CO_2 交换通量与 pH 极显著负相关，与盐度（S）和总碱度（TA）显著负相关，而与其他环境因子不相关。从不同季节来看，CO_2 交换通量与4

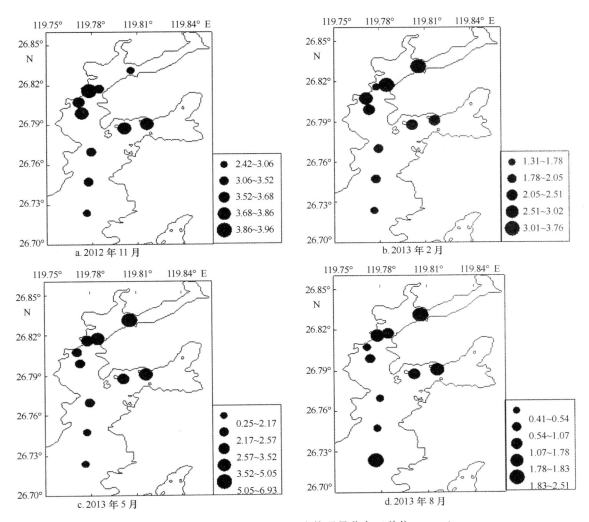

图 6-3　盐田港海–气界面 CO_2 交换通量分布（单位：μatm）

个季节的 pH 显著和极显著负相关；表层水温（SST）和盐度（S）影响冬、春季节 CO_2 交换通量的环境因子；DIC 和总碱度（TA）是影响春、夏季节 CO_2 交换通量的环境因子；另外，春季 CO_2 交换通量与 DO 含量显著负相关，而各季节的 Chl a 浓度与 CO_2 交换通量均无显著的相关性。

表 6-9　CO_2 交换通量与水环境因子的相关系数

季节	变异来源						
	pH	表层水温	DIC 浓度	DO	Chl a 浓度	盐度	总碱度
2012 年 11 月秋季	-0.934**	-0.510	0.259	0.081	0.097	0.140	0.143
2013 年 2 月冬季	-0.657*	0.798**	0.340	-0.157	-0.269	-0.667*	0.250
2013 年 5 月春季	-0.970**	0.654*	-0.652*	-0.666*	-0.163	-0.793**	-0.706*
2013 年 8 月夏季	-0.735**	0.601	0.792**	-0.519	0.349	-0.505	0.747**
全年	-0.801**	-0.301	-0.022	0.114	-0.061	-0.699*	-0.157*

注：* 表示相关性显著，$p<0.05$；** 表示相关性极显著，$p<0.01$。

6.2.1.3 讨论

1）环境因子对表层海水 pCO_2 的影响

三沙湾为我国南方位于福建省东北部沿海的一个复杂的海湾（中国海湾志编撰委员会，1994），盐田港位于三沙湾内湾之中。本研究结果表明，盐田港表层海水 DIC 浓度低于我国北方典型海湾桑沟湾和乳山湾的 DIC 浓度（Beveridge，1994；Smith，1998），这可能与盐田港所在的地理区位与水文条件有关。研究表明，表层水 pCO_2 受到各种物理、化学、生物条件的影响，如水温、盐度、深度、pH、N、P、Chl a、PP 等（Jones 等，1996）。其中，物理过程如水温、盐度是重要的影响因素之一（Weiss 等，1974）。盐田港受到陆源输入的影响，盐度由上游到下游逐渐增加，海水中离子浓度加大，导致海水中碳酸盐体系电离度下降，CO_2 在海水中的溶解度随之降低，与表层海水 pCO_2 由上游到下游降低的分布趋势相一致。

宋金明等（1991）报道温带海域表层水 pCO_2 和水温之间存在着显著的正相关关系。但近岸养殖生态系统的复杂性使得 pCO_2 的分布存在着较大的不均匀性（Jones 等，1996），不同于大洋上 pCO_2 的分布（Coper 等，1998）。生物条件可能是影响三沙湾表层水 pCO_2 空间分布的主要生态因子（Jones 等，1996；Smith，1998）。夏季，表层海水温度达到全年最高，CO_2 的溶解度随之下降，有利于 CO_2 从水体进入大气中；盐田港夏季并无大型海藻类栽培，但随着水温和营养盐浓度的升高，浮游植物的现存量（$2.72 \times 10^4 \sim 16.23 \times 10^4$ cells/L）显著高于其他季节，浮游植物光合作用会降低海水中的 pCO_2（张龙军等，2008），这可能是 8 月份盐田港海水表层部分监测站位的 pCO_2 低于其他季节的原因。

盐田港每年从 10 月份开始大规模进行龙须菜养殖，至 12 月份开始陆续更换为海带，栽培时间持续到来年的 5 月份。盐田港龙须菜和海带栽培的区域主要集中在盐田港的湾口区域，龙须菜和海带等大型海藻通过光合作用将海水中的溶解无机碳转化为有机碳，吸收水体中的 DIC，使得水体中 pCO_2 有所降低。因此，秋季（11 月）、冬季（2 月）和春季（5 月）表层海水 pCO_2 的空间分布表现为盐田港湾口海藻养殖区低于湾内长牡蛎和网箱养殖区域。盐田港夏季（8 月）无大规模海藻栽培，下游表层海水 pCO_2 的平均值与部分站位的 pCO_2 值低于秋、冬和春季的相应区域。贝类生长过程中通过呼吸作用和钙化作用释放的 CO_2 的量高于本海域的初级生产力，因此 4 季中长牡蛎养殖区 pCO_2 处于较高水平。4 号网箱养殖区在春季和夏季 pCO_2 低于邻近的贝类养殖区和非养殖区，鱼类排泄和残饵使得该区域水体营养盐丰富，此期间该功能区 Chl a 在 $3.42 \sim 8.62$ μg/L 之间，浮游植物的光合作用为降低 pCO_2 做出主要贡献。

2）海-气界面 CO_2 交换通量的季节变化与分析

盐田港 4 个季节均表现为大气 CO_2 的弱源，而北方的桑沟湾、乳山湾、大连湾以及胶州湾的大部分区域均表现为大气 CO_2 的汇（Beveridge 等，1994；Smith，1998；刘启珍等，2010；嵇晓燕等，2006）。虽然大型海藻和浮游植物会通过光合作用降低海水 pCO_2，但这表明有其他无机碳源的输入。一方面，大规模养殖的长牡蛎在形成贝壳的钙化过程中与呼吸作用协同释放 CO_2（Beveridge 等，1994），同时，过于密集的网箱养殖产生残饵和粪便，鱼类生长代谢过程中产生 CO_2（蒋增杰等，2013）；另一方面两岸村镇农业与生活污染物输入以及沉积物溶解释放，加之大型海藻的栽培量较少，使得三沙湾盐田港养殖海域表现为 CO_2 的弱源。盐田港夏季海-气界面 CO_2 交换通量显著低于其他季节，这可能与夏季 DIC 输入减少和浮游植物较强烈的光合作用有关（曲宝晓等，2013）。另外，湾口区域与湾内区域的水文动力条件的差异也是影响盐田港海-气界面 CO_2 交换通量时空差异的原因之一，但还有待于进一步研究。

温带海域表层海水 pCO_2 与水温之间存在着显著的正相关关系（宋金明，1991）。盐田港 4 个季节的航次调查，只有冬、春季 pCO_2 与这种普遍的规律相一致。盐田港春季海-气界面 CO_2 交换通量与 DIC 和水体 DO 的含量显著相关，表明水体的物理过程和生物活动的耦合作用造成 pCO_2 的变化。通常，初级生产者的光合作用是影响 DO 浓度的主要原因。5 月份，盐田港大规模的海带和龙须菜栽培同时存在，同时随着水温升高和营养盐浓度的增加，浮游植物的生物量也增加（Chl a 的最高值为 9.62 μg/L），因此春季初级生产者的光合作用可能是影响盐田港海-气界面 CO_2 交换通量的主要原因之一。盐田港夏季海-气界面 CO_2 交换通量与 pH、DIC 和 TA 显著相关外，与 DO 并无显著的相关关系。虽然浮游植物光合作用是影响盐田港夏季海水表层的 pCO_2 的主要因素之一，但其他来源的 DIC 输入可能也是影响海-气界面 CO_2 交换通量的重要生态要素。总体来看，与环境因子之间关系的复杂性表明 CO_2 交换通量是受到养殖生物、浮游生物的生理生态过程与海域物理过程耦合作用的结果。

本研究结果为评价海水养殖海域生态环境状况和指导海水养殖可持续发展都具有一定的指导意义。调查期间，海藻大规模栽培的季节 CO_2 交换通量与长牡蛎养殖区、网箱养殖区和夏季无海藻栽培区相比，表现的大气 CO_2 源偏弱。龙须菜和海带的轮换栽培吸收水体中的碳，减弱表层海水的 pCO_2，提高养殖海域生态系统吸收 CO_2 的能力。Gao 和 Mckinley（1994）研究认为大型海藻不仅吸收水体中的 CO_2，同时对 HCO_3^- 具有较强的吸收能力，能直接吸收 HCO_3^- 作为外在光合作用的碳源。可见开展多营养层次的综合养殖可在一定程度上调节海产经济动物养殖区海-气界面 CO_2 交换通量。本研究碳酸盐参数的计算的前提是基于碳酸盐体系的化学平衡，而在浅海养殖区域水体中碳酸盐体系有时会处于非平衡状态（Jones 等，1996）。因此，应用化学平衡方法估算海湾养殖区 pCO_2 和 CO_2 通量有一定的"不确定性"和局限性，这将在今后的研究中重点解决。

6.2.2 养殖海域沉积物中的有机碳、氮和磷

海洋沉积物是海洋各种生源要素重要的"源"与"汇"，其各种组成成分和分布在一定程度上制约着该海域海洋生物的生长和发育（吕晓霞，2003；Cahoon 等，1999）。大量的沉积物有机质为底栖异养细菌提供了有利的生存条件（Turley，2000）。受污染的沉积物不仅直接危害底栖生物，其中蓄积的污染物在适当的环境条件下会释放到水体中，进一步危害到水生生态系统甚至人类健康（钟文钰等，2013）。外源污染物输入后在水动力的推动下在不同功能区域产生沉降，沉积物在物理、化学和生物综合作用下，以不同形态的营养物质循环到水环境中（王圣瑞等，2008）。近年来，我国海水网箱养殖活动给人们带来了可观的经济效益，但随着网箱养殖数量和密度的增加，使得养殖海域环境逐渐恶化（徐永健，2004）。过度投饵使得网箱及周围海底的沉积物中有机质、重金属和硫化物等含量逐渐增加（Sarg 等，2004），给养殖活动和生态环境造成严重威胁。网箱养殖过程产生的沉积物有机质在一定条件下通过间隙水和上覆水之间的交换作用，增加了养殖水体的营养盐含量（蒋增杰等，2010），可能诱发赤潮灾害的频繁暴发（房月英，2008）。

三沙湾位于福建省东北部，是我国著名的"大黄鱼之乡"。福建省拥有我国最大的牡蛎养殖区，

2008 年牡蛎养殖面积占全省养殖面积的 27.23%，仅霞浦县养殖区年产量就有 5.13×10⁸ t（曾志南和宁岳，2011）。近年来，随着海水养殖业迅速发展，海水养殖网箱数量和规模不断增大。盐田港是三沙湾重要港湾组成之一，受海域周围陆地地形及岛屿的屏障作用，湾内海水与外界交换周期较长（叶海桃等，2007）。由于缺乏合理的规划和科学的养殖方法，使得盐田港海域生态系统逐渐退化，严重影响了养殖经济效益（胡明等，2014）。

本研究于 2012-2013 年对三沙湾盐田港养殖海域沉积物进行采样调查。分析在各个季节不同养殖区域沉积物质量特征与变化趋势，并对沉积物的污染状况进行评价，为今后改善养殖海域水体质量、合理规划养殖模式和防治养殖区病害提供基础资料。

6.2.2.1 材料与方法

1）研究海域概况

调查期间，三沙湾盐田港主要养殖的是大黄鱼（*Pseudosciaena crocea*）和长牡蛎（*Crassostrea gigas*），鱼类网箱养殖规模已经超过 2 万个网箱，养殖周期为 2~3 a，主要投喂饵料是冰鲜小杂鱼，鱼类年产量约为 1 500 t，长牡蛎养殖规模是 3.37 km²。大型海藻龙须菜（*Gracilaria lemaneiformis*）和海带（*Laminaria japonica*）根据季节更替轮换栽培。龙须菜栽培主要从 9 月至翌年 2 月，栽培面积约为 72.44 km²；海带在 12 月底至翌年 5 月大规模栽培，调查期间栽培面积约为 181.89 km²。

2）采样站位与方法

本研究分别于 2012 年夏季（8 月）、秋季（11 月）和 2013 年冬季（2 月）、春季（5 月）共 4 个航次对福建省三沙湾盐田港（26.72°~26.84°N，119.76°~119.83°E）10 个站位沉积物进行采样调查（图 6-4），监测指标包括沉积物中总氮（TN）、总磷（TP）和有机碳（OC）含量。其中，1 号站位位于非养殖区，3 号站位位于长牡蛎养殖区，4 号站位在网箱养殖区，2 号和 5~10 号站位分别位于大型海藻栽培区。

样品采集、储存和运输均按照《海洋监测规范》（GB 17378.5-2007）中相关要求进行。沉积物样品的采集使用 Ekman Grab 抓斗式采泥器，采集表层 0~3 cm 样品，用聚乙烯封口袋封存，迅速储存到低温冰箱中待用。分析前将样品经冷冻干燥机干燥后去除各种杂质，用粉碎机研磨成粉末，四分法取样过 80 目尼龙筛并储藏于干燥器中备用。沉积物样品中 OC 的测定使用重铬酸钾氧化-分光光度法（GB 17378.5-2007），相对标准偏差为 1.0%；TN 的测定使用过硫酸钾氧化法，相对标准偏差为 5.0%，TP 的测定是使用钼酸铵分光光度法，相对标准偏差为 2.0%（GB 12763.4-2007）。

3）评价方法

根据国家海洋局发布的《海水增养殖区监测技术规程》，用单因子评价模式对沉积物中碳、氮、磷含量进行评价。评价公式如下：

$$P_i = C_i/C_{i0}, \tag{6-7}$$

式中，P_i 指单因子污染指数，为第 i 种污染因子的污染指数；C_i 为实测污染因子 i 的浓度；C_{i0} 为实测污染因子 i 的评价标准。

文中对沉积物中 TN 和 TP 的评价标准，应用"第二次全国海洋污染基线调查技术规程"中指

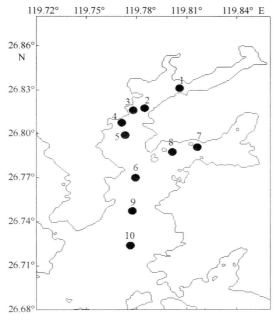

图 6-4　盐田港调查站位图

定沉积物的标准，即 TN 为 550 mg/kg，TP 为 600 mg/kg；对有机碳（OC）的评价标准，应用《海洋沉积物质量》（GB 18668-2002）（国家质量监督检验检疫总局，GB 18668-2002 中华人民共和国海洋沉积物质量）中Ⅰ类沉积物的标准进行污染物状况评价，1.0 作为 OC 是否对环境产生污染的基本分界线（徐恒振等，2000）。

4）数据处理

沉积物所有数据用 Excel 2007 进行处理，数据均用平均值±标准误表示；应用 SPSS 13.0 软件对调查数据进行单因素方差分析（ANOVA），当 $p < 0.01$ 时为差异极显著，当 $p < 0.05$ 为差异显著；应用 Surfer 8.0 软件对调查的站位和相关数据进行作图。

6.2.2.2　结果

1）TN 含量的时空变化

盐田港水域表层沉积物中的 TN 含量变化范围为 0.15~1.39 g/kg，年平均值为（0.89±0.36）g/kg（表 6-10）。春季与其余 3 个季度 TN 浓度差异显著（$p < 0.05$），明显低于其他 3 个季节，均值为（0.73±0.29）g/kg；其余 3 个季度之间差异均不显著（$p > 0.05$），变化范围在 0.88~0.98 g/kg 之间，平均值为（0.95±0.43）g/kg。

同一季节不同站位之间 TN 差异极显著（$p < 0.01$），全年中位于盐田港内测的 1 号和 2 号监测站位 TN 低于其余各监测站位（图 6-5）。春季，湾内上游区域的贝类养殖区 TN 含量比平均值高出 0.21 g/kg，其他 3 个季节 TN 含量较之网箱养殖区略有降低。网箱养殖区的沉积物四季均有较高浓度的 TN，在夏季 TN 含量高达 1.38 g/kg；与 3 号、4 号海产经济动物养殖区相比，全年大型海藻养殖区沉积物 TN 含量明显降低，春季位于海藻养殖区的 2 号站位含量仅为 0.35g/kg。在夏季，位于

湾口交汇处的站位 TN 含量较其他季节明显增加，海藻栽培区的 5 号和 6 号站位比春季高出 0.68 g/kg 和 0.38 g/kg。

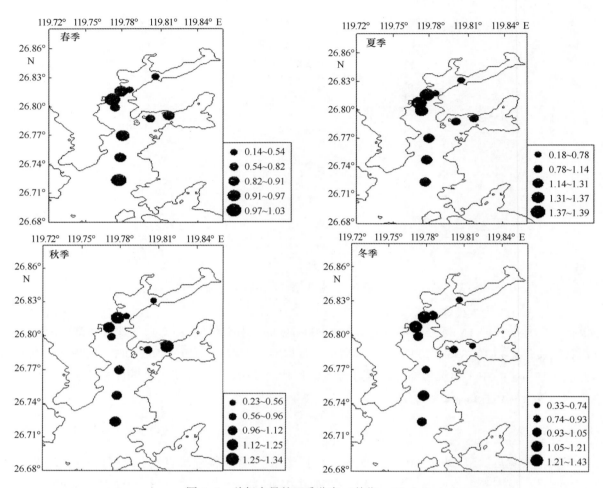

图 6-5　总氮含量的四季分布（单位：g/kg）

表 6-10　各功能区总氮含量的季节变化（单位：g/kg）

总氮浓度	春季	夏季	秋季	冬季
网箱养殖区	1.02±0.21	1.38±0.01	1.29±0.06	1.32±0.15
牡蛎养殖区	0.94±0.13	1.17±0.04	1.11±0.02	1.12±0.10
海藻栽培区	0.67±0.03	1.13±0.25	0.86±0.25	0.84±0.16
非养殖区	0.15±0.08	0.25±0.10	0.29±0.08	0.34±0.22
平均值	0.73±0.29	0.98±0.49	0.88±0.43	0.96±0.29

2）TP 含量的时空变化

在全年调查中，盐田港养殖水域表层沉积物中的 TP 含量变化范围为 0.11~1.08 g/kg，年平均值为（0.56±0.26）g/kg。夏季与其余 3 个季度 TP 含量的差异显著（$p<0.05$），夏季的 TP 含量最高，平均值为（0.75±0.55）g/kg；而其余 3 个季度之间的差异均不显著（$p>0.05$），变化范围为 0.43~0.58 g/kg（表 6-11），平均值为（0.49±0.12）g/kg。

表 6-11 各功能区总磷含量的季节变化（g/kg）

总磷浓度	春季	夏季	秋季	冬季
网箱养殖区	0.66±0.11	1.08±0.11	0.68±0.04	0.79±0.20
牡蛎养殖区	0.49±0.07	0.82±0.06	0.62±0.13	0.58±0.07
海藻栽培区	0.34±0.13	0.64±0.18	0.48±0.14	0.53±0.11
非养殖区	0.20±0.08	0.27±0.01	0.13±0.03	0.41±0.20
平均值	0.43±0.19	0.75±0.55	0.48±0.24	0.58±0.15

同一季节不同站位之间 TP 的含量差异极显著（$p<0.01$），海产经济动物养殖区沉积物 TP 含量显著高于海藻栽培区和空白海区（图 6-6）。网箱养殖区全年都处于较高水平，年均值为（0.87±0.21）g/kg，其中，夏季 4 号站位达到全年中的最高值 1.08 g/kg；牡蛎养殖区年平均值 TP 含量较网箱养殖区低 15%。大型海藻栽培区 TP 含量季节变化显著，夏季临近鱼类网箱养殖的 5 号站位沉积物中 TP 含量较其他 6 个海藻栽培区站位偏低。空白海区全年 TP 含量比其他功能海区都偏低，在秋季，1 号站 TP 含量位仅占该季节平均值的 23.45%。

3）OC 含量的时空变化

盐田港水域表层沉积物中的 OC 含量变化见表 6-12。全年沉积物中 OC 含量变化范围为 1.00~14.71 g/kg，年平均值为（8.26±3.78）g/kg。春季和其余 3 个季度的 OC 含量的差异均显著（$p<0.05$），OC 含量最低，平均值仅为（5.74±2.04）g/kg；其余 3 个季度之间的差异均不显著（$p>0.05$），变化范围是 7.24~9.49 g/kg，平均值是（8.48±0.45）g/kg。

在春季的 1 号站位 OC 含量最低，含量值为（1.50±0.82）g/kg；OC 含量最高值出现在夏季的 9 号站位，为 14.7 g/kg。牡蛎养殖区沉积物中年平均 OC 含量为（10.13±3.40）g/kg，高于网箱养殖区的（10.05±4.45）g/kg 和海藻栽培区的（9.51±4.59）g/kg，空白对照区 OC 含量最低，年平均值仅为（1.62±2.64）g/kg。入海口的空白对照区四季 OC 含量均显著低于平均值，年平均含量为总体均值的 32%。网箱养殖区、牡蛎养殖区和海藻栽培区 4 个季节变化范围在 7.82~12.32 g/kg 之间，显著高于空白对照区的 1.00~3.12 g/kg（图 6-7）。

沉积物中的 OC/N 在一定程度上体现了有机物来源的差异性。盐田港养殖海域表层沉积物的 OC/N 变化于 8.4~10.3 之间，平均值为 8.9±0.6，表明沉积物中有机质的主要以内源为主，即海洋浮游动植物和大型海藻，还有部分水生生物，陆源有机质对该养殖海域的影响较小。

表 6-12 各功能区有机碳含量的季节变化（单位：g/kg）

有机碳浓度	春季	夏季	秋季	冬季
网箱养殖区	8.95±0.37	10.83±0.28	10.48±0.29	9.95±0.36
牡蛎养殖区	8.14±1.13	12.32±3.39	8.43±1.54	11.61±1.36
海藻栽培区	7.82±0.46	10.75±1.15	8.61±2.29	10.28±1.16

续表

有机碳浓度	春季	夏季	秋季	冬季
非养殖区	1.50±0.25	1.00±0.01	1.44±0.85	3.12±1.94
平均值	5.74±2.04	8.72±5.20	7.24±3.97	9.49±2.35

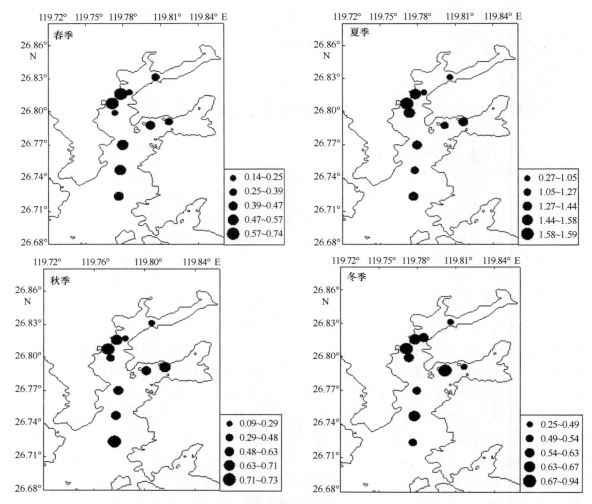

图6-6　总磷含量的四季分布（单位：g/kg）

4）沉积物的污染评价

根据单因子评价方法得到盐田港监测站位沉积物中 TN、TP 的污染指数见表6-13。从结果可以看出，沉积物中 TN 的污染指数变化范围为 0.25~2.53。4 次调查中各个季度的超标率分别达到了 67%、81%、80% 和 90%，表明除了春季以外，沉积物中氮的污染严重。沉积物 TP 的污染指数变化范围为 0.18~2.63，4 个季度的超标率分别为 35%、80%、40% 和 51%，表明夏季盐田港沉积物中磷污染严重，秋季和冬季污染较小，而在春季沉积物中的 TP 对环境不构成污染。各功能区全年污染指数均值分布特征与 TN 一致。全年每个站位的沉积物中 OC 污染指数均小于 1，即 OC 含量水平较低，没有构成污染。

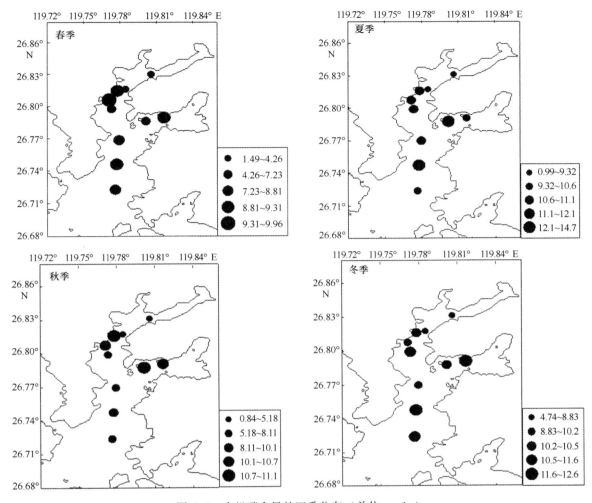

图 6-7 有机碳含量的四季分布（单位：g/kg）

表 6-13 沉积物中 TN 和 TP 的单因子污染指数（P_i）

站位	P_{TN}				P_{TP}			
	春季	夏季	秋季	冬季	春季	夏季	秋季	冬季
1	0.25	0.33	0.42	0.63	0.43	0.45	0.38	0.45
2	0.49	0.58	0.62	1.69	0.25	0.45	0.25	0.91
3	1.86	2.53	2.42	2.21	0.95	2.40	1.09	1.08
4	1.01	2.49	2.25	1.78	0.77	2.63	1.19	1.68
5	0.47	2.40	1.02	1.83	0.48	2.40	0.49	0.91
6	1.21	2.36	1.35	1.69	0.79	2.33	0.78	0.82
7	0.74	2.04	1.75	1.22	0.92	2.33	1.21	1.68
8	1.03	1.42	2.27	1.62	0.66	1.75	1.06	0.97
9	1.22	2.07	1.98	2.15	0.90	1.93	0.95	1.06
10	1.78	2.16	1.51	1.90	0.75	2.12	1.05	0.89
超标率	67%	81%	80%	90%	35%	80%	40%	51%

6.2.2.3　讨论

不同海域对氮、磷等营养元素的环境容量有所区别，黄海和东海沉积物中 TN 背景值为 0.47 g/kg，TP 背景值为 0.42 g/kg（王菊英等，2003）。根据本文研究，盐田港沉积物中的氮和磷的污染指数已经超标，造成这种现象的主要原因是水产养殖，较弱的水流交换条件使得沉积污染物易富集。盐田港属于封闭型海湾，溶解无机氮和溶解无机磷处于高度富营养化水平，快速发展的养殖活动和不合理的布局是主要原因（蒋增杰等，2013）。过分密集的网箱布局严重阻挡水流，养殖水体与外海的水交换受到限制。养殖向水体输入的废物大大超过了水体的自净能力，造成病害频发（舒廷飞等，2002）。网箱养殖区和牡蛎养殖区处于盐田港的湾内，水流交换量相对下游的海藻栽培区差，沉积物容易富集，这可能也是导致这两个功能区沉积物中 TN 和 TP 持续偏高的原因。胡明等（2014）调查时发现，盐田港养殖海域海水营养状态质量指数 NQI 月平均值在 3.47~7.32 之间，已处于严重的富营养化状态，造成该海域浮游植物长期大量生长、繁殖，加之大型海藻大规模栽培时也有腐烂和残留，而网箱养殖投喂饵料多为海产冰鲜小杂鱼，所造成的残饵、粪便、代谢产物和其他水生生物残体常年积累，因此，沉积物中 OC/N 原子比偏低。

密集的海水网箱养殖产生大量的以悬浮碎屑形式存在的颗粒有机物质，主要包括投喂的残饵和养殖鱼类产生的粪便（Ye 等，1991）。王肇鼎等（2003）对大鹏澳网箱养殖研究时认为网箱放养密度、水温及网箱内外水交换条件与养殖海域水体的富营养化程度相关。现阶段，该海区网箱养殖一般是投喂小杂鱼饵料，人工配合饲料使用率较低。研究表明，海水网箱养殖投喂的饵料被鱼类摄食同化一般不到 30%，其他部分多以残饵、鱼类排泄物和代谢废物等形式进入海洋环境中（Hall 等，1990；Holby 和 Hall，1991），造成底泥中营养元素的富集。网箱养殖源有机质的水平位移最多可达 400 m，养殖废物是养殖水域沉积物有机污染的主要来源（蒋增杰等，2012）。双壳贝类养殖一般靠自然饵料，不需要人工投饵，但长年大规模养殖的贝类产生的生物沉积物将聚积于海底，改变了表层沉积物的数量和质量，进而影响底栖生物群落的生存和生长，甚至导致养殖海域贝类的大批死亡（周毅等，2003）。Kuatsky 和 Eveans（2003）在日本广岛牡蛎养殖区研究牡蛎排泄量在 200 m² 的筏架上生长 10 个月所排粪和假粪干重可达 19.3 t。

盐田港春季多为雨季，是全年径流最大的季节，湾内、外水体交换量加大（林永添，2010），沉积颗粒物随水流动，不易富集，且春季水温升高，微生物分解活动加剧，会导致沉积物中有机质含量的减少，养殖海域沉积物中总氮和总磷含量偏高，除入海口的空白对照区沉积物含量较低，其他 3 个功能区含量较高且分布比较均匀。夏季鱼类生长迅速，生命代谢旺盛，投饵和排泄物比其他季节增加，使该海域水体富营养化程度增加，产生的溶解性无机氮和无机磷为浮游植物的生长提供重要来源（Fanning 等，1982），且夏季为大型海藻栽培间歇期，为赤潮的暴发提供可能（翁焕新，2004）。三沙湾海域年平均风速可达 3.2 m/s，夏季和初秋台风盛行，盐田港水深较浅，大风浪搅动海底沉积物，沉积物通过再悬浮过程中的再矿化及营养物颗粒有机物与水体的混合作用，有利于浮游植物的吸收和细菌吸附（高学鲁等，2008）。再悬浮稳定沉积后氮、磷元素在生物、pH 和 DO 等环境因子作用下发生形态转化，向下沉积或者释放到水体中，以满足大型海藻生长的需要（潘齐坤等，2011）。

开展多营养层次综合养殖（IMTA）可实现系统内营养物质的高效利用，在减轻环境压力的同时，使系统具有较高的容纳量和食物产出能力。Chopin 等（2001）进行大西洋鲑、贻贝及海带的综合养殖研究结果表明，综合养殖区海带生长速率增加了 46%，贻贝增加了 50%。长牡蛎能够有效地利用鲈鱼养殖过程中产生的残饵和粪便等有机废物，混养区牡蛎的生长速度远高于非混养区（Lefebvre 等，2000）。以大型海藻为基础的综合养殖生态系统已逐步发展和完善，利用大型海藻和养殖动物在生态位上的互补性，即应用双壳贝类滤食颗粒污染物，再通过大型海藻吸收去除溶解性营养盐（Vandemeulen 和 Gordin，1990；Neori 等，1991）。盐田港大规模栽培的龙须菜和低温大型海带具有季节上的互补性，对该海域养殖环境起到一定的调控作用。然而，如何合理的布局养殖网箱，建立科学的综合养殖匹配模式，将是今后研究的主要方向。

6.2.2.4　结　论

通过对三沙湾盐田港养殖海域表层沉积物时空分布规律特征的研究，并对沉积物质量进行评价，分析了沉积物中 TN、TP 和 OC 的主要来源及其控制因素，指出开展综合养殖是该海域可持续发展的有效途径。主要结论如下：

（1）盐田港沉积物中 TN 和 TP 平均含量为 0.15～1.39 g/kg 和 0.11～1.08 g/kg，4 个季节沉积物中氮磷污染严重，内源负荷高。网箱养殖区和牡蛎养殖区位于海湾内部，相对于下游的海藻栽培区水流交换条件差，残饵、粪便等其他代谢产物易富集，污染尤其突出。

（2）沉积物中四季 OC 含量均未超标，年平均值为（8.26±3.78）g/kg。全年各站位 OC/N 平均值低于 10，养殖水体的富营养化促进浮游动植物和海藻大量生长、繁殖，网箱养殖投喂产生的残饵和生物残体分解，表现出沉积物中有机质多为内源污染物。

（3）盐田港较差的水动力条件和长期的海产经济动物养殖活动是造成该海域沉积物有机质污染的主要原因，合理布置养殖网箱，利用大型海藻和养殖动物在生态位上的互补性，科学的开展多营养层次综合养殖是实现该养殖海域可持续发展的重要途径。

6.2.3　养殖海域浮游植物种类组成及其对环境因子的响应

随着海水养殖业的迅速发展和大量陆源污染物的输入，许多近岸海域已处于严重的富营养化状态（Wang 等，2007）。浮游植物群落的长期变化特征可以有效地反应水体的状态和气候的变化，其分布直接受到海水流动的影响，有些种类的分布可作为海流、水团的指示生物（Chen 等，2010）。作为海洋生态系统中食物网的起点，浮游植物在海洋生态系统的能量流动、物质循环和信息传递中起着至关重要的作用（冯士筰等，2000）。浮游植物群落结构的变化受到营养盐、水温、光照和盐度等多重因素的综合影响，然而，在特定环境下浮游植物大量暴发会导致赤潮，藻体分泌的有害毒素会迫使海洋动物和养殖经济动物的死亡率增加，严重危害海洋生态系统（Richelen 等，2010）。

封闭或半封闭海湾水流交换条件差，高密度海水养殖和其他人类活动对海洋生态系统有着强烈的影响，高浓度营养盐的时空分布和其他环境因子增加了赤潮暴发的频率（Li 等，2010）。Myung Soo Han（1989）在对日本东京湾调查时发现，水温、盐度和营养盐，特别是亚硝氮，是影响浮游植物种类组成的重要因素。此外，pH、溶解氧、磷酸盐和其他无机营养盐等对浮游植物多样性的影响也很重要（周然等，2013）。

三沙湾位于福建省东北部，地处霞浦、福安、蕉城和罗源四县交界处，四周陆域均被海拔 300 m 左右的山脉环绕，属于半封闭型深水港湾。该湾汇集了交溪、霍童溪和杯溪流域的淡水，咸淡水交混、营养盐丰富、浮游生物繁多，是我国著名的大黄鱼产卵场，也是福建省重要的贝藻养殖海湾。鱼排产生的饵料、排泄物和沉积物等所释放的营养盐促进浮游植物的繁殖和生长（林航，

2014；蔡清海，2007）。但是，以往的研究只是对三沙湾某一季节或者四季的浮游植物进行调查，而针对三沙湾盐田港浮游植物的年际变化情况和不同养殖区浮游植物变化情况却未见报道。因此，本节基于2012~2013年对三沙湾盐田港的浮游植物进行采样调查，分析了浮游植物种类组成和数量的变动特征及其与环境因子之间的关系，以期了解盐田港海水养殖活动对浮游植物的影响，进而为评估该海区养殖容量、构建合理科学的生态养殖模式和生态环境保护提供基础依据。

6.2.3.1 材料与方法

1）采样时间、区域和方法

于2012年8月至2013年7月共12个航次对福建省三沙湾盐田港养殖海域10个站位进行持续采样调查，其中，1号站位于非养殖区，2号和5~10号位于大型海藻养殖区内，3号位于长牡蛎（*Crassostrea gigas*）养殖区内，4号位于大黄鱼（*Pseudosciaena crocea*）网箱养殖区内（图6-8）。

分别在每个站位采取表层（0.5 m）2瓶水样用于浮游植物和水质分析。按照《海洋调查规范》要求，使用小型浮游生物网（网长270 cm，网口内径37 cm，网口面积0.11 m²，筛绢孔径0.077 mm），采集表层浮游植物样品，样品用5%的甲醛海水溶液保存于聚乙烯瓶中。采集现场用YSI参数分析仪对水环境的温度、盐度、pH和溶解氧（DO）进行同步观测。将现场抽滤过的水样冷冻保存，带回实验室测定营养盐，包括硝酸盐（NO_3-N）、亚硝酸盐（NO_2-N）、氨盐（NH_4-N）、磷酸盐（PO_4-P）和化学需氧量（COD）。

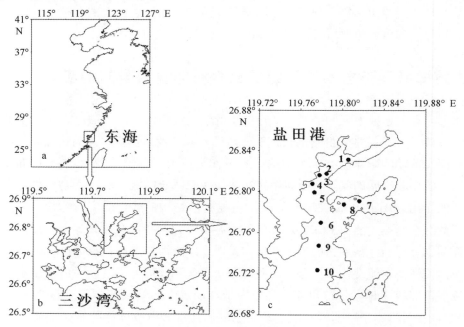

图6-8 盐田港站位分布图

2）样品分析

浮游植物的定性与定量分析采用Utermöhl方法进行：样品摇晃均匀后，取27 mL浮游植物样品置于Hyrobios的Utermöhl计数框，用AO倒置显微镜，在400和200倍下进行种类鉴定和计数。浮游植物的细胞丰度表示为 cells/L。

采用荷兰 Skalar 水质分析仪测定磷酸盐（PO_4-P）、硝氮（NO_3-N）、亚硝氮（NO_2-N）和氨氮（NH_4-N），碱性高锰酸钾法测量化学需氧量（COD）的测定采用硅钼蓝分光光度法，本研究以 NO_3-N、NO_2-N 和 NH_4-N 之和作为溶解无机氮（DIN），以 PO_4-P 作为溶解无机磷（DIP）。

3）数据处理

浮游植物物种多样性指数的计算采用香农-威纳指数（H'，Shannon-Wiener）：

$$H' = -\sum_{i=1}^{S} P_i \log_2 P_i, \tag{6-8}$$

式中，H' 为种类多样性指数；S 为样品中的种类总数；P_i 为第 i 种的个体数与总个体数的比值。

浮游植物 Pielou 均匀度指数（J）的计算公式为：

$$J = H'/\log_2 S, \tag{6-9}$$

式中，H 为种类多样性指数；S 为样品中的种类总数。

浮游植物优势种由式（6-10）得到：

$$Y = f_i \times P_i, \tag{6-10}$$

式中，Y 为优势度；f_i 为 i 种在采样点中出现的频率；P_i 为 i 种占总数量的比例；$Y \geqslant 0.02$ 时，定为优势种。

浮游植物 Margalef 物种丰富度指数（d）为：

$$d = (S-1)/\log_2 N, \tag{6-11}$$

式中，S 为样品中的种类总数；N 为某站的总数量。

所有数据均用平均值±标准误表示，浮游动物数据在 Excel 2007 上进行处理，应用 Surfer 8.0 软件对调查的站位和相关数据进行作图。应用 SPSS 13.0 软件对进行单因素方差分析（ANOVA），当 $p<0.01$ 时为差异极显著，当 $p<0.05$ 为差异显著。浮游植物多样性与环境因子之间相关性分析在 Canoco for Windows 4.5 软件上实现。

6.2.3.2　结果

1）海区水文环境

三沙湾盐田港 12 个月的水环境变化如表 6-14 所示。监测期间，同一月份各站位间表层水温变化不显著（$p>0.05$），全年水温在（12.49±0.13）~（30.21±0.80）℃之间，水温平均值为（20.73±6.15）℃。盐度变化范围在（19.03±4.15）~（27.71±0.80）之间，盐度从入海口的上游到下游逐渐升高。pH 和 DO 浓度变化范围分别为（7.53±0.14）~（7.89±0.01）和（5.98±0.47）~（8.14±0.12）mg/L。全年调查时透明度变化显著（$p<0.05$），2 月透明度最高，为（1.27±0.15）cm，4 月最低，仅为（0.45±0.06）cm。春季和夏季水体中 COD 浓度高于秋季和冬季，全年变化在（0.48±0.12）~（1.72±0.57）mg/L 之间。全年调查水体中 DIN 的浓度变化范围在（0.256±0.044）~（1.147±0.109）mg/L 之间，平均值为（0.644±0.263）mg/L，春季 DIN 浓度最低。而 DIP 浓度年度平均值为（0.061±0.025）mg/L，3 月 DIP 浓度最低，为（0.027±0.004）mg/L，最高值出现在 10 月，为（0.103±0.019）mg/L。

表 6-14　2012-2013 年盐田港海区水环境特征

2012-2013 年	水温/℃	盐度	DO 浓度 /mg·L⁻¹	COD 浓度 /mg·L⁻¹	透明度 /m	DIN 浓度 /mg·L⁻¹	DIP 浓度 /mg·L⁻¹
1 月	12.49±0.13	23.69±1.04	8.06±0.15	0.56±0.13	0.97±0.14	0.437±0.328	0.062±0.010
2 月	12.96±0.28	23.27±1.92	8.14±0.12	0.50±0.11	1.27±0.15	0.542±0.070	0.050±0.011
3 月	16.42±0.44	24.05±1.38	7.98±0.08	1.00±0.42	0.54±0.08	0.590±0.112	0.027±0.004
4 月	18.92±0.34	24.25±0.94	7.24±0.22	0.73±0.14	0.45±0.06	0.787±0.289	0.036±0.011
5 月	23.38±0.67	19.03±4.51	7.08±0.28	1.72±0.57	0.88±0.08	0.543±0.136	0.053±0.022
6 月	23.99±0.26	21.50±2.70	6.64±0.15	0.87±0.33	0.87±0.16	0.401±0.117	0.057±0.013
7 月	30.21±0.80	27.71±0.80	5.98±0.47	0.90±0.35	0.61±0.11	0.256±0.044	0.029±0.011
8 月	29.97±0.08	26.66±1.60	6.49±0.07	0.64±0.10	0.66±0.13	0.483±0.040	0.059±0.005
9 月	25.10±0.63	23.60±2.37	6.55±0.08	0.68±0.10	0.70±0.05	0.717±0.084	0.071±0.010
10 月	23.17±0.68	26.81±0.77	6.88±0.13	0.48±0.12	0.64±0.07	1.147±0.109	0.103±0.019
11 月	17.57±0.95	23.76±1.64	7.33±0.04	1.30±0.10	0.69±0.11	1.039±0.168	0.098±0.011
12 月	14.58±0.23	23.58±0.90	7.34±0.09	0.75±0.09	0.53±0.27	0.791±0.066	0.086±0.005

2）浮游植物的种类组成与优势种

调查期间，在三沙湾盐田港海域共发现浮游植物 6 门 147 种，含变种（属）。整个调查期间以硅藻门种类数量最多，共有 115 种，占种类总数的 78.23%；其次是甲藻门，22 种，占总数的 14.97%；其余蓝藻门 3 种，绿藻门 3 种，赭藻门 3 种，内骨藻门 1 种。秋季入海口种类较少，明显低于湾内站位；其他 3 个季节入海口种类数高于湾内；4 个季节的种类分布呈现湾内外侧高于内侧、湾内向湾外增加的趋势（图 6-9）。盐田港浮游植物优势种具有显著的季节演替现象，且均为硅藻门（表 6-15）。春季和冬季的优势种数最多，分别是 12 种和 11 种，其次是秋季 8 种，夏季优势种数最少，为 6 种。其中，舟形藻和斜形藻有 8 个月份是优势种，而中肋骨条藻全年有 11 个月份均是优势种，占全年浮游植物细胞总数的 61.23%，是盐田港浮游植物丰度最主要的贡献者。

3）浮游植物丰度的分布特征

调查海区浮游植物细胞丰度的周年变化呈现双峰型。各站位细胞丰度周年变化范围为 $1.97×10^4$ ~ $3.99×10^4$ cells/L，年平均值是 $2.88×10^4$ cells/L。2012 年 11 月至 2013 年 2 月，调查海区浮游植物细胞丰度处在较高水平，月平均值在 $3.00×10^4$ ~ $7.73×10^4$ cells/L 之间。从 3 月份开始，调查海区浮游植细胞丰度逐渐下降至 10 月份，最低值出现在 5 月份，平均值为 $0.57×10^4$ cells/L，但是 6-7 月份出现一次小高峰，丰度高达 $5.04×10^4$ cells/L。盐田港海区浮游植物总细胞数年平均值的平面分布呈现湾内高于湾外的分布格局。秋季，湾内 1~3 号站位丰度比湾外低，这与其他 3 个季相反。而湾外的 6~10 号大型海藻栽培区浮游植物丰度在全年都处于较低水平（图 6-10）。

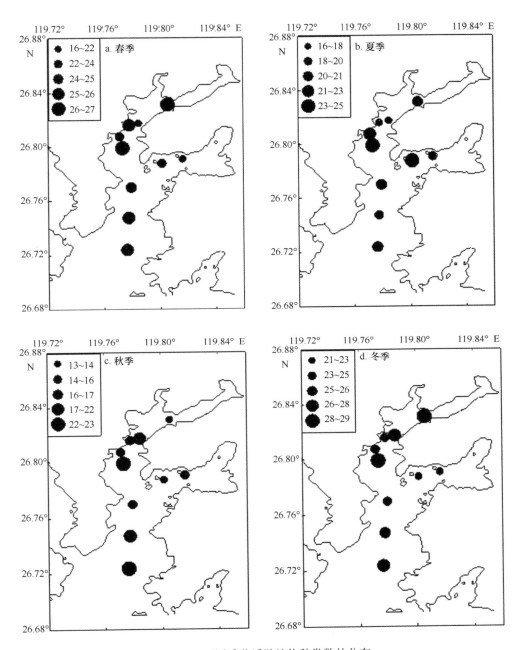

图 6-9　不同季节浮游植物种类数的分布

表6-15 盐田港各月份的优势种及其优势度

中文名	拉丁文名	1月	2月	3月	4月	5月	6月	7月	8月	9月	10月	11月	12月
海洋角管藻	*Cerataulina pelagica* (Cleve) Hendey	0.220 9											
异常角毛藻	*Chaetoceros abnormis* Proschkina-Lavrenko	0.031 8											
矮小短棘藻	*Detonula pumila* (Castracane) Gran	0.322 3	0.039 6		0.025 0								
布氏双尾藻	*Ditylum brightwellii* (West) Grunow	0.037 9		0.021 8									
中肋骨条藻	*Skeletonema costatum* (Greville) Cleve	0.162 9	0.468 6	0.263 5	0.223 1	0.346 8	0.697 6	0.844 1	0.261 8	0.036 8		0.939 8	0.805 2
圆海链藻	*Thalassiosira rotula* Meunier	0.044 9											
派格棍形藻	*Bacillaria paxillifera* (Müller) Hendey		0.034 7	0.074 4	0.030 4								
柔弱伪菱形藻	*Pseudo-nitzschia delicatissima* (Cleve) Heiden		0.329 5	0.131 4	0.454 8								
舟形藻	*Navicula* sp.			0.039 0		0.067 7	0.115 6	0.096 1	0.217 0	0.273 0	0.139 3		0.025 0
弯菱形藻	*Nitzschia sigma* (Kützing) Smith			0.037 1									
斜纹藻	*Pleurosigma* sp.			0.062 1	0.032 0	0.132 7	0.034 2		0.107 2	0.118 2	0.062 4		0.020 1
刚毛根管藻	*Rhizosolenia setigera* Brightwell			0.027 8		0.031 2							
菱形海线藻	*Thalassionema nitzschioides* (Grunow) Mereschkowsky			0.054 1		0.025 3			0.028 5	0.126 1	0.369 1		
短楔形藻	*Licmophora abbreviata* Agardh				0.032 0	0.052 8	0.039 5				0.121 0		
波状斑条藻	*Grammatophora undulata* Ehrenberg					0.035 3							
具槽帕拉藻	*Paralia sulcata* (Ehrenberg) Cleve								0.027 2				0.028 8
梯楔形藻	*Climacosphenia moniligera*									0.053 6	0.042 4		
新月柱鞘藻	*Cylindrotheca closterium* (Ehrenberg) Reimann & Lewin									0.037 2	0.045 0		
纤细原甲藻	*Prorocentrum gracile* Schütt									0.034 0			

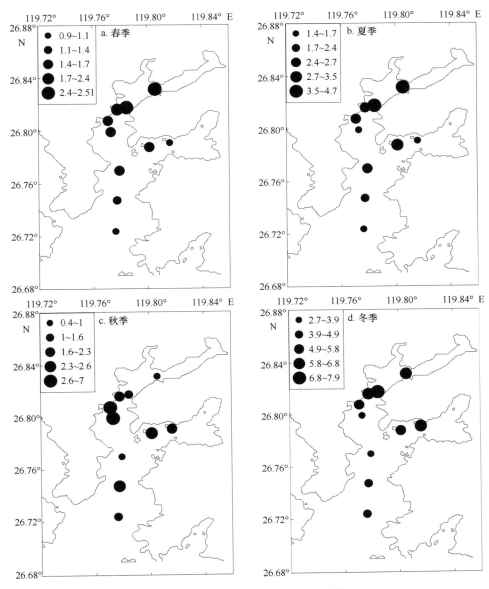

图 6-10　不同季节浮游植物丰度的分布（单位：cells/L）

4）浮游植物多样性的分布特征

调查期间，浮游植物的多样性指数（H'）变化范围在 0.309～4.240 之间，各站位全年平均值为 2.370（表 6-16）。H' 在 3-5 月相对稳定，在 2.088～2.884 之间，随后逐渐下降，至 9 月 H' 出现一个小高峰，为 2.665，10 月开始迅速降低，11 月出现全年最低值，仅为 0.309。在夏季，位于湾内的 1～3 号站位 H' 比其他站位偏低，此外，H' 从湾内南部向外逐渐减小。H' 在其他 3 个季节变化趋势相一致，分布特征均呈现从大到小依次为海藻栽培区、空白对照区、牡蛎养殖区、网箱养殖区的分布特征。均匀度（J）全年变化在 0.068～0.864 之间，平均值为 0.541。3 月 J 最高，7 月最低。物种丰富度指数（d）变化范围为 0.803～3.249，均值为 2.107，相同月份不同站位之间差异不显著（$p > 0.05$）。d 值在 1-6 月相对较高，平均值为 2.298，而 7-11 月偏低，均值为 1.810（表 6-

15）。在不同养殖功能区，全年的 J 和 d 均值的分布特征呈现从大到小依次为海藻栽培区、空白对照区、牡蛎养殖区、网箱养殖区。

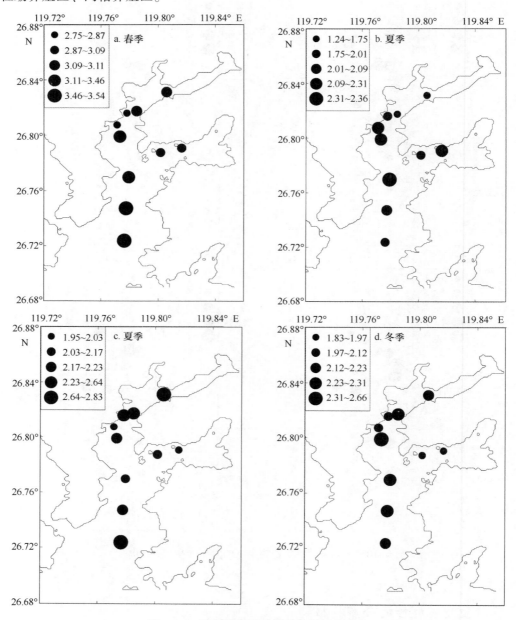

图 6-11　不同季节浮游植物多样性的分布

表 6-16　3 种指数的月份变化

2012—2013 年月份	H'			J			d		
	最小值	最大值	平均值	最小值	最大值	平均值	最小值	最大值	平均值
1 月	2.348	3.282	2.812	0.506	0.712	0.619	1.751	2.596	2.137
2 月	1.410	3.073	2.119	0.316	0.604	0.445	1.826	3.153	2.350
3 月	2.884	4.240	3.534	0.594	0.864	0.754	2.272	3.249	2.622

续表

2012—2013年月份	H'			J			d		
	最小值	最大值	平均值	最小值	最大值	平均值	最小值	最大值	平均值
4月	2.088	3.773	2.603	0.460	0.803	0.565	1.730	3.114	2.333
5月	2.372	3.838	3.123	0.549	0.812	0.712	1.732	2.942	2.238
6月	1.425	2.453	1.881	0.328	0.566	0.424	1.596	2.962	2.147
7月	0.581	1.782	1.105	0.142	0.371	0.251	1.315	2.769	1.881
8月	1.723	3.745	2.989	0.405	0.853	0.704	1.333	2.575	1.924
9月	2.665	3.459	2.882	0.652	0.797	0.726	1.592	2.521	1.909
10月	1.966	3.538	2.651	0.542	0.737	0.666	0.831	3.030	1.792
11月	0.309	3.258	1.250	0.068	0.814	0.303	1.253	2.419	1.700
12月	1.185	2.095	1.492	0.250	0.512	0.328	1.593	2.563	2.257

5）浮游植物与环境因子间关系

降趋对应分析（去趋势对应分析，Detrended correspondence analysis，DCA）结果表明，春夏秋冬四季所有轴中梯度长度均小于3，适合用于基于线性的主成分分析（PCA）和冗余分析（RDA）（表6-17）。

表6-17 浮游植物多样性与环境因子的RDA分析

季节	项目	特征值	多样性-环境相关性	累计百分比/%		总典特征值
				多样性	多样性-环境相关性	
春季	轴1	0.211	0.944	21.1	36.7	0.574
	轴2	0.143	0.975	35.4	61.7	
	轴3	0.108	0.915	46.3	80.5	
	轴4	0.074	0.927	53.7	93.4	
夏季	轴1	0.252	0.787	25.2	39.1	0.645
	轴2	0.234	0.917	48.6	75.4	
	轴3	0.125	0.864	61.1	94.7	
	轴4	0.025	0.699	63.5	98.5	
秋季	轴1	0.248	0.799	24.8	53.6	0.463
	轴2	0.123	0.818	37.1	80.1	
	轴3	0.057	0.744	42.8	92.4	
	轴4	0.031	0.535	46.0	99.2	
冬季	轴1	0.387	0.906	38.7	58.3	0.663
	轴2	0.157	0.850	54.4	81.9	
	轴3	0.064	0.952	60.7	91.5	
	轴4	0.036	0.665	64.3	97.0	

RDA分析结果表明，4个季节Monte Carlo置换检验所有排序轴均达到显著水平（$p<0.05$），说

明排序效果理想。浮游植物与环境因子之间的关系可以很好地在 RDA 排序图中表现出来（图6-12）。在 RDA 坐标图中，每个红色箭头代表一个环境因子，箭头长度表示解释变量的程度。在春季和夏季，前两个轴分别解释浮游植物丰度变量 35.4% 和 48.6%，而在秋季、冬季分别为 37.1% 和 54.4%。四季多样性的累计特征值分别为 53.7%、63.5%、46.0% 和 64.3%。

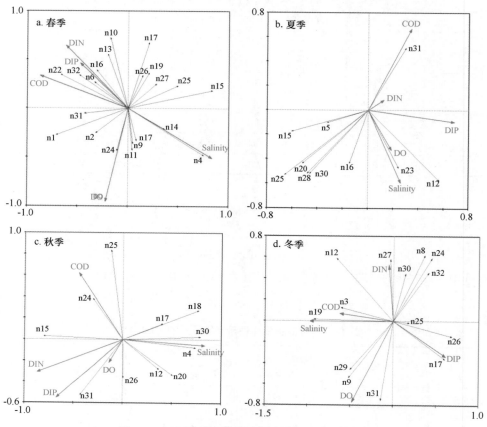

图6-12　浮游植物种类与环境因子 RDA 排序图

n1. 矮小短棘藻；n2. 波状斑条藻；n3. 布氏双尾藻；n4. 短楔形藻；n5. 辐射圆筛藻；n6. 刚毛根管藻；n7. 海链藻；n8. 海洋角管藻；n9. 货币直链藻；n10. 尖刺伪菱形藻；n11. 角毛藻；n12. 具槽帕拉藻；n13. 颗粒直链藻；n14. 离心列海链藻；n15. 菱形海线藻；n16. 洛氏菱形藻；n17. 派格棍形藻；n18. 琼氏圆筛藻；n19. 柔弱伪菱形藻；n20. 梯楔形藻；n21. 铁氏束毛藻；n22. 弯菱形藻；n23. 狭形颗粒直链藻；n24. 纤细原甲藻；n25. 斜纹藻；n26. 新月柱鞘藻；n27. 异常角毛藻；n28. 翼内茧藻；n29. 圆海链藻；n30. 圆筛藻；n31. 中肋骨条藻；n32. 舟形藻

利用向前引入法（Forward selection）对环境因子进行逐步筛选。春季，第一轴与盐度正相关，与 DO 负相关，第二轴与 COD、DIN 和 DIP 正相关；夏季，第一轴与 COD、DIN 和 DIP 正相关，第二轴与 DO 和盐度负相关；秋季，第一轴与盐度和 COD 正相关，第二轴与 DO、DIN 和 DIP 正相关；冬季，第一轴与 DIP 正相关，与 COD 和盐度负相关，第二轴与 DIN 正相关，与 DO 负相关。

6.2.3.3　讨论

1）浮游植物丰度的季节变化

盐田港浮游植物群落结构的变化与该海域长期的养殖活动有关。近20年来，盐田港养殖海域浮游植物细胞丰度呈逐渐下降趋势（王兴春，2006；林金美，1993）。海带和龙须菜的轮换大规模栽培吸收传统网箱养殖释放的营养盐，同时，长牡蛎的引入对浮游植物丰度有着重要的控制机制，抑制浮游植物的暴发，防止赤潮的发生。

在全年调查中，硅藻在所有站位占主要优势；蓝藻在春季广泛存在，而甲藻仅在冬季出现，这与王兴春（2006）和林金美（1993）之前对三沙湾浮游植物的调查相一致。Whilm（1970）指出，浮游植物多样性指数（H'）越高，反应生态系统越健康。本调查中，浮游植物 H' 值在 1–5 月平均值为 2.842，显著高于其他季节（$p<0.05$）。浮游植物丰度显著高于夏季和冬季，主要是由硅藻的细胞丰度所决定。浮游植物群落结构的变化，尤其是细胞丰度，受到多种环境因子影响。水温是影响其变化的重要因素。最适合硅藻生长的水温一般低于 18℃，春、冬季节养殖海域水温偏低，为浮游硅藻的大量繁殖生长提供有利条件（Da Silva 等，2005）。夏季，盐田港是大型海藻的空白栽培期，海产经济动物的养殖造成营养盐富集，浮游植物丰度在出现一次小高峰。相对于其他近岸海域，封闭海湾易受到持续的外源输入的影响。海湾内侧受到富含营养盐水流的输入，浮游植物丰度显著高于湾外（$p<0.05$）。夏末秋初，季风盛行，搅动海水使得水中浊度增加，光合作用被减弱从而影响浮游植物的生长，细胞丰度下降（黄一平等，2010）。

2）环境因子对浮游植物群落的影响

浮游植物种类组成和生物量是多种环境因子共同作用的结果。水温是其中极为重要的限制因子（Wang 等，2015）。Peng 等（2012）在对渤海湾浮游植物研究时指出水温是其多样性分布和增殖速率的关键因子。Leterme 等（2004）认为水温和季风通过改变海区环境因子从而调控浮游植物种类组成与分布。根据调查结果，浮游植物群落的变化与水温有关。从冬季到第二年春季，逐渐升高的水温为浮游植物的大量繁殖提供有利条件，促进了浮游硅藻的生长。而 8–10 月，平均水温高于 23℃，过高的水温抑制浮游植物细胞丰度，呈现下降趋势。

三沙湾水流交换条件差，本地区工业和生活污水的大量输入加剧了该海域的富营养化程度（林更铭和杨清良，2006）。溶解性营养盐是三沙湾浮游植物优势种组成首要限制因子。全年调查中，网箱养殖区和牡蛎养殖区水体中营养盐含量显著高于其他的调查站位（$p<0.05$）。浮游植物的暴发不仅受到环境因子的影响，同时也改变了环境因子。海水养殖释放过剩的营养盐促进的浮游植物细胞丰度的增加。在海洋生态系统中，浮游植物对营养盐氮磷的吸收与利用通常按照 Redfield 比率（N∶P = 16∶1）进行。Lagus 等（2004）提出在不同系统中营养盐含量和氮磷比率可以显著改变浮游植物的时空分布。盐田港养殖海域 N∶P 比率在 7.02~22.00 之间，平均比值为 10.56，加剧 Jennings 等（1984）提出的 11 种浮游植物的生长。位于湾内的站位邻近河流入海口，四季显著变化的盐度影响着浮游植物种类组成。位于湾外的站位虽然季节间盐度相差 2~3，由于该海域的浮游植物多为近岸种，耐盐性强，变化不显著。Liu 等（2010）在对白洋淀湖研究时发现 COD 浓度与浮游植物细胞丰度正相关，而与 DO/SD 比值呈负相关。盐田港冬季海水平均流速最低，水流交换条件减弱，水体中 COD 不易被稀释，进而促使浮游植物大量增殖。浮游植物群落结构长期变化的原因和产生的生态影响复杂，在盐田港养殖海域，如何有效防控赤潮发生、研究浮游植物与贝类生长关系机制，将是今后工作的重点。

6.3 龙须菜对养殖海域生物修复能力研究

6.3.1 龙须菜在鱼–藻养殖系统中生物修复功能的研究

近年来，随着人们生活质量的提高，对海产品需求也不断增加，海水养殖业迅速发展，养殖规模逐年扩大。以人工投饵的网箱养殖方式为主的浅海鱼类养殖，残饵和鱼体的代谢产物不仅导致养殖海域水体的富营养化和底质的有机污染，且不利于鱼类网箱养殖自身的长久发展（Li 等，2008）。如何减轻海水养殖造成的自富营养化和对生态环境的破坏，已成为现在国内外学者研究的热点（徐惠君等，2011；Bolton 等，2006）。

当前，以大型海藻为基础的综合养殖越来越被重视。大型海藻作为一种海洋污染"过滤器"，不仅可以显著降低养殖海域水体的营养盐，还可以促进自身的生长，减少网箱养殖病害发生的威胁，因此，开展对以大型海藻为基础的综合养殖的研究具有重要意义（王春忠和苏永全，2007）。

本研究于宁德市三沙湾盐田港将大型海藻龙须菜和当地广泛养殖的鱼类——小黄鱼（*Larimichthys polyactis*）进行混养，设计不同的养殖密度，跟踪监测水环境因子指标，初步探究龙须菜在鱼类养殖系统中的生物修复功能，为今后大规模运用大型海藻改善三沙湾养殖海区环境提供理论基础和科学依据。

6.3.1.1 材料与方法

1）实验区域及实验对象

实验于龙须菜大规模栽培季节进行，选取的位于福建省东北部三沙湾内的盐田港（26.72°~26.84°N，119.76°~119.83°E）（图 6-13），是我国典型的近岸封闭型港湾。盐田港常年进行网箱养殖，主要养殖种类是大黄鱼（*Pseudosciaena crocea*）、小黄鱼等；本次实验区鱼排网箱养殖主要是小黄鱼，共有 3.3 m×3.3 m×4 m 网箱 30 个，每个网箱约养殖 3 000~3 500 尾小黄鱼。选用当地普遍养殖的龙须菜苗种，该龙须菜具有耐高温、低盐、生长周期短等优点。

2）实验设计

根据龙须菜和小黄鱼混养模式，将该鱼排划分为 3 个不同的功能区，即小黄鱼网箱单养区，实验组龙须菜修复一区和修复二区。网箱单养区有 18 个网箱，龙须菜采用绳子夹苗的养殖方式，挂养深度为 0.3~0.5 m。龙须菜修复一区起始夹苗绳每根重量为（2.5±0.2）kg，每个网箱挂 5 根夹苗绳，共计 6 个网箱；龙须菜修复二区起始夹苗绳每根重量为（2.5±0.2）kg，每个网箱挂 8 根夹苗绳，共计 6 个网箱。龙须菜的两个修复区网箱下照常养殖小黄鱼。

每个功能区设置 3 个采样点，共计 9 个采样点。实验于 2014 年 11 月 1—21 日期间进行，每次采样均在涨潮之后的平潮期进行。约为龙须菜的 1 个养殖周期，每 3 d 监测水环境指标，共计监测 7 次。每隔 5 d 监测龙须菜生长指标，并对龙须菜放氧速率、固碳和营养盐吸收能力进行评估。

图 6-13 盐田港实验区养殖点示意图

3）指标检测

9 个采样点样品的现场采集和测量按照《海洋调查规范》（GB 12763.4-2007）中的规定进行。水样采集深度为 0.5 m，调查现场应用 YSI 多参数水质分析仪测定 pH、表层水温（SST）和盐度（S），海水浊度使用上海新瑞仪器有限公司 WGZ-02220081 型浊度仪测定，用透明度盘测量水体的透明度（SD）。用 0.45 μm 醋酸纤维滤膜过滤 500 mL 水样后冷冻保存带回实验室，经丙酮萃取后应用 Turner 荧光仪测定叶绿素 a（Chl a）的浓度，采用荷兰 Skalar 水质分析仪测定磷酸盐（PO_4^{3-}-P）、硝氮（NO_3^--N）、亚硝氮（NO_2^--N）和氨氮（NH_4^+-N），碱性高锰酸钾法测量化学需氧量（COD），硅酸盐（SiO_3^{2-}-Si）的测定采用硅钼蓝分光光度法，碘量法测定溶解氧（DO）含量，总氮（TN）和总磷（TP）的测定采样过硫酸钾氧化法。本研究以 NO_3^--N、NO_2^--N 和 NH_4^+-N 之和作为溶解无机氮（DIN），以 PO_4^{3-}-P 作为溶解无机磷（DIP）。

4）龙须菜生长速率、固碳和营养盐吸收速率的测定

在两个修复区分别选取 3 根苗绳做标记，同时在海区龙须菜单养区选取 3 根苗绳，每隔 5 d 将苗绳取下，将藻体用棉布吸去水分，并进行称重。

按式（6-12）计算龙须菜的每天特定生长率（SGR，单位：%/d）：

$$\eta SGR = \left[(\ln W_t - \ln W_0)/t \right] \times 100\%, \tag{6-12}$$

式中，W_0 为初始鲜重（单位：g）；W_t 为实验进行至第 t 天时的鲜重（单位：g）。

取（2.5±0.1）g 健康的龙须菜放置于装满海水、体积 1 L 的黑白瓶中：3 套白瓶+藻（记为 BZ）、3 套黑瓶+藻（记为 HZ）和 3 个白瓶对照（记为 BC），旋紧盖子，悬挂于网箱中，深度以瓶盖露出水面为准。实验从晴天上午 10 点到下午 2 点，实验前后用便携式溶氧仪直接测定瓶中 DO 浓度。

光合作用产氧速率 R_{DO} [单位：mg/(g·h)] 的计算公式为：

$$R_{DO} = (DO - DO_0) \times V_0/W_0/t, \tag{6-13}$$

式中，R_{DO} 是龙须菜的光合作用产氧速率 [单位：mg/(g·h)]；DO 是实验结束后的 DO 浓度（单

位：mg/L）；DO_0 是起始 DO 浓度（单位：mg/L）；V_0 是光合作用瓶的体积（单位：L）；W_0 是龙须菜的干重（单位：g）；t 为实验时间（单位：h）。

龙须菜的光合固碳速率 R_{DIC}［单位：mg/(g·h)］的计算公式为：

$$R_{DIC} = R_{BZ} - R_{BC} - R_{HZ}, \tag{6-14}$$

$$R_{BZ} = (DIC_0 - DIC_{BZ}) \times V_0/W_0/t, \tag{6-15}$$

$$R_{BC} = (DIC_0 - DIC_{BC}) \times V_0/W_0/t, \tag{6-16}$$

$$R_{HZ} = (DIC_0 - DIC_{HZ}) \times V_0/W_0/t, \tag{6-17}$$

式中，R_{DIC} 是龙须菜的光合固碳速率［单位：mg/(g·h)］；R_{BZ} 是白瓶+藻实验组中龙须菜的光合固碳速率［单位：mg/(g·h)］，R_{BC} 和 R_{HZ} 以此类推；DIC_0 是实验开始时瓶中的 DIC 浓度（单位：mg/L）；DIC_{BZ} 是白瓶+藻实验组中实验结束时瓶中的 DIC 浓度（单位：mg/L），DIC_{BC} 和 DIC_{HZ} 以此类推；V_0 是光合作用瓶的体积（单位：L）；W_0 是实验用的龙须菜干重（单位：g）；t 是实验时间（单位：h）。

龙须菜的营养盐吸收速率 R［μg/(g·h)］的计算公式为：

$$R = (C_{BC} - C_{BZ}) \times V_0/W_0/t, \tag{6-18}$$

式中，R 是龙须菜的无机氮磷吸收速率［单位：μg/(g·h)］；C_{BC} 是白瓶对照组中实验结束时瓶中的氮磷浓度（单位：mg/L）；C_{BZ} 是白瓶+藻实验组中实验结束时瓶中的氮磷浓度（单位：mg/L）；V_0 是光合作用瓶的体积（单位：L）；W_0 是实验用的龙须菜的干重（单位：g）；t 是实验时间（单位：h）。

5）数据处理

所得数据结果均以平均值±标准差表示，运用 Excel 7.0 对数据进行整理归纳，应用 Origin8.0 对监测指标进行作图比较分析，应用 SPSS13.0 软件对各养殖海域调查数据进行单因素方差分析（ANOVA），当 $p<0.01$ 时为差异极显著，当 $p<0.05$ 为差异显著。

6.3.1.2 结果

1）基本理化指标的变化

监测期间，水温变化范围在（18.4±0.3）～（26.0±0.1）℃之间，由于调查季节在秋季，水温呈下降趋势。pH 差异不显著（$p>0.05$）在（7.43±0.04）～（7.79±0.06）之间，平均值为 7.59±0.04。网箱养殖和修复区的盐度比较稳定，无明显变化，在（22±2）～（25±1）之间（表 6-18）。

表 6-18 水温、pH 和盐度变化

名称	11月1日	11月4日	11月8日	11月11日	11月15日	11月18日	11月21日
水温/℃	26.0±0.1	22.8±0.2	21.4±0.3	21.5±0.3	18.5±0.1	20.2±0.2	18.4±0.3
pH	7.70±0.02	7.79±0.06	7.49±0.02	7.58±0.02	7.43±0.04	7.52±0.09	7.76±0.07
盐度	23±1	23±1	25±1	24±1	24±1	22±2	25±1

实验期间的透明度和 Chl a 浓度如图 6-14 所示。在整个实验期间，水体透明度受到潮汐作用的影响变化明显，第一次调查修复区透明度比网箱单养区低，但是随着养殖时间的增加，网箱单养区

和修复区的透明度趋于一致，一方面是受到水动力作用，另一方面是龙须菜对颗粒物有一定的吸附作用。整体而言，Chl a 浓度的呈现下降趋势，由起始浓度为（1.09±0.29）μg/L，到后期浓度为（0.43±0.12）μg/L，但这 3 组之间差异均不显著（$p>0.05$）。因此，龙须菜有降低 Chl a 浓度的作用，但修复机制还不明确。

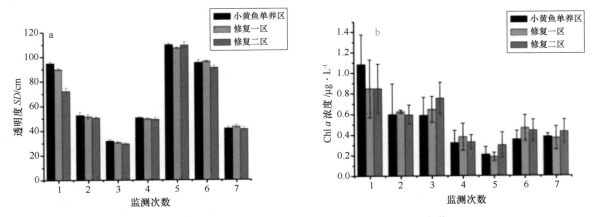

图 6-14　水体中透明度（a）和叶绿素 a 浓度（b）变化

　　整个实验期间，水体中 DO 浓度变化范围在（5.92±0.36）~（7.85±0.08）mg/L 之间，平均值为（7.12±0.23）mg/L（图 6-15）。DO 浓度随着天气的变化不断改变，但是不同功能区的 DO 浓度从高到低依次为修复二区、修复一区、小黄鱼单养区，龙须菜的栽培对提高水体中的 DO 浓度有着明显的改善作用（$p<0.05$），且修复二区龙须菜栽培密度最大，因此，水体中 DO 浓度最高。浊度受到大小潮的影响较大，大潮期间水体浊度明显高于小潮期间（$p<0.01$）。除了第 5 次监测，其余 6 次监测期间修复区的浊度均低于小黄鱼单养区，因此，龙须菜对降低水体中的浊度有明显作用，本次修复平均效率为 23%。

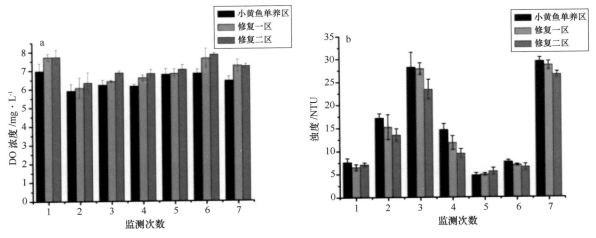

图 6-15　水体中 DO 浓度（a）和浊度（b）的变化

2）营养盐的变化特征

监测期间，水体中硅酸盐和 COD 的浓度如图 6-16 所示。方差分析的结果显示，不同功能区的硅酸盐含量差异显著（$p<0.05$），2 个修复区的含量均明显低于小黄鱼单养区硅酸盐含量。小黄鱼单养区变化范围在（1.68±0.36）~（1.82±0.02）mg/L 之间，平均值为（1.76±0.12）mg/L，修复一区和修复二区硅酸盐平均浓度为（1.64±0.13）mg/L 和（1.60±0.20）mg/L，其中，在第 4 次监测时修复一区和修复二区修复效率达到最大值分别为 6.60% 和 9.51%。龙须菜二区栽培密度比一区大，修复效率最高。实验区 COD 浓度第 1 次监测 3 个功能区之间无显著差异（$p>0.05$），但从第 2 次监测开始，功能区之间差异显著（$p<0.05$）。监测期间，小黄鱼单养区、修复一区和修复二区水体中的 COD 平均浓度分别为（0.64±0.13）mg/L、（0.60±0.08）mg/L 和（0.56±0.12）mg/L，平均修复效率为 6.2% 和 11.8%，其中，修复一区在第 5 次监测时修复效率达到最高水平，为15.2%，而修复二区在第 3 次监测时修复效率最高，为 30.6%，两个修复区之间修复差异显著（$p<0.05$）。

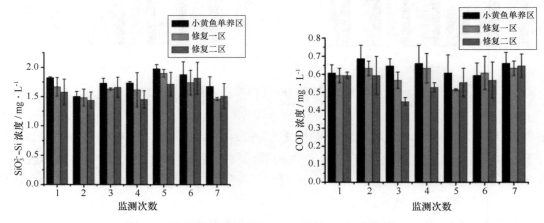

图 6-16　水体中硅酸盐浓度（a）和 COD 浓度（b）的变化

龙须菜对 TN 的去除效果显著。监测期间，小黄鱼网箱单养区 TN 浓度在（0.599±0.114）~（1.172±0.039）mg/L 之间，平均值为（0.849±0.096）mg/L，龙须菜修复一区和修复二区 TN 浓度的变化范围分别为（0.588±0.057）~（1.005±0.099）mg/L 和（0.571±0.051）~（0.868±0.136）mg/L，平均值为（0.733±0.079）mg/L 和（0.678±0.100）mg/L，其中，修复二区的 TN平均去除率最高，为 20.1%。而 TP 各功能区之间差异显著（$p<0.05$），但没有明显的变化规律。调查期间，小黄鱼单养区、修复一区和修复二区水体中 TP 的浓度平均值分别为（0.138±0.021）mg/L、（0.140±0.018）mg/L 和（0.135±0.015）mg/L。其中，第 2 次监测两个龙须菜修复区对 TP的去除率均达到最大值，分别为 15.5% 和 25.7%（图 6-17）。

龙须菜对溶解性无机氮磷吸收能力见图 6-18，龙须菜修复区的 DIN 和 DIP 浓度均显著低于小黄鱼单养区（$p<0.01$）。监测期间，水体中 DIN 和 DIP 的浓度从高到低依次为小黄鱼单养区、修复一区、修复二区，修复二区对溶解性营养盐吸收效率最高。小黄鱼单养区、龙须菜修复一区和修复二区水体中的 DIN 浓度分别为（0.675±0.047）mg/L、（0.595±0.094）mg/L 和（0.549±0.128）mg/L，修复二区平均修复效率最高，为 18.7%，修复一区的 DIN 去除率为 11.8%，其中在第 5 次监测时，龙须菜对网箱养殖区的 DIN 去除率最高，为 31.1%。监测期间，3 个功能区的 DIP 浓度平均值分别为（0.131±0.007）mg/L、（0.118±0.014）mg/L 和（0.117±0.012）mg/L，修复一区和修复二区对 DIP 的去除率分别为 10.4% 和 10.8%。修复一区在第 3 次监测时对 DIP 去除率达到最高值，为 23.1%，修复二区在第 5 次监测时去除率最为显著，为 28.6%。

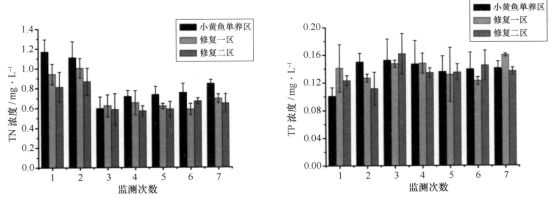

图 6-17　水体中 TN 浓度（a）和 TP 浓度（b）的变化

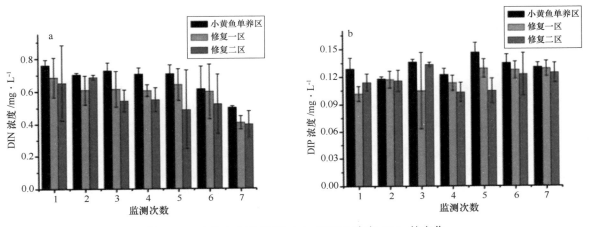

图 6-18　水体中 DIN 浓度（a）和 DIP 浓度（b）的变化

3）龙须菜的特定生长率

实验分别在 11 月 1 日、8 日、15 日和 21 日称取两个修复区和下游大规模海区的龙须菜重量，两个修复区龙须菜的特定生长率均低于下游海区，特定生长率从高到低依次为下游海区、修复二区、修复一区的特征（图 6-19）。实验初期每根苗绳的重量为（2.5±0.2）kg，在 15 日称量时 3 个区域的重量差值最大，其中，修复一区的重量最小，为（6.0±0.3）kg，而下游海区龙须菜此期间生长速率最快，为 5.01%/d。在 21 日收获时，龙须菜修复一区、修复二区和下游大规模栽培区的重量分别为（7.6±0.2）kg、（7.9±0.1）kg 和（8.3±0.2）kg，下游海区龙须菜的平均特定生长率最大，为 4.81%/d，而修复一区的平均生长率最小，为 3.22%/d，其次是修复二区的 4.19%/d。

4）龙须菜的产氧速率、固碳和营养盐吸收能力

于 11 月 8 日，晴天上午 10 点至下午 2 点进行黑白瓶实验。实验起初时测定 9 个黑白瓶的 DO 浓度，在 5.22~6.06 mg/L 之间，4 h 结束后，3 个实验组 DO 含量差异极显著（$p < 0.01$），其中，白瓶+龙须菜实验组的 DO 平均浓度高达（16.95±0.14）mg/L，龙须菜的光合作用（干重）产氧速率（R_{DO}）为 12.73 mg/（g·h）。根据各组 DIC 的变化，龙须菜固碳速率为 6.62 mg/（g·h）。

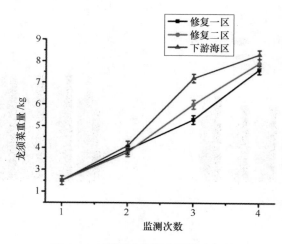

图6-19　不同功能区龙须菜生长情况

龙须菜对水体中溶解性无机氮磷具有较强的吸收能力（表6-19）。根据各营养盐组分的变化，龙须菜对无机氮各组分的去除速率在（2.62 ± 0.92）~（6.33 ± 0.19）$\mu g/(g\cdot h)$之间，其中，对NH_4^+-N的去除效率最高，为13.66%，对NO_3^--N的去除效率最低，仅为0.54%，对NO_2^--N的去除效率为2.13%。龙须菜对$PO_4^{3-}-P$浓度的去除速率为（5.11 ± 0.44）$\mu g/(g\cdot h)$，去除效率为4.19%。从数据上看，虽然龙须菜对NO_3^--N具有较高的去除速率，但是去除效率很低，与NH_4^+-N的情况相反，而对NO_2^--N的去除速率和除效率均不高。说明在海水中，龙须菜生长代谢优先选择的是NH_4^+-N。

表6-19　龙须菜的无机氮磷去除速率R $[\mu g/(g\cdot h)]$和去除效率E（%）

日期	名称	NO_3^--N	NO_2^--N	NH_4^+-N	$PO_4^{3-}-P$
11月8日	R	5.91 ± 1.02	2.62 ± 0.92	6.33 ± 0.19	5.11 ± 0.44
	E	0.54	2.13	13.66	4.19

6.3.1.3　讨论

三沙湾是我国优良的水产养殖场所之一，受经济利益的驱使，水产养殖业迅速发展。过密的网箱养殖和频繁的饵料投喂，加之水动力交换能力弱，与外海水体交换周期长，使得该养殖海域处于严重的富营养化状态。根据本次监测结果，网箱单养区的溶解性无机氮磷和耗氧性有机物均高于修复区。徐姗楠等（2008）在浙江象山港研究表明网箱养殖中心区域营养化状态指数严重超标，包括其周围的150 m非养殖水域也呈现富营养化状态。水体的长期富营养化，减弱水生态系统的承载力（邵留等，2014）。

龙须菜对富营养化养殖海域的生物修复作用主要是通过吸收水体中的营养盐来实现。龙须菜生长周期短，盐田港养殖海域每年5-6月份和9-12月份都有大规模养殖，年收获次数可达5~7次，每收获一次都可以移除海水中的营养盐，且在生长初期，龙须菜对营养盐存在一个快速吸收的过程。通过本次龙须菜1个养殖周期的监测，修复区的水体中DIN浓度比对照区降低了11.8%和18.7%，DIP降低了10.4%和10.8%。汤坤贤等（2005）报道菊花心江蓠对福建八尺门养殖区的生态修复时指出，菊花心江蓠能降低水中 DIN 和 DIP 的浓度，对 3 种价态的 DIN 中，优先选择吸收的是 NH_4^+-N，这与本文黑白瓶实验龙须菜的修复效果相一致。同时，龙须菜通过竞争或者克制作用，可以有效地减少赤潮发生几率。龙须菜通过光合作用产生氧气，可以提高水体中的 DO 浓度。修复区的 DO 浓度高于单养区，海藻栽培密度越大，有利于 DO 浓度的增加。但是通过海水的不断流动，使外围海域的 DO 浓度也有提高，防止出现水体缺氧状态，同时，龙须菜优先吸收鱼类的代谢产物氨，显著减低鱼类死亡率。

本次实验两个修复区的龙须菜特定生长率低于下游海区大规模栽培区的龙须菜。龙须菜在降低海水浊度的同时，吸附了水体中的颗粒物和泥沙，加之网箱对海水流动的阻挡作用，修复区龙须菜附着的泥沙、颗粒物等对光照产生一定的影响。虽然此类栽培龙须菜方式会降低效益，但是依然高于鱼类单养的收益。此外，在网箱养殖区的上游和下游区域可以广泛栽培龙须菜，可以充分利用网箱养殖造成的营养盐，提高经济效益（邵定辉和高坤山，2001）。

开展多营养层次综合养殖（IMTA）可实现系统内营养物质的高效利用，减轻环境压力，使系统具有高的养殖容纳量和水产品产出能力（Shpigel 等，1993）。不同混养条件下，养殖效益均高于单养。鱼藻混养系统具有更强的抗扰性和稳定性，保证养殖环境的良性发展，减少病害的发生。

6.3.2　龙须菜在贝-藻养殖系统中生物修复能力的研究

牡蛎养殖在国内外均有悠久的历史。在我国的主要养殖海区，贝类在养殖规模和种类上快速发展。滤食性贝类是海洋自养生态系，是物质循环中支出部分，在其生长过程中利用营养盐和颗粒物从而达到净化水体的作用（李顺志等，1983）。然而，贝类特殊的滤食机制，会把海区中营养物质集中在局部区域，造成贝类养殖环境的自身污染（王从敏等，1992）。20 世纪 90 年代以后，我国桑沟湾养殖海域的栉孔扇贝（*Chlamys farreri*）出现死亡率高和产品质量下降等问题（王远隆和杨晓岩，1992）。同时，我国经济海藻养殖业也出现很多问题，如紫菜、海带的腐烂病。据报道，高密度的养殖、水温过高及营养盐特别是氮肥不足等是引起腐烂现象的主要原因（孙永杰等，1991）。

当前，国内外除对鱼-藻（Jiang 等，2010；Huo 等，2012）、参-贝-藻（袁秀堂等，2008）和参-贝（Yu 等，2014）等 IMTA 模式研究外，对贝-藻综合养殖研究已逐步开展。Chopin 等（2001）进行大西洋鲑、贻贝及海带的综合养殖研究结果表明，综合养殖区海带生长速率增加了 46%，贻贝增加了 50%。近年来，在山东各养殖海域，贝藻混养已获得初步发展，例如贻贝和海带的混养，不仅取得了可观的经济效益，也提高了养殖环境的生态承载力（吴树敬，1997）。但是，目前我国贝藻混养技术仍处于起步阶段，贝藻混养密度高、过度不合理地依靠贝藻混养和混乱的布局等时常会造成贝藻产量降低。

福建省三沙湾是我国典型的封闭型内湾，在 2013-2014 年，贝类养殖产量占总产量的 42.0%，其中以牡蛎、缢蛏和泥蚶为主，分别占贝类产量的 58.3%、25.5% 和 7.4%。本节基于 2014 年 10-11 月在盐田港（三沙湾一个内湾之一）以长牡蛎（*Crassostrea gigas*）和龙须菜（*Gracilaria lemaneiformis*）为实验对象，开展牡蛎-龙须菜综合养殖互利机制的实验，为三沙湾海水养殖产业的可持续发展提供理论基础和科学支撑。

6.3.2.1 材料与方法

1）实验时间和区域设置

实验于龙须菜大规模栽培季节进行，选取位于福建省东北部三沙湾内的盐田港。如图 6-20 所示，2 号区域为牡蛎养殖区，养殖面积为 45 m×70 m，已养殖 17 个月；位于上游的 1 号区域为龙须菜修复一区，栽培面积为 6 亩（1 000 m 长夹苗绳为 1 亩）；下游的 3 号功能区为龙须菜修复二区，养殖面积为 9 亩。实验于 10 月 31 日开始，夹苗和栽培方式按照当地原有方式进行，每根夹苗绳长度 6 m，初始鲜重为（3.0±0.2）kg，挂养深度为 0.3~0.5 m。

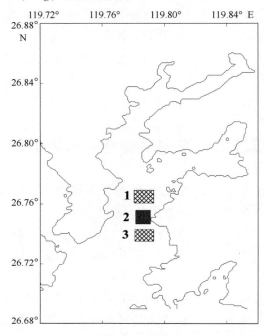

图 6-20　盐田港贝-藻养殖功能区
1. 龙须菜修复一区；2. 长牡蛎养殖区；3. 龙须菜修复二区

2）监测方案

实验于 2014 年 10 月 31 日至 11 月 21 日之间进行，每隔 3~5 d 对 3 个功能区的水质和养殖对象进行持续监测。每个功能区设置 3 个采样点，共计 9 个采样点，每次采样均在涨潮之后的平潮期开展。在两个龙须菜修复区各随机标记 3 根苗绳，同时在远离实验区的龙须菜大规模栽培区随机选取 3 根苗绳，初始重量均保持一致，每隔 5 d 进行一次称重。实验开始（10 月 20 日）与结束时（11 月 30 日）分别测量 10 个做标记的牡蛎壳长、壳宽和壳高。

3）指标检测

指标检测同 6.3.1.1 节第 3）部分。

在两个修复区各选取做标记的 3 根苗绳，同时在远离实验海域区龙须菜单养区 3 根苗绳，每隔 5 d 将苗绳取下，将藻体用棉布吸去水分，并进行称重。

按下列公式计算每天特定生长率（SGR,%/d）：

$$\eta SGR = \left[(\ln W_t - \ln W_0)/t \right] \times 100\% ,$$ (6-19)

式中，W_0 为初始鲜重（单位：g），W_t 为实验进行至第 t 天时的鲜重（单位：g）。

4）数据处理

所得数据结果均以平均值±标准差表示，运用 Excel 7.0 对数据进行整理归纳，应用 Origin 8.0 对监测指标进行作图比较分析，应用 SPSS 13.0 软件对各养殖海域调查数据进行单因素方差分析（ANOVA），当 $p<0.01$ 时为差异极显著，当 $p<0.05$ 为差异显著。

6.3.2.2　结果

1）龙须菜与牡蛎的生长情况

实验分别于 11 月 1 日、8 日、15 日和 21 日称取两个修复区和下游大规模海区的做标记的龙须菜重量，各功能区龙须菜的特定生长率差异显著（$p<0.05$）。

两个修复区龙须菜的特定生长率均高于下游大规模养殖海区，特定生长率从大到小依次为修复一区、修复二区、下游海区。实验开始时各功能区夹苗绳的重量均为（3.5±0.2）kg，实验结束时修复一区的龙须菜的重量最大，平均每根苗绳重量为（7.7±0.3）kg，特定生长率为 4.52%/d；修复二区的龙须菜栽培密度比较一区的大，收获时每根苗绳重量平均为（7.3±0.4）kg，特定生长率平均为 4.11%/d；而下游大规模特定生长率最小，平均为 3.66%/d（图 6-21）。

在龙须菜栽培期间，对长牡蛎的生长情况进行统计。2014 年 10 月 20 日测定长牡蛎的长、宽、高度分别为 7.7 cm、4.3 cm 和 1.4 cm，40 d 后，收获时牡蛎长、宽、高分别增加了 0.3 cm、0.4 cm 和 0.5 cm（表 6-20）。

表 6-20　牡蛎生长量

样品号	2014 年 10 月 20 日			2014 年 11 月 30 日		
	壳长/cm	壳宽/cm	壳高/cm	壳长/cm	壳宽/cm	壳高/cm
1	7.5	4.2	1.3	8.6	4.7	1.8
2	7.0	5.2	1.5	7.5	4.3	1.7
3	6.6	3.5	0.8	7.2	4.4	1.2
4	8.9	5.1	1.7	8.1	5.2	2.1
5	7.5	4.5	1.1	8.0	5.2	2.0
6	7.2	4.2	0.9	7.6	4.7	1.0
7	8.7	4.5	1.9	9.0	4.8	2.4
8	9.1	3.8	1.0	9.2	5.1	2.4
9	7.3	4.3	1.6	7.5	4.5	2.1
10	6.7	3.8	1.8	6.8	4.5	2.4
平均值	7.7	4.3	1.4	8.0	4.7	1.9

2）基本理化指标的变化

实验期间监测海域水温在（18.6±0.2）~（24.2±0.3）℃之间变化，水温平均值为（20.9±

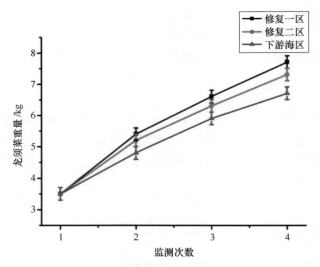

图6-21　各功能区龙须菜的重量变化

0.3）℃，呈逐渐下降趋势。盐度在第4次监测（11月11日）时出现最高值，为26±1，在第1次监测（10月31日）时最小，平均为21±2。水体中pH无显著变化（$p>0.05$），平均值为7.59±0.21（表6-21）。

表6-21　监测海域水温、盐度和pH的变化

名称	10月31日	11月3日	11月8日	11月11日	11月15日	11月18日	11月21日
水温/℃	24.2±0.3	23.4±0.2	21.2±0.2	21.4±0.4	18.7±0.1	19.8±0.3	18.6±0.2
盐度	21±2	24±2	25±1	26±1	25±1	24±2	25±1
pH	7.64±0.04	7.66±0.08	7.48±0.02	7.63±0.02	7.62±0.06	7.37±0.08	7.62±0.02

　　监测期间，透明度变化极显著（$p<0.01$）。如图6-22所示，透明度变化范围为（40±3）～（110±2）cm，平均值为（63±5）cm。其中，在第5次和第6次监测期间，牡蛎养殖区的透明度要显著高于龙须菜修复区（$p<0.05$）。浊度的变化规律与透明度的变化相反。各监测期间浊度差异极显著（$p<0.01$），但各功能区之间无明显的变化规律。监测期间，牡蛎单养区、修复一区和修复二区中水体的浊度在平均值分别为（17.4±1.3）NTU、（16.5±1.3）NTU和（16.1±1.0）NTU，无明显差异。

　　水体中Chl a 浓度在监测期间逐渐下降，其中，龙须菜栽培密度大的修复二区Chl a 平均浓度最高，为（0.57±0.13）μg/L，其次为龙须菜修复一区，平均值为（0.50±0.09）μg/L；牡蛎单养区水体中Chl a 浓度最低，为（0.48±0.11）μg/L。龙须菜的栽培对提高水体中DO浓度具有显著作用（$p<0.05$），浓度平均值从高到低依次为修复二区、修复一区、牡蛎单养区。其中，栽培密度小的修复一区和密度大的修复二区DO浓度平均值分别为（6.91±0.31）mg/L和（7.11±0.21）mg/L，比牡蛎单养区分别提高了（0.32±0.12）mg/L和（0.42±0.02）mg/L（图6-22）。

3）硅酸盐浓度和COD浓度变化

　　监测期间，实验海域水体中硅酸盐浓度和COD浓度变化情况如图6-23所示。根据方差分析，

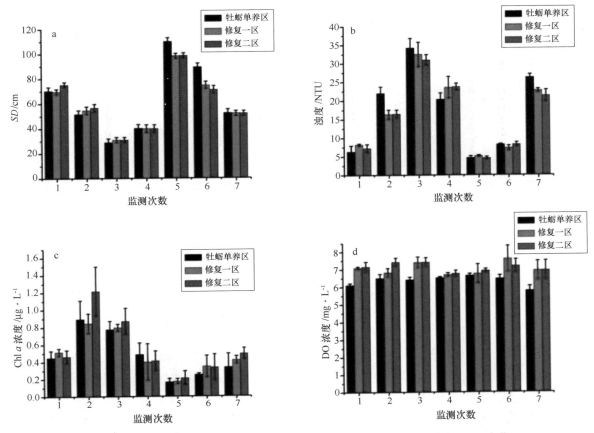

图 6-22 水体中透明度（a）、浊度（b）、Chl a 浓度（c）和 DO 浓度（d）变化

各功能区的硅酸盐浓度无显著差异（$p>0.05$）。牡蛎单养区、修复一区和修复二区水体中硅酸盐的平均浓度分别为（1.59±0.09）mg/L、（1.62±0.12）mg/L 和（1.59±0.12）mg/L。相对于硅酸盐，龙须菜对 COD 的去除效率显著（$p<0.05$），牡蛎单养区 COD 平均浓度为（0.70±0.12）mg/L，高于龙须菜修复一区的（0.57±0.09）mg/L 和修复二区的（0.59±0.15）mg/L。其中，第 2 次和第 5次监测时龙须菜对 COD 去除的效果明显，修复区一区和修复二区的 COD 平均去除率为 37%和 16%。

4）营养盐的变化

监测期间，根据方差分析结果显示，龙须菜对 TN 的去除效率显著（$p<0.05$）。龙须菜修复二区 TN 平均浓度最低，为（0.681±0.054）mg/L，而修复一区的 TN 浓度平均值为（0.710±0.064）mg/L，牡蛎单养区的 TN 浓度最高，为（0.774±0.074）mg/L。其中，第 1 次监测时龙须菜对 TN的去除率达到最高，修复一区和修复二区的去除率分别为 14.1%和 22.4%。3 个功能区水体中 TP浓度差异显著（$p<0.05$），但没有明显的变化规律，相对于 TN，本次调查龙须菜对 TP 的去除效率不显著。牡蛎单养区的 TP 平均浓度最低，为（0.134±0.015）mg/L，龙须菜修复二区水体中的 TP平均浓度最高，为（0.141±0.015）mg/L，修复一区的 TP 浓度平均值为（0.137±0.016）mg/L（图 6-24）。

实验海域水体中溶解无机氮磷的浓度如图 6-25 所示。根据方差分析结果显示，不同功能区之

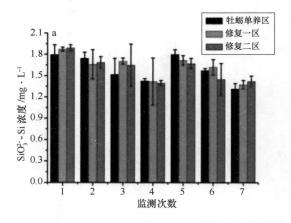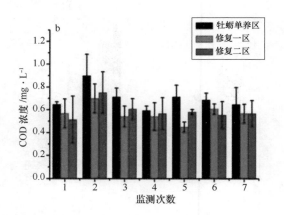

图6-23 水体中硅酸盐浓度（a）和COD浓度（b）变化

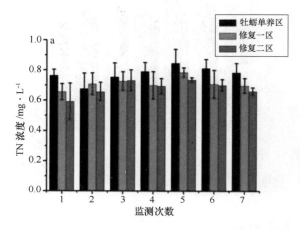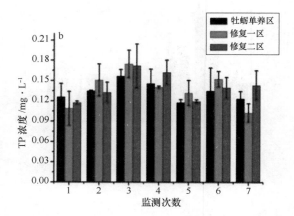

图6-24 水体中TN浓度（a）和TP浓度（b）变化

间的DIN和DIP含量差异极显著（$p<0.01$），两个修复区的营养盐含量显著低于牡蛎单养区。其中，修复二区的龙须菜栽培密度最大，DIN浓度最低，平均值为（0.600±0.082）mg/L，修复一区水体中DIN浓度平均值为（0.639±0.076）mg/L，牡蛎单养区DIN浓度最高，为（0.719±0.040）mg/L。龙须菜修复一区的DIN平均去除率达11.2%，其中，在第5次监测时，去除效率达到最大，为25.1%；而修复二区的平均去除率为16.6%，在第2次监测时修复二区的去除效率高达32.4%。牡蛎单养区DIP浓度为（0.118±0.012）~（0.149±0.013）mg/L，修复一区和修复二区水体中的DIP浓度分别为（0.110±0.005）~（0.134±0.003）mg/L和（0.105±0.002）~（0.132±0.010）mg/L之间，平均值分别为（0.130±0.009）mg/L、（0.116±0.012）mg/L和（0.109±0.011）mg/L，两个修复区的DIP平均去除效率为11.1%和16.3%。

6.3.2.3　讨论

大型海藻龙须菜和牡蛎的综合养殖可以有效地改善水质，提高养殖品种的经济效益，是很好的海水净化工具。在我国，常见的大型修复海藻如海带、江蓠和裙带菜等，生长周期短、生物量大，收获时能大量的从海水中移除营养物质（江志兵等，2006）。相同时间内，通过对比下游大规模栽

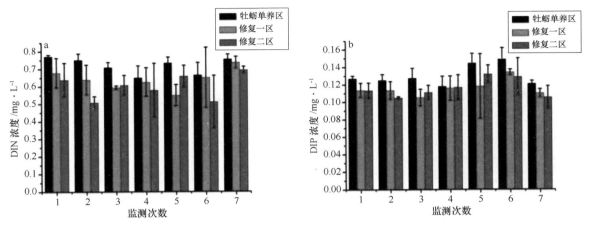

图 6-25　水体中 DIN 浓度（a）和 DIP 浓度（b）变化

培海域龙须菜的特定生长率，修复区的龙须菜特定生长率更高。本次监测结果显示，在富营养化的养殖海域栽培龙须菜，不仅能有效地降低水体中 COD 和溶解无机氮磷的浓度，对 DIN 的去除率最高可达 32.4%，同时还可以增加养殖水体中的 DO 浓度。

　　滤食性贝类是贝-藻养殖系统中重要的初级消费者，水体中的颗粒物经过贝类的滤食作用，以粪便和假粪的形式沉积到海底（田畴平等，1987）。本次监测贝类单养区的浮游植物平均含量最低。牡蛎对浮游植物的影响具有两面性：一方面，牡蛎的滤食作用使得养殖局部区域浮游植物生物量降低；另一方面，牡蛎生长代谢释放的营养盐促进浮游植物的生长。黄通谋等（2010）在研究麒麟菜和沟纹巴非蛤混养体系中发现，沟纹巴非蛤对浮游植物的滤食是个复杂的控制过程。滤食作用会改变浮游植物的种群结构，如果贝类养殖密度过低，则难以短时间内抑制浮游植物的大量繁殖；而密度过大，较多的种类被摄食，造成中间竞争压力减少，收获时又会导致浮游植物过度增长。

　　盐田港实验海域通过龙须菜-牡蛎的集约化自然养殖方式，利用贝藻生态位上的互补性，可以有效的改善养殖区的水质，提高海藻和牡蛎的经济效益，同时，还可以防治赤潮的发生。在水动力的驱使下，贝-藻的综合养殖可以维持系统内 O_2 和 CO_2 的动态稳定和平衡。海水双壳贝类代谢产生的 NH_3 可以被藻类吸收转化为无害的 NH_4^+（汪心沅，1990）。从牡蛎的生长情况来看，龙须菜的栽培在改善了牡蛎的生长环境方面起着显著的作用，牡蛎体长增长率更快。在高密度栽培两个海藻修复区，大型海藻密集生长可以使得潮汐水动力速率减缓，这可以促进实验区域内颗粒有机质的沉降，从而增加养殖在修复区中间区域的滤食性贝类的饵料（李杰等，2012）；有研究表明，大型海藻释放的溶解性有机颗粒物在水中通过理化及生物过程形成无定形颗粒有机物可以被牡蛎摄食（Alber 和 Valiela，1994）。

　　对盐田港养殖海域，常年的海水养殖使得该海域的生态系统退化，养殖容量受到环境的制约。本次研究龙须菜-牡蛎的综合养殖从物质流动和能量循环等方面都有良好的互利机制，经济效益也明显优于单养。然而，混养时的空间布局和比例搭配，养殖模式的构建，如何同时使牡蛎和大型海藻的生物量达到最大等还需要进一步研究（许强，2007）。

6.4 海带对养殖海域生物修复能力的研究

6.4.1 海带在鱼-藻养殖系统中生物修复功能的研究

海带（*Laminaria japonica*）在分类学上属于褐藻门（Phaeophyta）、褐藻纲（Phaeophyceae），经济价值高，具有营养价值高、适应范围广等优点（金振辉等，2009）。我国从北方的辽宁、山东，南至福建等地，都是海带栽培的主要海域，养殖规模和养殖技术均居世界首位（方宗熙等，1985）。随着我国近岸海域富营养化日渐严重，大型海藻，如龙须菜和海带等，对富营养化水体具有显著的生物修复作用和生态调控作用（林贞贤等，2006）。

福建省三沙湾是我国南方重要的海带养殖海域，海带是一种冷水性的大型经济海藻，在三沙湾12月开始栽培，到翌年的5~6月份逐渐收获，2010年，海带养殖面积达3 290 hm²，产量约为6.46×10⁴ t。同时，三沙湾常年的网箱养殖和刺参、鲍鱼等养殖活动，加之水体交换能力差，海流缓慢，加速了营养盐的积累，导致海水严重富营养化，存在赤潮暴发的潜在威胁（林永添，2010）。

目前，国内外对海带营养价值、室内营养盐吸收特征的研究已有报道，而关于海带栽培对封闭性海湾网箱养殖水域的生物修复能力却鲜有研究（沈淑芬，2013）。本节基于2015年3-5月在盐田港（三沙湾内湾组成之一）利用当地广泛栽培的海带，挂养在网箱养殖区，探究海带在鱼-藻养殖系统中生物修复作用，并对养殖系统中养殖对象本身的生长状况进行分析，以期为三沙湾养殖海域生态修复和今后养殖容量评估及可持续发展提供基础资料。

6.4.1.1 材料与方法

1）实验区域和实验对象

实验于海带大规模栽培的季节进行，选取位于盐田港养殖海域的网箱养殖区（图6-26）。该养殖鱼排养殖小黄鱼，共计有68个网箱，规格为3.3 m×3.3 m×4.2 m，其中，共有小黄鱼养殖网箱30个，其余均为空置网箱。为方便养殖，每2个相邻的网箱连成一个大网箱，每个大网箱养殖小黄鱼3 500~4 000尾，每个大网箱每天投饵一桶饵料，每桶重约22.5~25 kg，共计15桶。

根据鱼排空置网箱的布局，在小黄鱼养殖网箱的上游和下游各选取6个空置网箱挂养海带。海带栽培方式按照当地原有方式进行，在上游网箱区的6个空网箱挂养8根7 m长的海带养殖绳，在下游网箱区的6个空置网箱挂养12根7 m长的海带绳，每根挂绳平均有67株海带，每根海带养殖绳鲜重在90~95 kg之间（包括绳子的重量），养殖绳挂养深度为0.5 m（图6-27）。

2）监测方案与指标测定

指标检测同6.3.1.1节第3）部分。

根据养殖功能的差异，将该鱼排划分为3个不同的功能区，即小黄鱼网箱单养区，实验组海带修复一区（上游）和修复二区（下游）。每个功能区设置3个采样点，共计9个采样点。实验于2015年3月20日至4月13日之间进行，每次采样均在涨潮之后的平潮期进行。每3~5 d监测水环

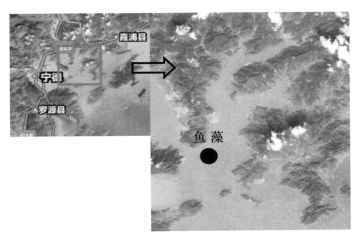

图 6-26　盐田港实验区示意图

图 6-27　海带-小黄鱼养殖系统

境指标，共计监测 7 次。

3）海带生长率的测定

实验中，选择网箱 2 个修复区的海带，在下游选择大规模海带栽培区作为对照，确定固定的 3 组苗绳，每组苗绳测量 20 株海带的株长、株宽、株厚和株鲜重量，取平均值。株长为海带基部至末梢的长度；株宽是海带叶片最宽的部分；株厚是指叶片最宽处的中间用打孔器取出藻体测量厚度，每 10 d 测量一次。

4）海带产氧速率、固碳和营养盐吸收能力的测定

取（9.0±0.1）g 健康的海带基部放置于装满海水、体积 1 L 的黑白瓶中：3 套白瓶+藻（记为

BZ）、3套黑瓶+藻（记为HZ）和3个白瓶对照（记为BC），旋紧盖子，悬挂于网箱中，深度以瓶盖露出水面为准。实验从晴天上午10点到下午2点，实验前后用便携式溶氧仪直接测定瓶中DO含量。

光合作用产氧速率 R_{DO} ［单位：mg/（g·h）］的计算公式为：

$$R_{DO} = (DO - DO_0) \times V_0/W_0/t, \tag{6-20}$$

式中，R_{DO} 是海带的光合作用产氧速率［单位：mg/（g·h）］；DO 是实验结束后的DO浓度（单位：mg/L）；DO_0 是起始DO浓度（单位：mg/L）；V_0 是光合作用瓶的体积（单位：L）；W_0 是海带的干重（单位：g）；t 为实验时间（单位：h）。

海带的光合固碳速率 R_{DIC} ［单位：mg/（g·h）］的计算公式为：

$$R_{DIC} = R_{BZ} - R_{BC} - R_{HZ}, \tag{6-21}$$

$$R_{BZ} = (DIC_0 - DIC_{BZ}) \times V_0/W_0/t, \tag{6-22}$$

$$R_{BC} = (DIC_0 - DIC_{BC}) \times V_0/W_0/t, \tag{6-23}$$

$$R_{HZ} = (DIC_0 - DIC_{HZ}) \times V_0/W_0/t, \tag{6-24}$$

式中，R_{DIC} 是海带的光合固碳速率［单位：mg/（g·h）］；R_{BZ} 是白瓶+藻实验组中海带的光合固碳速率［单位：mg/（g·h）］，R_{BC} 和 R_{HZ} 以此类推；DIC_0 是实验开始时瓶中的DIC浓度（单位：mg/L）；DIC_{BZ} 是白瓶+藻实验组中实验结束时瓶中的DIC浓度（单位：mg/L），DIC_{BC} 和 DIC_{HZ} 以此类推；V_0 是光合作用瓶的体积（单位：L）；W_0 是实验用的海带的干重（单位：g）；t 是实验时间（单位：h）。

海带的营养盐吸收速率 R ［单位：μg/（g·h）］的计算公式为：

$$R = (C_{BC} - C_{BZ}) \times V_0/W_0/t, \tag{6-25}$$

式中，R 是海带的无机氮磷吸收速率［单位：μg/（g·h）］；C_{BC} 是白瓶对照组中实验结束时瓶中的氮磷浓度（单位：mg/L）；C_{BZ} 是白瓶+藻实验组中实验结束时瓶中的氮磷浓度（单位：mg/L）；V_0 是光合作用瓶的体积（L）；W_0 是实验用的海带的干重（单位：g）；t 是实验时间（单位：h）。

5）数据处理

所得数据结果均以平均值±标准差表示，运用Excel 7.0对数据进行整理归纳，应用Origin 8.0对监测指标进行作图比较分析，应用SPSS 13.0软件对各养殖海域调查数据进行单因素方差分析（ANOVA），当 $p<0.01$ 时为差异极显著，当 $p<0.05$ 为差异显著。

6.4.1.2 结果

1）基本理化指标的变化

由于调查在春季进行，监测海域水温随着时间的推移而逐渐升高，水温变化范围在（14.3±0.1）~（20.2±0.2）℃之间，水温测量均在调查当天上午11点进行。pH各监测期间差异不显著（$p>0.05$），在（7.52±0.02）~（7.73±0.08）之间，平均值为7.61±0.02。盐度整体变化不显著（$p>0.05$），在（24±1）~（26±2）之间（表6-22）。

表6-22　水温、pH和盐度变化

指标	3月20日	3月22日	3月25日	3月27日	3月30日	4月2日	4月13日
水温/℃	16.6±0.1	17.5±0.2	14.3±0.1	17.7±0.3	18.7±0.1	20.2±0.2	19.4±0.3
pH	7.52±0.02	7.53±0.06	7.60±0.02	7.64±0.03	7.72±0.07	7.73±0.08	7.72±0.05
盐度	24±1	25±1	25±1	26±1	24±1	26±2	25±1

透明度和浊度的变化主要受到大小潮等水动力的影响，前3次监测在大潮期间，而后4次主要在小潮期间。大潮期间，水体透明度在（21±3）～（61±4）cm之间，而小潮期间水体透明度显著上升，平均值为（85±14）cm；浊度在大潮期间的平均值为（26±1.9）NTU，小潮期间浊度逐渐下降，变化范围为（7.1±1.3）～（15.6±0.9）NTU（图6-28）。同一次监测，各功能区的透明度和浊度并无明显变化规律，因此，此次调查结果显示海带的栽培对透明度和浊度的修复作用并无显著作用。

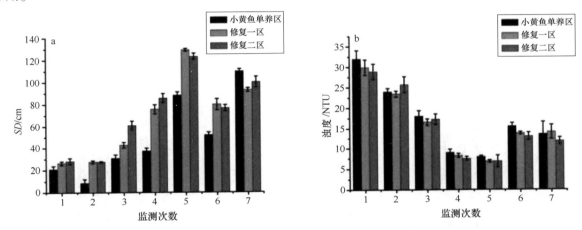

图6-28　水体中透明度（a）和浊度（b）变化

由图6-29可知，水体中DO浓度的变化在（5.05±0.13）～（7.92±0.24）mg/L之间，小黄鱼单养区、海带修复一区和修复二区水体中的DO浓度平均值分别为（6.11±0.19）mg/L、（7.06±0.20）mg/L和（6.98±0.22）mg/L，海带的栽培对提高水体中的DO浓度有明显作用，且高DO浓度的水体在水动力作用下，对改善小黄鱼养殖环境有着积极作用。Chl a浓度无显著变化规律，3个功能区在监测期间的平均值分别为（0.96±0.27）μg/L、（0.85±0.12）μg/L和（0.67±0.20）μg/L，在第6次监测时，2个修复区的Chl a浓度显著低于网箱养殖区，整体而言，海带的栽培可以降低水体中Chl a浓度，且与栽培密度有关，但是具体的影响机制还不明确。

2）营养盐的变化特征

监测期间，不同功能区水体中的COD和硅酸盐浓度如图6-30所示。方差分析的结果显示，2个海带修复区水体中COD浓度均显著低于小黄鱼单养区（$p<0.05$），海带对降低水体中污染物COD浓度具有明显作用。小黄鱼单养区COD浓度的变化范围为（0.76±0.08）～（0.87±0.06）mg/L，平均值为（0.81±0.06）mg/L，海带修复区的平均浓度分别为（0.64±0.04）mg/L和（0.69±0.07）mg/L，去除率为21.5%和14.6%。海带对水体中硅酸盐浓度有一定的改善作用，小黄鱼单

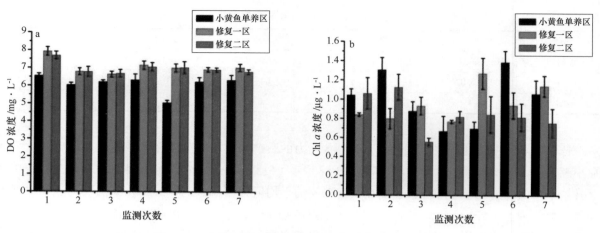

图6-29 水体中DO浓度（a）和Chl a浓度（b）变化

养区、海带修复一区和修复二区水体中的硅酸盐平均浓度分别为（1.41±0.19）mg/L、（1.26±0.17）mg/L和（1.28±0.18）mg/L。其中，在第4次监测时，海带对硅酸盐的修复效率达到最高，相对小黄鱼单养区，海带修复一区和修复二区的硅酸盐平均修复效率为19.9%和24.5%。

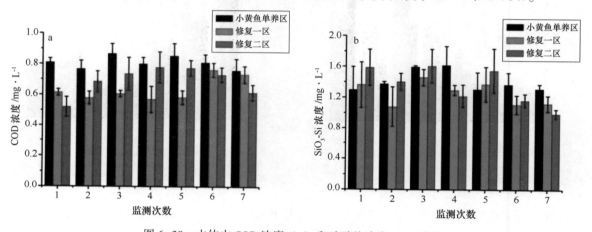

图6-30 水体中COD浓度（a）和硅酸盐浓度（b）变化

海带对养殖区水体中TN有一定的去除作用，但是没有显著的变化规律。小黄鱼单养区水体中的TN浓度变化范围为（0.742±0.096）～（1.160±0.102）mg/L，平均值为（0.889±0.151）mg/L，而2个海带修复区水体中的TN浓度平均值分别为（0.782±0.084）mg/L和（0.780±0.077）mg/L（图6-31），对TN的去除效率基本相同，为12.3%。其中，第1次监测时海带对TN的去除效率达到最高，分别为21.0%和22.1%，此后，去除效率有所下降。调查期间，海带的栽培对去除水体中TP具有极显著的作用（$p<0.01$）。小黄鱼单养区TP平均浓度最高，为（0.149±0.014）mg/L，海带修复一区对TP的平均去除率最高，为26.6%，修复二区水体中TP浓度平均值为（0.116±0.009）mg/L，去除率为22.5%（图6-31）。相对单养区，第3次监测时海带对TP的去除率最佳，2个修复区的TP去除率分别为39.1%和33.3%。

根据本次调查的方差结果显示，海带对鱼-藻养殖系统中DIN的修复效率极显著（$p<0.01$），对DIP的修复效率显著（$p<0.05$）。就水体中DIN浓度而言，网箱单养区DIN浓度在（0.714±

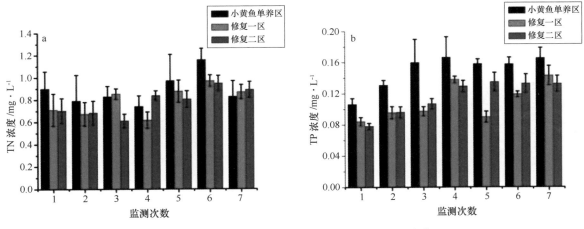

图 6-31　水体中 TN 浓度（a）和 TP 浓度（b）变化

0.0158）~（0.996±0.069）mg/L 之间，平均值为（0.807±0.058）mg/L（图 6-32）。在第 1 次至第 5 次监测时 2 个海带修复区的修复效率逐渐增加，达到最高，分别为 36.7% 和 47.4%。整个监测期间，海带修复二区水体中的 DIN 平均浓度为（0.550±0.058）mg/L，去除率为 31.8%，栽培密度较小的修复一区为（0.607±0.053）mg/L，平均去除率为 24.8%。3 个功能区水体中 DIP 的平均浓度分别为（0.078±0.008）mg/L、（0.065±0.007）mg/L 和（0.063±0.007）mg/L。相对于网箱单养区，栽培密度大的海带修复二区对水体中的去除率最大，为 19.6%，而修复一区的 DIP 去除率为 17.1%；其中，在第 4 次监测时，海带在 2 个修复区的修复效率达到最高，DIP 的去除率分别为 28.6% 和 41.1%。

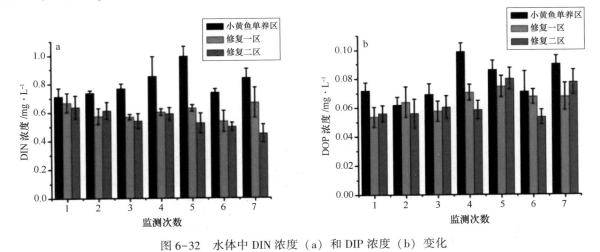

图 6-32　水体中 DIN 浓度（a）和 DIP 浓度（b）变化

3）海带的生长率

3-5 月，是海带生长旺盛的季节，海带处于厚成期，叶片增厚且具韧性，叶片边缘扁平，色泽加深。如表 6-23 所示，2 个修复区的海带生长状况显著优于下游海带大规模栽培。修复区海带的最终长度分别为（158.2±11.6）cm 和（160.3±6.3）cm，高于对照区的（144.7±10.3）cm；宽度分别比对照区的海带宽 3.1 cm 和 5.2 cm；就海带的厚度而言，2 个修复区海带的厚度分别比下游对照区的海带厚 0.02 cm 和 0.01 cm；监测期间，修复区海带特定生长率分别为 3.6%/d 和 3.8%/d，高于下游对照区的特定生长率 3.2%/d，在综合养殖系统中海带的收获量高于海带单养时的产量。

4）海带的产氧速率、固碳和营养盐吸收能力

如图 6-33，于一个晴天的 10 点至 14 点，此期间，水温变化为 19.2~20.4℃，实验起始时，各瓶中的 DO 浓度在（6.01±0.16）~（7.12±0.33）mg/L 之间，4 个小时之后，各组之间水体中 DO 浓度差异极显著（$p < 0.01$），其中，白瓶+海带实验组的 DO 平均浓度高达（14.45±0.24）mg/L，海带的光合作用产氧速率（R_{DO}）（干重）为 9.13 mg/（g·h）。而根据各组 DIC 浓度的变化，海带的固碳速率（干重）为 3.48 mg/（g·h）。

表 6-23　监测期间不同功能区海带生长情况

名称		3 月 25 日	4 月 10 日	4 月 25 日	5 月 10 日
修复一区	株长/cm	113.3±12.2	122.7±9.6	145.9±8.2	158.2±11.6
	株宽/cm	16.2±3.5	21.5±4.4	27.9±2.2	31.3±1.9
	株厚/cm	0.16±0.03	0.18±0.04	0.20±0.03	0.23±0.04
	鲜重/g	168.3±21.2	244.2±19.3	369±28.4	503.4±31.5
修复二区	株长/cm	117.5±15.8	128.3±10.2	142.7±9.2	160.3±6.3
	株宽/cm	15.5±3.1	22.1±2.3	27.2±4.3	33.5±2.2
	株厚/cm	0.15±0.04	0.17±0.05	0.19±0.08	0.22±0.06
	鲜重/g	155.3±18.5	252.9±31.6	349.4±24.1	491.3±30.1
对照区	株长/cm	115.2±13.2	121±15.1	133.8±9.2	144.7±10.3
	株宽/cm	16.4±2.1	18.9±3.4	25.3±2.8	28.2±3.1
	株厚/cm	0.16±0.04	0.17±0.08	0.19±0.05	0.21±0.03
	鲜重/g	158.3±33.7	219.4±14.2	302.6±35.2	419.3±25.8

图 6-33　海带黑白瓶实验

黑白瓶中，海带对水体中溶解无机营养盐具有强的吸收能力。如表 6-24 所示，海带对溶解无机氮各组分的去除速率（干重）在（2.16±0.82）~（5.61±0.22）μg/（g·h）之间，其中，海带对

NH_4^+-N 的去除效率最高，为 11.06%，对 NO_3^--N 的去除效率最低，仅为 0.41%，对 NO_2^--N 的去除效率为 1.54%。海带对 $PO_4^{3-}-P$ 浓度的去除速率为（3.24±0.51）μg/(g·h)，去除效率为 3.89%。海带在对 DIN 吸收中优先选择的是 NH_4^+-N。

表6-24　海带的无机氮磷去除速率 R ［单位：μg/(g·h)］和去除效率 E（%）

日期	名称	NO_3^--N	NO_2^--N	NH_4^+-N	$PO_4^{3-}-P$
5月14日	R	3.98±1.12	2.16±0.82	5.61±0.22	3.24±0.51
	E	0.41	1.54	11.06	3.89

6.4.1.3　讨论

饵料的投喂是鱼类网箱养殖系统能量的主要来源，在这个长期的集约化密集养殖过程中，鱼类网箱产生的残饵、粪便、排泄物和死亡有机体的残骸等在养殖区不断积累，导致养殖海域水体中 N、P 等营养盐含量增加（李成高等，2006）。单一的网箱养殖系统使生物金字塔呈反向，小黄鱼网箱养殖区水体中 COD、DIN 和 DIP 等营养盐已处于严重的富营养化状态（Martines 等，2012）。

海带的大规模栽培是吸收和利用海产养殖带来的营养盐重要途径，可以有效缓解环境负荷。海带-小黄鱼综合养殖系统的结果显示，两个修复区的海带生长状况显著优于下游海带单养区，厚度大，产量高，修复区海带产量比下游海带单养区产量提高 17.2%~20.1%。高密度的网箱养殖氨氮含量高，特别是游离氨，其毒性比铵盐大几十倍，严重威胁的鱼类的健康（Glibert 等，1991）。栽培的海带可以直接吸收养殖系统中的氨氮，黑白瓶实验结果可知海带对氨氮的利用率最高；水体中的 DO 通过水流扩散至网箱养殖区，监测期间，小黄鱼基本没有死亡。

过剩的营养盐会促进海洋浮游植物的过度生长繁殖，部分浮游植物可分泌有毒物质从而危害鱼类的健康（Nakai 等，1999）。监测期间，海带的栽培可以降低水体中浮游植物丰度，特别是栽培后期，修复区浮游植物丰度下降明显。刘佳等（2008）研究表明海带的栽培能有效地抑制赤潮藻三角褐指藻的生长，抑制率可达 78.8%。

本次实验中，2 个海带修复区对网箱养殖区的水质具有显著的修复作用。3-4 月份是海带生长旺盛的时间段，对水体中 COD、DIN 和 DIP 的去除明显。受水动力的影响，7 次监测水质并没有明显的改善趋势，一方面，2 个修复区的海带栽培量不够，此外，水流将网箱养殖区的污染物扩散，春季也是养殖鱼类生长快速期，代谢产物增加，饵料的不断投喂，因此，进一步在网箱养殖区及上下游区大规模栽培海带，扩大栽培规模，可以使养殖海域水质得以改善，无机氮磷含量下降。

海带的快速生长可以从富营养化海区吸收营养盐，贮存于自身组织中。沈淑芬等（2013）在 3-5 月测定罗源湾海带组织内平均氮、磷含量分别为 8.87% 和 1.68%，两个修复区的海带鲜重共增加约 455.6 kg，从水体中移除 40.41 kg 的氮和 7.65 kg 的磷。海带的栽培既可以作为减轻海水富营养化的有效生物修复材料，也可以促进海带自身产量的增加，提高鱼类的成活率，改善养殖环境。

6.4.2　海带在贝-藻养殖系统中生物修复功能的研究

三沙湾主要养殖的贝类品种为褶牡蛎（*Ostrea plicatula*）、长牡蛎（*Crassostrea gigas*），养殖方式为插竹、棚架和延绳式，养殖区域在浅海靠近潮间带附近区域以及池塘中。该品种养殖区虽分散，但总量大，养殖有较快速度发展。2010 年三沙湾牡蛎养殖面积为 5 787 hm²、产量为 1.096×10^5 t，分别占贝类养殖面积、产量的 44.2%、58.3%，是三沙湾养殖贝类中最大宗的养殖品种。该品种养殖面积一方面由于养殖区被征用而减小，另一方面由于零散养殖面积少量增加以及棚架式、延绳式养殖面积的扩大而保持养殖总面积基本平衡。

海带是三沙湾传统、大宗养殖品种，2010 年海带养殖面积达 3 290 hm²、产量约 6.46×10^4 t。近年来，养殖经济效益较好，因此养殖面积和密度不断增加，局部海区尤其是东吾洋海区养殖密度过大，生长缓慢，烂菜现象频发。

如何合理的布局和科学的规划三沙湾海水养殖是现在亟待解决的问题。本节基于 2015 年 3-5 月在盐田港（三沙湾内湾组成之一）开展太平洋牡蛎-海带综合养殖系统的构建，探究海带在贝-藻养殖系统中生物修复的能力，并对养殖系统中长牡蛎和海带的生长情况进行分析，以期为今后三沙湾养殖海域合理的养殖布局和模式提供理论依据。

6.4.2.1 材料与方法

1）实验区域和实验对象

实验盐田港养殖海域，如图 6-34 所示，1 号区域是位于上游的海带修复一区，养殖面积为 6 亩（1 000 m 养殖绳为 1 亩）；2 号区域是太平洋牡蛎养殖区，该牡蛎已养殖 21 个月，养殖面积为 6.2 亩；3 号区域是位于下游的海带修复二区，养殖面积为 8 亩；1~3 号功能区之间相距 8 m，随着潮汐的作用，海水始终保持在一个方向上流动。而 4 号区域与前 3 个功能区相距约 500 m，是海带-牡蛎混养区，两根主缆绳之间挂养海带，海带养殖绳长 7 m，共养殖 80 根，牡蛎吊养在主缆绳上，在海带养殖绳之间相隔吊养，每串有牡蛎 7~10 粒，共计 400 串（图 6-35）。

2）监测方案

实验在 2015 年 3 月 22 日至 4 月 23 日之间进行，每隔 3~5 d 对 4 个功能区的水质和养殖对象进行持续监测。每个功能区设置 3 个采样点，共计 12 个采样点，每次采样均在涨潮之后的平潮期进行。

3）指标检测

指标检测同 6.3.1.1 节第 3）部分。

4）数据处理

所得数据结果均以平均值±标准差表示，运用 Excel 7.0 对数据进行整理归纳，应用 Origin 8.0 对监测指标进行作图比较分析，应用 SPSS 13.0 软件对各养殖海域调查数据进行单因素方差分析（ANOVA），当 $p < 0.01$ 时为差异极显著，当 $p < 0.05$ 为差异显著。

6.4.2.2 结果

1）基本理化指标的变化

由于调查在春季进行，总体而言，监测海域水温随着时间的推移而逐渐升高，水温变化范围在

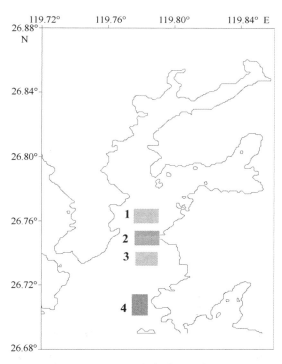

图 6-34　盐田港实验区示意图

图 6-35　牡蛎-海带养殖系统

（14.7±0.2）～（21.3±0.2）℃之间，水温测量均在调查当天上午 11 点进行。pH 各监测期间差异不显著（$p>0.05$），在（7.54±0.18）～（7.84±0.06）之间，平均值为 7.61±0.02。盐度整体变化不显著（$p>0.05$），在（25±2）～（28±1）之间（表 6-25）。

表 6-25 水温、pH 和盐度变化

指标	3 月 20 日	3 月 22 日	3 月 25 日	3 月 27 日	3 月 30 日	4 月 2 日	4 月 13 日
水温/℃	16.1±0.1	16.8±0.1	14.7±0.2	17.6±0.1	17.7±0.2	21.3±0.2	19.4±0.1
盐度	26±1	27±1	28±1	26±2	26±1	25±2	27±1
pH	7.54±0.18	7.81±0.10	7.77±0.06	7.84±0.06	7.72±0.10	7.70±0.16	7.77±0.07

透明度和浊度的变化主要受到大小潮等水动力的影响，前 3 次监测在大潮期间，后 4 次主要在小潮期间。大潮期间，水体透明度在（26±2）~（42±3）cm，而小潮期间水体透明度显著上升，平均值为（86±15）cm；浊度在大潮期间的平均值为（27±2.3）NTU，小潮期间浊度逐渐下降，变化范围为（7.5±1.7）~（17.6±2.9）NTU（图 6-36）。同一次监测，各功能区的透明度和浊度并无明显变化规律，因此，此次调查结果显示海带的栽培对透明度和浊度的修复作用并无显著作用。

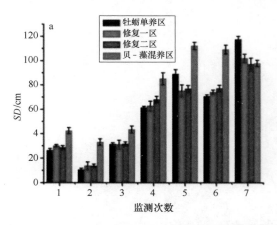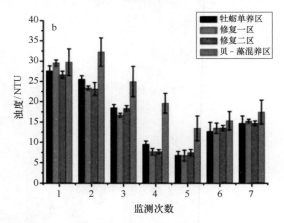

图 6-36 水体中透明度（a）和浊度（b）变化

海带的栽培对提高水体中 DO 浓度具有显著作用（$P<0.05$），DO 浓度平均值从高到低依次为修复二区、修复一区、贝-藻混养区、牡蛎单养区。其中，栽培密度小的海带修复一区和密度大的修复二区 DO 浓度平均值分别为（7.23±0.29）mg/L 和（7.15±0.19）mg/L，比牡蛎单养区分别提高了（0.56±0.12）mg/L 和（0.48±0.07）mg/L，而贝-藻混养区的 DO 浓度为 6.64 mg/L。Chl a 浓度的变化从高到低依次为牡蛎单养区、贝-藻混养区、海带修复区，牡蛎单养区在监测期间的平均值分别为（0.92±0.19）μg/L，贝-藻混养区的平均值为（0.59±0.09）μg/L；两个海带修复区水体中的 Chl a 浓度最低，分别为（0.43±0.06）μg/L 和（0.44±0.09）μg/L（图 6-37），监测时，2 个修复区的 Chl a 浓度极显著低于网箱养殖区（$P<0.01$），整体而言，海带的栽培可以降低水体中 Chl a 浓度，且与栽培密度有关，可以有效地抑制浮游植物的暴发。

2）营养盐的变化

监测期间，实验海域水体中硅酸盐和 COD 的浓度变化情况如图 6-38 所示。根据方差分析，各功能区的硅酸盐浓度差异显著（$p<0.05$）。牡蛎单养区、修复一区、修复二区和贝-藻混养区水体中硅酸盐的平均浓度分别为（1.72±0.07）mg/L、（1.48±0.21）mg/L、（1.49±0.14）mg/L 和（1.48±0.12）mg/L；2 个海带修复区相对于牡蛎单养区，对水体中硅酸盐的平均去除率为 13.2%，

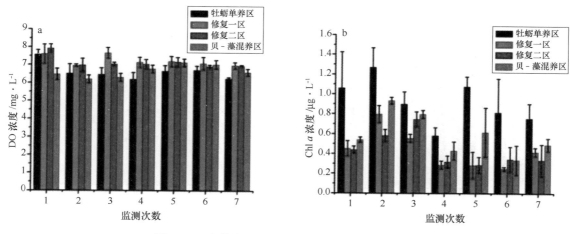

图 6-37　水体中 DO（a）和 Chl a 浓度（b）变化

混养区的去除率为 13.8%。海带对 COD 的去除效率显著（$p<0.05$），牡蛎单养区 COD 平均浓度为（0.76 ± 0.08）mg/L，高于海带修复一区的（0.57 ± 0.07）mg/L 和修复二区的（0.55 ± 0.07）mg/L，贝-藻混养区的 COD 浓度最低，为（0.53 ± 0.07）mg/L。相对于牡蛎单养区，贝-藻混养区对 COD 的去除率最高，为 29.2%，2 个海带修复区的去除率分别为 25.1% 和 26.8%。其中，第 2 次海带对 COD 的效果最明显，混养区和 2 个修复区的 COD 去除率分别为 49.9%、41.4% 和 29.9%。

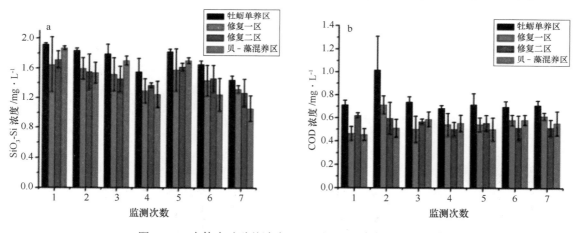

图 6-38　水体中硅酸盐浓度（a）和 COD 浓度（b）变化

　　监测期间，根据方差分析结果显示，海带对 TN 的去除效率显著（$p<0.05$）。牡蛎-海带混养区的 TN 平均浓度最低，为（0.664 ± 0.051）mg/L，而 2 个修复区的 TN 浓度平均值分别为（0.676 ± 0.071）mg/L 和（0.683 ± 0.051）mg/L，牡蛎单养区的 TN 浓度值最高，为（0.848 ± 0.059）mg/L（图 6-39）。海带对养殖系统中对 TN 的去除率在 19.4%~21.7% 之间。4 个功能区水体中 TP 的浓度差异显著（$p<0.05$），牡蛎单养区水体中 TP 浓度比其他 3 个功能区偏高。牡蛎单养区水体中的 TP 平均浓度最高，为（0.159 ± 0.011）mg/L，贝-藻混养区的 TP 平均浓度最低，为（0.113 ± 0.014）mg/L，2 个海带修复区水体中的 TP 平均浓度为（0.127 ± 0.009）mg/L 和（0.128 ± 0.011）mg/L（图 6-39）。结果表明，贝-藻混养更有利于对水体中 TP 的去除，此次监测去除率为 29.1%，海带修复一区和二区平均去除率分别为 20.1% 和 19.3%。

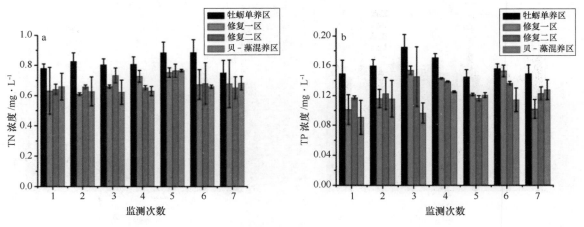

图 6-39　水体中 TN 浓度（a）和 TP 浓度（b）变化

根据本次调查的方差结果显示，海带对贝-藻养殖系统中 DIN 和 DIP 的修复效率极显著（$p <$ 0.01）。就水体中 DIN 浓度而言（图 6-40），牡蛎单养区水体中 DIN 浓度在（0.790±0.101）~（1.005±0.167）mg/L 之间，平均值为（0.899±0.110）mg/L。整个监测期间，海带修复二区水体中的 DIN 平均浓度为（0.637±0.121）mg/L，去除率为 29.1%，栽培密度较小的修复一区为（0.651±0.079）mg/L，平均去除率为 27.5%，贝-藻混养区水体中 DIN 平均浓度为（0.650±0.092）mg/L，去除率为 27.7%。4 个功能区 DIP 的平均浓度分别为（0.129±0.008）mg/L、（0.097±0.009）mg/L、（0.104±0.019）mg/L 和（0.086±0.014）mg/L。相对于牡蛎单养区，贝-藻混养区对水体中的去除率最大，为 33.5%，而海带修复一区和二区的 DIP 去除率为 24.9% 和 19.1%；其中，在第 5 次和第 6 次监测时，海带在 3 个功能区的修复效率达到最高，DIP 的去除率分别为 34.3% 和 34.5%。

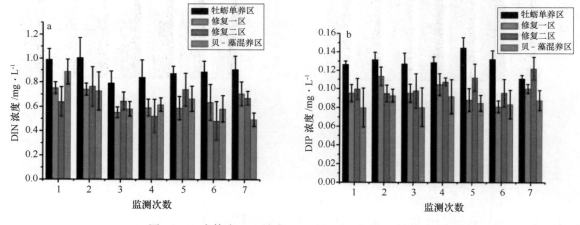

图 6-40　水体中 DIN 浓度（a）和 DIP 浓度（b）变化

6.4.2.3　结论

（1）海带的大规模栽培，有利于提高养殖系统中 DO 浓度，同时抑制水体中浮游植物的量，防止赤潮的暴发。

（2）海带可以有效利用养殖系统中过剩的营养盐，特别是对水体中氮、磷有着高效地吸收速率。

（3）贝-藻综合养殖系统的构建与推广，有利于改善海水养殖环境，同时提高养殖的经济效益。

6.5　基于大型海藻养殖的典型海湾修复策略

三沙湾是我国近岸海域典型的封闭型海湾，优越的自然条件使得三沙湾是我国著名的经济海藻栽培区（福建省海洋污染基线调查报告编委，2000）。近年来，海水养殖业，特别是鱼类网箱养殖，迅速发展，促进了当地经济的发展。然而，由于该地区缺乏科学的养殖模式和合理的网箱布局，加之封闭型海湾海水交换量较弱，使得三沙湾生态环境逐渐退化（石宁，2008）。海水网箱养殖多采取高密度的投饵养殖，经过长期的大规模养殖，其产生的残饵和鱼类的代谢废物在养殖区大量积累，加速水体的有机污染和富营养化。近年来，人们对水产养殖的环境逐渐重视，大型经济海藻在生境修复中的作用日益受到重视。因此，本节基于 2014~2015 年龙须菜（*Gracilaria lemaneiformis*）和海带（*Laminaria japonica*）大规模栽培期间，开展三沙湾重点区域水环境质量现状调查，对现有大型海藻和网箱养殖规模和产量进行调查，评价大型海藻对封闭海湾水环境氮、磷等生源要素的移除能力，为提高三沙湾水环境保护与修复能力，保障沿海经济社会又好又快发展，提供技术支撑和决策参考。

6.5.1　龙须菜对封闭海湾生境修复能力的研究

6.5.1.1　材料与方法

1）调查站位

福建省三沙湾主要由盐田港、三都澳、鲈门港、东吾洋和官井洋组成。本次调查在这 5 个区域根据养殖情况划分成 3 个主要功能区，即大规模鱼类养殖区、大规模龙须菜栽培区和空白海域对照区，共计 15 个采样点（图 6-41）。龙须菜栽培方式、密度均按照三沙湾原有方式进行，如图 6-42。

2）调查时间

调查在 2014 年 11 月 13~15 日进行，共计 3 d，采样时间选择在小潮期间的平潮期。

3）监测指标

指标检测同 6.3.1.1 节第 3）部分。

4）数据处理

所得数据结果均以平均值±标准差表示，运用 Excel 7.0 对数据进行整理归纳，应用 Origin 8.0 对监测指标进行作图比较分析，站位分布图的绘制采用 Surfer 8.0 软件，应用 SPSS 13.0 软件对各养殖海域调查数据进行单因素方差分析（ANOVA），当 $p < 0.01$ 时为差异极显著，当 $p < 0.05$ 时为差

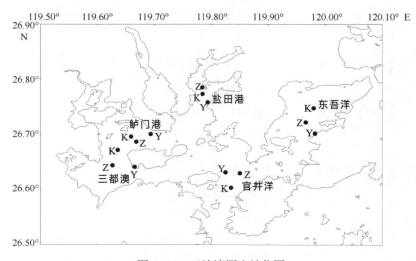

图 6-41　三沙湾调查站位图

（Y. 网箱养殖区；Z. 海藻栽培区；K. 空白区）

图 6-42　龙须菜养殖

异显著。

6.5.1.2　结果

1）海区环境特征

三沙湾滩涂面积约 308 km²，湾内最大水深达 90 m。三沙湾可养殖总面积为 27 783 hm²，其中养殖区面积为 19 630.4 hm²、临时养殖区面积为 8 152.6 hm²；浅海可养殖面积为 11 315.0 hm²，滩涂可养殖面积为 14 124.5 hm²。根据走访，三沙湾鱼类传统网箱已经超过 2 万口，主要养殖大黄鱼（*Pseudosciaena crocea*）、美国红鱼（*Sciaenops ocellatus*）和鲷科鱼类等。

龙须菜是投喂鲍鱼（Abalone）的主要饵料，栽培时间主要在 9 月至翌年 2 月，并利用海带收成后的空白期，5 月中旬至 6 月栽培龙须菜，三沙湾龙须菜栽培面积约为 1 500 hm²，产量越 1.7×10⁴ t。

沙湾的潮流运动方向因地而异，水道区域呈往复式流动，水道交叉区域一般以顺时针方向旋转流为主，其他区域一般是带有旋转性质的往复流。大潮落潮流最大流速（100 cm/s）大于涨潮流最大流速（85 cm/s），东冲口最大流速高达 357 cm/s（7 节）以上，湾口、河口和狭窄水道流速最大。

2）基本理化指标的变化情况

调查在三沙湾龙须菜大规模栽培季节期间开展。调查期间，水温在（18.8±0.1）~（21.3±0.1）℃之间，其中，盐田港的水温较其他调查区域偏低。盐度变化在（24±1）~（29±1）之间，官井洋和东吾洋的盐度较湾内的 3 个港湾盐度偏高，官井洋盐度最高，为 29±1；盐田港位于湾内，盐度最低，变化范围在（23±1）~（25±1）之间。Chl a 浓度变化在（0.71±0.15）~（1.38±0.03）μg/L 之间（图 6-43），网箱养殖产生的营养盐促进的浮游植物的生长，显著高于其他 2 个功能区（$p<0.05$）。

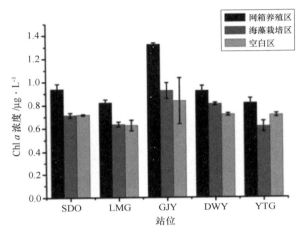

图 6-43　三沙湾 Chl a 浓度分布

SDO. 三都澳；LMG. 鲈门港；GJY. 官井洋；DWY. 东吾洋；YTG. 盐田港

调查海域的 pH、透明度、DO 浓度和浊度的变化见图 6-44。三沙湾养殖海域的 pH 没有显著差异（$p>0.05$），变化范围在（7.32±0.01）~（7.93±0.02），平均值为 7.72±0.05。鲈门港养殖海域透明度与其他 4 个海域差异性显著（$p<0.05$），平均值为（50±1）cm，其他养殖海域变化范围在（70±1）~（130±1）cm 之间，相同养殖海域不同功能区之间没有显著差异（$p>0.05$），因此，龙须菜的栽培对水体透明度没有显著的贡献，这可能与水深和海流有关。

调查期间，三沙湾 DO 浓度变化范围在（6.39±0.46）~（8.17±0.22）mg/L 之间，龙须菜大规模栽培区的 DO 浓度一直高于大黄鱼网箱养殖区和空白航道区，龙须菜的栽培有利于提高水体中的 DO 浓度。如图 6-44，浊度变化在（5.1±0.4）~（10.5±1.0）NTU 之间，网箱养殖区的浊度较其他 2 个功能区较高，这可能与鱼类的残饵、排泄物和网箱四周的附着物有关，因此，龙须菜的栽培对能否降低浊度的作用还不明确。

3）营养盐的变化特征

调查期间为小潮期，水体流速较慢。大黄鱼网箱养殖区、大规模海藻栽培区和空白航道区的 SiO_3^{2-}-Si 和 COD 浓度变化如图 6-45 所示。网箱养殖区的 SiO_3^{2-}-Si 浓度在（1.26±0.13）~（1.52±

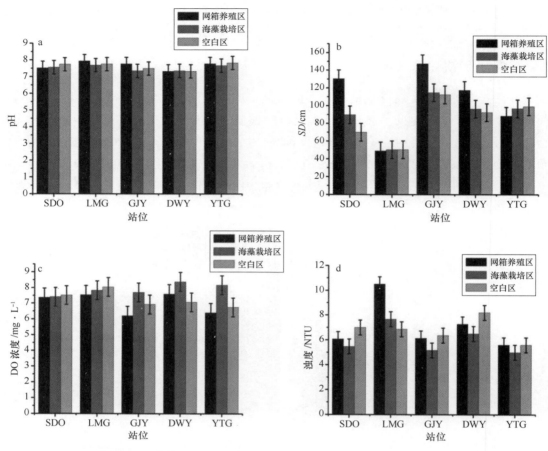

图 6-44　水体 pH（a）、SD（b）、DO 浓度（c）和浊度（d）分布

0.15）mg/L 之间，平均值为（1.32±0.09）mg/L，显著高于海藻栽培区的（1.06±0.11）～（1.40±0.05）mg/L，平均值为（1.13±0.12）mg/L，而空白航道区与前两个功能区相比，没有明显的变化规律。其中，东吾洋和盐田港空白航道区的 $SiO_3^{2-}-Si$ 浓度高于网箱养殖区，可能的原因是该网箱养殖区的 Chl a 生物量较大，快速生长的浮游植物，尤其是硅藻（数据待发表）的生长，吸收水体中的 $SiO_3^{2-}-Si$。三沙湾养殖海域 COD 浓度变化范围在（0.49±0.04）～（0.73±0.04）mg/L 之间，平均值为（0.56±0.07）mg/L，COD 浓度从高到低依次为网箱养殖区、空白航道区、海藻栽培区。其中，盐田港养殖海域龙须菜相对鱼排的 COD 去除率达到最高，为 43%，而在三都澳、鲈门港、官井洋和东吾洋 4 个养殖区的 COD 去除率分别为 26%、23%、21% 和 29%。

　　三沙湾养殖海域 TN 和 TP 浓度变化情况如图 6-46 所示。TN 浓度在该调查期间的变化范围为（0.55±0.09）～（0.87±0.10）mg/L，不同功能区的 TN 浓度差异显著（$p<0.05$）。三都澳、鲈门港、官井洋、东吾洋和盐田港的 TN 浓度平均值为（0.70±0.05）mg/L、（0.75±0.09）mg/L、（0.68±0.04）mg/L、（0.67±0.04）mg/L 和（0.75±0.08）mg/L，TN 浓度从高到低依次为网箱养殖区、空白航道区、龙须菜栽培区，平均 TN 去除率为 26%，不同功能区的 TP 浓度差异显著（$p<0.05$）。TP 浓度从高到低依次网箱养殖区（平均值（0.18±0.01）mg/L）、大规模海藻栽培区（平均值（0.14±0.01）mg/L）、空白航道区（平均值（0.13±0.03）mg/L）。相对网箱养殖区，东吾洋

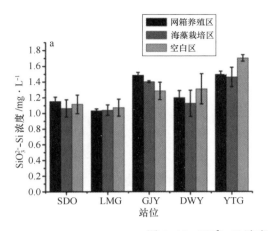

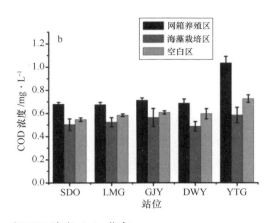

图 6-45 SiO$_3^{2-}$-Si 浓度 （a） 和 COD 浓度 （a） 分布

的 TP 去除率最高，为 21%，三都澳的去除率最低，为 14%，鲈门港、官井洋和盐田港 3 个养殖海域分别为 20%、18% 和 19%。

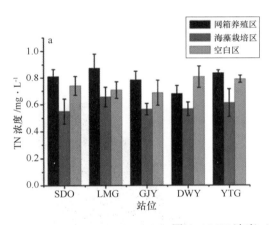

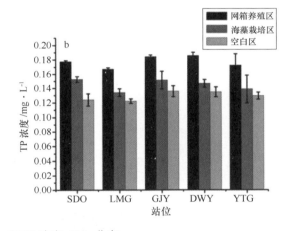

图 6-46 TN 浓度 （a） 和 TP 浓度 （b） 分布

三沙湾溶解性无机氮 （DIN） 和溶解性无机磷 （DIP） 在不同功能区差异均显著 （$p < 0.05$） （图 6-47）。网箱养殖区 DIN 浓度变化范围为 （0.622±0.103） ~ （0.755±0.037） mg/L，平均值为 （0.707±0.055） mg/L，海藻栽培区和空白航道区的 DIN 浓度较低，变化范围分别为 （0.417±0.055） ~ （0.637±0.065） mg/L 和 （0.511±0.0.62） ~ （0.687±0.031） mg/L，平均值为 （0.539±0.037） mg/L 和 （0.636±0.046） mg/L。三都澳和鲈门港 DIN 去除率最高，为 33% 和 31%，东吾洋的去除率最低，仅为 13%，官井洋和盐田港的去除率分别为 22% 和 20%，DIN 去除率呈现湾内向湾外递减的趋势。三沙湾 DIP 浓度在网箱养殖区最高，变化范围为 （0.114±0.009） ~ （0.154±0.001） mg/L，平均值为 （0.133±0.014） mg/L，海藻栽培区和空白航道区的 DIP 浓度较低，变化范围分别为 （0.101±0.014） ~ （0.120±0.003） mg/L 和 （0.107±0.023） ~ （0.129±0.004） mg/L，平均值分别为 （0.114±0.012） mg/L 和 （0.121±0.015） mg/L。盐田港龙须菜 DIP 去除率最高，为 22%，而在其他 4 个养殖海域 DIP 去除率在 10% ~ 14% 之间。

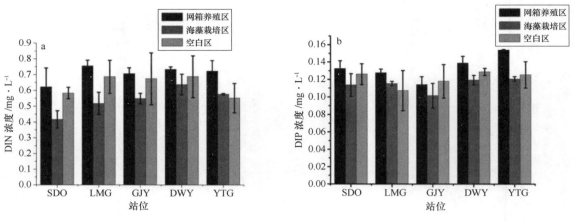

图 6-47　DIN 浓度（a）和 DIP 浓度（b）分布

6.5.2　海带对封闭海湾生境修复能力的研究

6.5.2.1　材料与方法

调查站位、方法和数据处理同龙须菜调查方案，研究对象为海带（图 6-48），调查时间为 2015 年 3 月 28-30 日。

图 6-48　海带养殖示范区

6.5.2.2　结果

1）基本理化指标的变化情况

调查采样时间选择在小潮期间，调查结果如图 6-49 所示。期间三沙湾是海带大规模栽培的季节，水温在（17.2±0.3）～（18.6±0.2）℃之间。盐度在（25±1）～（28±1）之间，其中，位于湾外的官井洋盐度最高，平均值为 28±1，而湾内的盐田港盐度偏低，平均值为 25±1，呈现湾外向湾内递减的趋势。pH 变化在（7.70±0.11）～（7.93±0.08）之间，三都澳 pH 相对其他 4 个养殖海域偏高，平均值为 7.85±0.12，鲈门港海域 pH 最低，均值为 7.79±0.09，官井洋、东吾洋和盐田港 3 个养殖海域的 pH 分别为 7.81±0.10、7.87±0.06 和 7.82±0.06。三沙湾不同养殖区之间的水温、盐度和 pH 差异不显著（$p > 0.05$）。

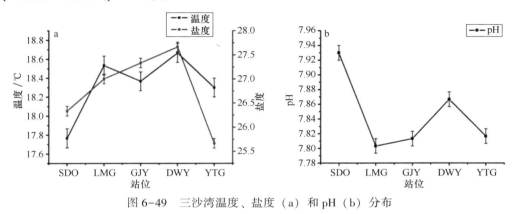

图 6-49　三沙湾温度、盐度（a）和 pH（b）分布

如图 6-50 所示，水体透明度在（82±3）～（135±1）cm 之间，平均值为（129±3）cm，调查盐田港在小潮的第 3 天，因此，透明度相对其他 4 个养殖海域偏低，平均值为（83±3）cm。三沙湾 DO 浓度在不同养殖海域差异不显著（$p > 0.05$），各功能区之间差异显著（$p < 0.05$），DO 浓度从高到低依次为海带栽培区、空白航道区、网箱养殖区，海带的栽培有利于提高水体中 DO 浓度。三沙湾水体中的 DO 浓度范围在（6.16±0.14）～（7.45±0.33）mg/L 之间，平均值为（6.72±0.23）mg/L。三沙湾水体中 Chl a 浓度没有明显的变化规律，各养殖区域之间和功能区之间差异不显著（$p > 0.05$），水体中 Chl a 浓度变化范围在（0.67±0.25）～（1.09±0.18）μg/L 之间，平均值为（0.83±0.28）μg/L。调查区域浊度变化范围在（6.7±0.4）～（9.6±0.8）NTU 之间，网箱养殖区浊度偏高，这可能与鱼类的残饵、排泄物和网箱四周的附着物有关。

2）营养盐的变化特征

小潮期间，水流交换缓慢，三沙湾各功能区之间体中 SiO_3^{2-}-Si 浓度差异显著（$p < 0.05$），SiO_3^{2-}-Si 浓度从高到低依次为网箱养殖区、空白航道区、海带栽培区。在海带大规模栽培期间，三沙湾 SiO_3^{2-}-Si 浓度变化范围在（1.04±0.13）～（1.76±0.10）mg/L 之间，平均值为（1.34±0.16）mg/L。其中，官井洋和东吾洋 SiO_3^{2-}-Si 浓度最高，平均值均为（1.51±0.12）mg/L，三都澳 SiO_3^{2-}-Si 浓度最低，平均值为（1.22±0.09）mg/L，鲈门港和盐田港的平均值为（1.27±0.11）mg/L 和（1.28±0.07）mg/L。水体中 COD 浓度在各功能区之间差异显著（$p < 0.05$），COD 浓度从高到低依次为网箱养殖区、空白航道区、海带栽培区。盐田港网箱养殖区 COD 浓度最高，为（1.07±0.07）mg/L，其他养殖区域 COD 浓度变化范围在（0.48±0.02）～（0.83±0.05）mg/L 之间。相对网箱养殖区，盐田港和东吾洋海藻栽培区的 COD 去除率最高，分别为 49% 和 43%，鲈门港和官井洋的最低仅为 23% 和 27%，三都澳海带栽培区的 COD 去除率为 32%（图 6-51）。

三沙湾网箱养殖水体中 TN 浓度变化范围在（0.862±0.060）～（1.244±0.118）mg/L 之间，平均值为（1.034±0.102）mg/L，极显著高于海藻栽培区的（0.619±0.063）mg/L 和空白航道区的

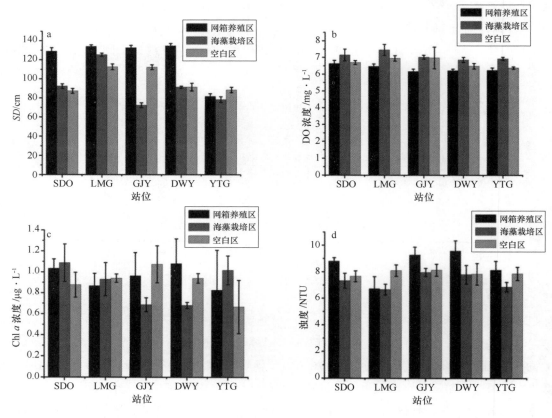

图 6-50 三沙湾 SD（a）、DO 浓度（b）、Chl a 浓度（c）和浊度（d）分布

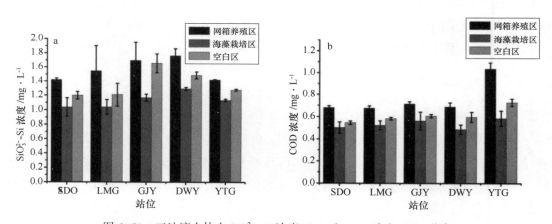

图 6-51 三沙湾水体中 SiO_3^{2-}-Si 浓度（a）和 COD 浓度（b）分布

（0.787±0.086）mg/L（$p<0.01$），TN 浓度从高到低依次为网箱养殖区、空白航道区、海带栽培区。相对网箱养殖区，三沙湾海带栽培区的 TN 平均去除率 40%，其中，官井洋 TN 去除率最高为 51%，盐田港最低，为 33%，三都澳、鲈门港和东吾洋的 TN 去除率分别为 37%、41% 和 34%。三沙湾海域水体中 TP 的在（0.065±0.007）~（0.171±0.002）mg/L 之间，同养殖海域的不同功能区之间差异极显著（$p<0.01$），网箱养殖区 TP 浓度变化范围在（0.105±0.007）~（0.171±0.002）mg/L

之间，平均值为（0.139±0.007）mg/L，显著高于海带栽培区的（0.084±0.007）mg/L 和空白航道区的（0.100±0.008）mg/L。相对网箱养殖区，三沙湾海带栽培区对 TP 的平均去除率为 41%，官井洋海带栽培区对 TP 的去除率最高，为 45%，三都澳和盐田港的去除率最低，均为 35%（图 6-52）。

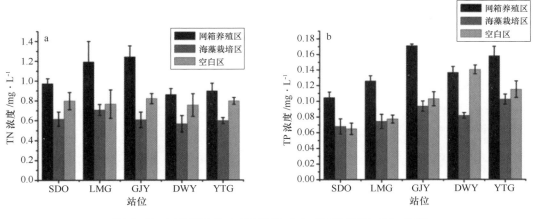

图 6-52　三沙湾水体中 TN 浓度（a）和 TP 浓度（b）分布

三沙湾水体中不同功能区 DIN 和 DIP 浓度的分布如图 6-53 所示。不同功能区之间的 DIN 和 DIP 差异极显著（$p<0.01$），浓度从高到低依次为网箱养殖区、空白航道区、海带栽培区。网箱养殖区水体中的 DIN 浓度一直处于较高水平，变化范围为（0.730±0.02）~（0.835±0.053）mg/L，平均值为（0.771±0.038）mg/L，海带栽培区和空白航道区水体中 DIN 浓度平均值分别为（0.516±0.088）mg/L 和（0.667±0.032）mg/L。相对网箱养殖区，海带栽培区对 DIN 的平均去除率为 33%，其中，三都澳 DIN 去除率最高，为 49%，东吾洋的 DIN 去除率最低，仅为 19%。三沙湾水体中 DIP 浓度的变化范围为（0.092±0.005）~（0.149±0.014）mg/L，平均值为（0.124±0.008）mg/L。盐田港养殖海域水体中 DIP 的平均浓度为（0.134±0.008）mg/L，官井洋水体中的 DIP 浓度最低，平均值为（0.111±0.014）mg/L。相对网箱养殖区，海带栽培区对三沙湾水体中 DIP 的平均去除率为 26%，其中，鲈门港对水体中 DIP 的去除率高达 38%。

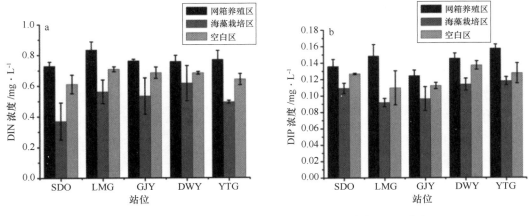

图 6-53　三沙湾水体中 DIN 浓度（a）和 DIP 浓度（b）分布

6.5.2.3　讨论

海水鱼类网箱养殖属于开放型养殖系统，大量未被鱼类摄食的残饵和鱼类生长过程中产生的排泄物积累到网箱底部，同时，这些网箱养殖产生的悬浮颗粒物将会在水动力的驱动下被运输到远离网箱的外部区域（Sara 等，2004）。有研究表明，网箱投饵过程中，仅有约 20%~40% 的氮和 15%~30% 的磷为鱼类生长所利用，而进入水环境中的污染负荷约为底层沉积环境的 2~3 倍（Wu，1995；董双林和潘克厚，2000）。黄洪辉等（2007）在大鹏澳对鱼类网箱养殖区及其邻近海域（对照区）的沉积环境进行研究，结果表明养殖区的有机碳和硫化物显著高于对照区，而底层海水溶解氧显著低于对照区，养殖区沉积物中的有机碳、硫化物和溶解氧超标率分别为 90.9%、100% 和 62.5%。网箱底部有机物不断的积累，造成微生物活动加剧，耗氧量增加（蒋增杰等，2010）。三沙湾网箱养殖规模约 21 万口，其中，使用率约为 55%，即 11.55 万口，一般而言，三沙湾海域大黄鱼养殖周期为 18~20 个月。因此，三沙湾网箱养殖海域营养盐含量全年始终处于较高水平。

大型海藻作为海洋生态环境的生物滤器逐渐受到重视（Vandemeulen 和 Gord，1990；Neori 等，1991）。三沙湾海域根据季节的更替，轮流栽培大型海藻，主要包括龙须菜和海带。调查期间，三沙湾水体中 DIN 和 DIP 负荷严重超标，特别是网箱养殖区，达到Ⅳ类和劣Ⅳ类海水水质标准（国家环境保护局，1997）。有研究表明，在 N、P 营养盐浓度较高的条件下，大型海藻龙须菜和海带可吸收大量的营养盐，将 N 和 P 等生源要素转化为组织氮、氨基酸等（Jones 等，1996）。本次调查，大型海藻栽培区营养盐的含量显著低于鱼类网箱养殖区和空白航道区，相对网箱养殖区，龙须菜对 DIN、DIP 的平均去除率分别为 23.8% 和 14.3%，而海带的修复效果更佳明显，对 DIN 和 DIP 的平均去除率为 33% 和 26%。根据季节更替，大规模栽培的龙须菜和海带吸收水体中过剩的营养盐，降低海水中的 SiO_3-Si、COD 和 N、P 浓度等，改善养殖环境。

以大型海藻为基础的养殖系统中，可以有效地循环以 N、P 为主的生源要素，通过光合作用固定海水中的碳，产生氧气，提高养殖系统的抗扰动性，使得养殖系统达到多样性、循环性和稳定性的统一，同时能有效地提高资源利用率和防控疾病的发生。然而，基于封闭型海湾大型海藻栽培的养殖系统中，如何准确估算网箱养殖系统对环境的影响，从而推算三沙湾海域的养殖容纳量是亟待解决的问题。

6.5.3　三沙湾富营养化养殖海域生物修复策略

近年来，学者对水产养殖海域生物修复进行了大量研究，特别是海水养殖业。国内外学者对大型海藻在综合养殖中的净化作用进行了广泛研究。Ignacio Hernández 等（2006）研究发现，在氮限制条件下，江蓠去除氮的效率最高可以达到 89.2%，氮饱和条件下江蓠的去除氮效率则为 86.5%。蒋增杰等（2010）在对宁波南沙港网箱养殖水域研究中利用溶解态氮作为大型海藻生物修复的平衡指标，通过大型海藻的养殖移除网箱养殖产生的污染，以此达到营养盐的输入与移除的平衡。

近 30 年的鱼类网箱养殖历史，对三沙湾盐田港的海洋生态系统造成一定的负荷。胡明等（2014）在 2012-2013 年对该养殖海域水质情况进行调查与评价，表明溶解无机氮和溶解无机磷浓度已处于较高的水平，均达到了Ⅳ类至劣Ⅳ类的海水水质标准。为了缓解这一问题，龙须菜作为大型经济海藻，被广泛栽培，但不规范的养殖模式使得养殖海域环境并未得到有效改善。本节基于2014 年 10-12 月利用大型海藻和网箱养殖的生态互补性、综合养殖系统中氮磷物质的循环路径，为寻求科学鱼藻配比模式提供数据支持，为解决盐田港养殖海域富营养化问题提供基础资料。

6.5.3.1　材料与方法

1）研究区域概况

本次调查在盐田港湾内选择了一个相对独立的鱼排作为研究对象，排除其他鱼排造成的交叉污染（图 6-54）。所选调查鱼排共有 32 个养殖网箱，其中，8 个网箱养殖大黄鱼，网箱规格为 3.3 m ×3.3 m×3.6 m，每 2 个网箱连在一起，投鱼苗 8 000~8 500 尾，收获 5 500~6 000 尾成鱼。每天投饵 1 次，每 2 个网箱每次投饵 20~22.5 kg，养殖周期约为 18 个月。在 12 空置大网箱（规格为 3.3 m×6.6 m×3.6 m）中挂养龙须菜。夹苗绳在使用之间用海水浸泡 24 h，根据网箱长度，夹苗绳长度为 7 m，夹苗时在阴凉处进行，夹苗捻度适宜，保证龙须菜挂养时不会脱落。采用簇夹法对龙须菜进行夹苗。每 7 m 长的夹苗绳上夹苗 3 kg，前后各预留 20 cm 长度，每隔 8~10 cm 夹苗一簇，每簇约 40 g，龙须菜夹在苗绳中间。夹苗后迅速挂养在养殖区网箱中，每个大网箱挂 8 根苗绳，挂养深度为 0.5~0.6 m，养殖周期为 25 d。

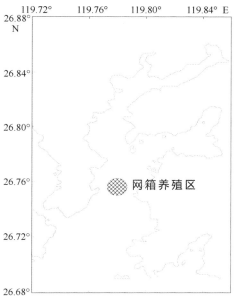

图 6-54　盐田港养殖网箱实验区域

2）动力输入与动力输出

实验期间，为了掌握鱼排在 1 个养殖周期内与海水之间的物质交换量，顺着潮流的方向在鱼排的前后边界各设置 1 个采样点（图 6-55），同时，在鱼排前方 20 m 处设置 1 个电磁海流计进行同步监测海水流速和流向。A 和 B 采样点分别在大潮和小潮期间连续监测 24 h，每隔 2 h 采集一次水样，水样用聚乙烯采样瓶保存，带回实验室分析 NO_3^--N、NO_2^--N、NH_4^+-N 和 $PO_4^{3-}-P$，水样分析方法按照《海洋监测规范》（GB 17378.4-2007）规定的方法进行。通过计算 A 截面和 B 截面的通量之和可求出该时刻整个鱼排和外界的物质交换量。使用日本 Logger version 2-D 电磁海流计监测海流。

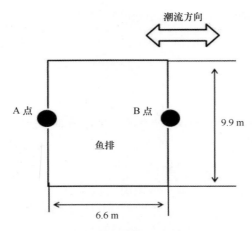

图 6-55　网箱养殖鱼排采样点

根据舒廷飞（2004）研究网箱养殖 N、P 循环中的计算方法可知，某一时刻 t 通过某截面的通量为：

$$r(t) = \cos\alpha \cdot v \cdot c, \tag{6-26}$$

式中，r 表示截面通量；α 为海流计实测的流向；v 为流速；c 为该时刻物质浓度，通量单位为 g/$(s \cdot m^2)$。

由式（6-27）和式（6-28），计算某时刻鱼排输入和输出的物质量：

$$某时刻鱼排通量=该时刻 A 截面通量+该时刻 C 截面通量, \tag{6-27}$$

$$某时刻鱼排的物质输送量=该时刻鱼排通量×该时刻水深×鱼排长度, \tag{6-28}$$

将连续 24 h 监测的数据，代入式（6-27）和式（6-28）进行累加计算，可得日鱼排的净物质输送量。

3）底泥沉积与底泥释放

底泥沉积收集方法采用广口瓶悬挂网箱底部的方法（林永泰等，1995）。用 12 个广口瓶悬挂于网箱底部，悬挂 24 h 时，收集的样品用孔径 0.45 μm 的滤膜抽滤，称量沉积物湿重，烘干测定 TN、TP 浓度，TN 的测定根据凯氏定氮法（GB 6432-94）；总磷测定按照磷-矾钼酸铵法（GB 6437-2002）进行。

在大黄鱼网箱养殖区，应用 Niskin 采水器采集底层海水，用 0.45 μm 醋酸纤维滤膜过滤后迅速导入 500 mL 磨口玻璃瓶中，保存在冰箱中冷冻备用。用柱状采泥器采集底泥，采样深度为 20 cm，冷藏带回实验室后恒温离心（3 000 r/min，30 min），去上清液经 0.45 μm 醋酸纤维滤膜过滤后得到间隙水，加入 HgCl₂ 避光保存。底泥释放采用间隙水梯度法（宋金明，1998），沉积物-水界面净通量计算公式：

$$F_{z=0} = F_d + F_a + F_s. \tag{6-29}$$

根据 Fick 第一定律计算，间隙水平流扩散量 F_a 与固体颗粒沉积产生的扩散通量 F_s 之和相对于由浓度梯度引起的分子扩散通量 F_d，可以忽略不计，因此，

$$F_{z=0} \approx F_d = -\phi \cdot D_S \cdot (dC/dZ)_{Z=0}, \tag{6-30}$$

式中，ϕ 表示沉积物孔隙度；D_S 表示总扩散系数；$(dC/dZ)_{Z=0}$ 表示沉积物-水界面处的浓度梯度。

4）饵料和养殖生物 N、P 浓度的测定

养殖开始和收获时，分别采集养殖区的大黄鱼和龙须菜，冲洗干净，放于密封袋中低温运回实验室，再用蒸馏水冲洗，放置 80℃烘箱中烘干至恒重。大黄鱼测定时按照全鱼进行。有研究表明，饵料鱼含氮量在 2.84%~3.17% 之间，含磷量在 0.17%~0.56% 之间，因此，N、P 平均值分别为 3.01% 和 0.37%（Buschmann 等，2006；宁修仁和胡锡钢，2002）。TN 的测定方法根据凯氏定氮法（GB 6432-94）；总磷测定按照磷-矾钼酸铵法（GB 6437-2002）进行。

5）物质平衡方程

大黄鱼-龙须菜综合养殖的 N、P 物质平衡方程式为

$$m_{幼鱼} + m_{饵料} + m_{底泥释放} + m_{动力输入} + m_{江蓠} = m_{成鱼} + m_{底泥沉积} + m_{动力输出} + m_{江蓠}. \qquad (6-31)$$

对于 N，式（6-31）左边应该包括大气沉降、微生物固氮作用等，右边包括水体中氨氮挥发等；对于 P，同样存在大气沉降，但是相对其他几项数值很小，且养殖区和非养殖区均同样存在，因此，在式中可以忽略。Holby 等（1991）和 Enell（1995）研究指出，网箱养殖过程中产生的 N、P 分别有 70% 和 40% 以溶解态的形式存在。利用龙须菜对溶解性的营养盐进行吸收，增加水体中溶解氧含量，根据 N、P 收支平衡，合理控制鱼排网箱养殖量，大型海藻龙须菜调控营养盐循环路径中网箱养殖对水体的污染。

6）数据处理

所有数据均用平均值±标准误表示，应用 SPSS13.0 软件对进行单因素方差分析（ANOVA），当 $P<0.01$ 时为差异极显著，当 $P<0.05$ 为差异显著，分布图中的绘制采用 Surfer 8.0 软件。海流数据使用 Infinity-EM 软件处理。

6.5.3.2　结果

1）养殖生物的 N、P 化学组成

实验初期，大黄鱼的体长平均为（14.5±2.6）cm，体重为（25.3±3.5）g，体内总氮含量为（2.54±0.06）%，总磷含量为（0.37±0.02）%；实验结束时大黄鱼平均体长（18.2±2.5）cm，平均体重为（72.3±2.7）g，体内总氮含量为（2.65±0.07）%，总磷含量为（0.48±0.03）%。结合调查数据，计算得到：

实验初始阶段，由于大黄鱼投放造成的 N 输入：Input 大黄鱼 = 31.81 kg；

由于大黄鱼投放造成的 P 输入：Input 大黄鱼 = 4.63 kg；

实验结束阶段，由于大黄鱼收获造成的 N 输出：Output 大黄鱼 = 94.84 kg；

由于大黄鱼收获造成的 P 输出：Output 大黄鱼 = 17.18 kg。

实验初期，龙须菜重量为 288 kg，体内总氮含量为（2.95±0.31）%，总磷含量为（0.12±0.04）%；实验结束时收获龙须菜 960 kg，是初始重量的 3.3 倍，龙须菜体内总氮含量为（3.88±0.41）%，总磷含量为（0.15±0.01）%。

实验初始阶段，由于龙须菜投放造成的 N 输入：Input 龙须菜 = 8.50 kg；

由于龙须菜投放造成的 P 输入：Input 龙须菜 = 0.25 kg；

实验结束阶段，由于龙须菜收获造成的 N 输出：Output 龙须菜 = 37.25 kg；

由于龙须菜收获造成的 P 输出：Output 龙须菜 = 1.44 kg。

2）饵料的投喂

每个大网箱每天投喂冰鲜小杂鱼饵料 25 kg，整个鱼排每天投喂 275 kg，实验期间共投喂饵料 6 875 kg。有研究表明，饵料鱼含氮量在 2.84%~3.17% 之间，含磷量在 0.17%~0.56% 之间，因此，N、P 平均值分别为 3.01% 和 0.37%。

由此计算得到，由于饵料投放造成的 N 输入：Input 饵料 = 206.94 kg；

由于饵料投放造成的 P 输入：Input 饵料 = 25.44 kg。

3）水动力输送模块

在实验期间，选择中潮期间，在大黄鱼-龙须菜综合养殖区顺着潮流方向，鱼排平均水深 9.7 m，长度 23.1 m，连续监测 24 h，将获得的营养盐和海流数据代入公式进行累加，获得该日内鱼排物质的水动力输送量，实验周期 25 d，以此获得整个实验期间 N、P 的输入和输出通量。

由此计算得到，实验期间由于海水动力的 N 输入：Input 水动力 = 9.23 kg；

实验期间由于海水动力的 P 输入：Input 水动力 = 0.198 kg

由此计算得到，实验期间由于海水动力的 N 输出：Output 水动力 = 11.08 kg；

实验期间由于海水动力的 P 输出：Output 水动力 = 0.286 kg。

4）生物沉积与沉积物-水界面营养盐释放通量

实验期间，盐田港大黄鱼网箱养殖区沉积物-水界面 N、P 营养盐的扩散通量平均为：DIN = 47.66 mg/（m² · d），DIP = 4.17 mg/（m² · d）；生物沉积物中 N、P 含量分别为（0.77±0.26）g/kg 和（0.64±0.13）g/kg。

由此计算得到，实验期间由于沉积物释放造成的 N 输入：Input 释放 = 4.12 kg；

实验期间由于沉积物释放造成的 P 输入：Input 释放 = 0.175 kg；

由此计算得到，实验期间由于生物沉积造成 N 输出：Output 生物沉积 = 28.95 kg；

实验期间由于生物沉积造成的 P 输出：Output 生物沉积 = 5.13 kg。

5）综合养殖策略

通过以上计算，可以建立网箱养殖区在调查期间造成的营养盐负荷：

氮负荷：LN = ∑ Input - ∑ Output（大黄鱼，饵料，沉积物，水动力）= 31.81 kg + 206.94 kg + 4.12 kg + 9.23 kg - 94.84 kg - 28.95 kg - 11.08 kg = 117.23 kg，

磷负荷：LP = ∑ Input - ∑ Output（大黄鱼，饵料，沉积物，水动力）= 4.63 kg + 25.44 kg + 0.175 kg + 0.198 kg - 17.18 kg - 5.13 kg - 0.286 kg = 7.852 kg。

Holby 等（1991）和 Enell（1995）研究指出，网箱养殖过程中产生的 N、P 分别有 70% 和 40% 以溶解态的形式存在。因此，实验期间网箱养殖区产生溶解性营养盐的量为：

DIN 网箱养殖 = 82.061 kg；DIP 网箱养殖 = 3.141 kg；

而龙须菜养殖从水域中移除：

DIN 移除 = 28.75 kg；DIP 移除 = 1.19 kg。

因此，从 N 循环角度还需养殖扩大 2.9 倍的龙须菜养殖规模，从 P 循环角度还需扩大 2.6 倍的

龙须菜养殖规模。随着养殖年限和规模的差异，且由于实验、调查数据产生的误差以及理论假设与现实的出入，该平衡方程会产生一个误差范围，误差值为 10% 为可接受的范围。

6.5.3.3　讨论

长期的饵料投喂，导致网箱养殖区和邻近海区有大量的残饵、养殖对象的尸体和代谢废物的逐渐积累，加速了海区的富营养化（沈春宁等，2007）。一般而言，浮游植物体内组分和大洋深层水体中 N/P 为 16∶1，浮游植物的繁殖与生长也基本按照这个比例进行摄取（贾后磊和温琰茂，2005）。胡明等（2014）在 2012-2013 年期间对该海域水质评价时指出盐田港养殖海域水质已处于严重的富营养化状态，平均 N/P 为 10.5。本次监测期间，网箱养殖区水体中 DIN 和 DIP 浓度有所升高，其中 N/P 上升到 26.1，表明该海域处于一个氮过剩或者磷限制的状态，而该海域 DIP 的浓度在各季节均超过 0.045 mg/L 这个阈值。因此，三沙湾盐田港养殖海域水体是一个氮过剩的系统。

三沙湾海域水体的污染来自海产经济动物的养殖、河流的输入和人类活动的污水输入。据统计，在 2012-2015 年，仅福安市对三沙湾的污水平均日输入量就达 4.276 万 t，加剧了水体的富营养化趋势。三沙湾是一个典型的封闭型海湾，与东海相通的海湾南部峡口宽仅为 3 km，水体交换速率较慢。本次根据 2014-2015 年调查结果显示三沙湾网箱总数约有 21 万口，养殖区的营养盐含量显著高于对照区，且网箱养殖区的高浓度营养盐在水动力交换下影响范围扩大。高密度的网箱养殖不仅严重阻挡水流，也造成养殖区病害频发，严重威胁当地的经济效益和生态效益（邵留等，2014；黄东仁和丁光茂，2014）。

三沙湾养殖海域根据季节的变化，轮换栽培龙须菜和海带，每年 5-6 月和 9-12 月主要挂养龙须菜，而从 12 月开始到翌年的 5 月养殖海带，仅在水温比较高的 7-8 月无大规模海藻栽培。根据本节研究，三沙湾盐田港是一个氮过剩的系统。海带体内组织氮含量在 1.34%~2.06% 之间，每亩产量鲜重约为 3.88 t，以干湿比 1∶7 计算，每亩海带干重为 0.55 t。通过推算，每 100 个大黄鱼网箱养殖需要栽培龙须菜 48.7 亩（每亩 1 000 m 苗绳），需要海带养殖量为 112.1 亩。截至 2015 年底，整个三沙湾大型海藻养殖面积为 3 290 hm²，即 49 350 亩，而网箱约有 21 万口。因此，还需扩大龙须菜栽培面积 1.24 倍、海带栽培面积 2.38 倍才能实现氮的收支平衡。

6.6　小结

大型海藻是近岸海区重要的初级生产者，种类多、生物量大、生长周期短，通过光合作用吸收水体中营养元素，增加水体中的溶解氧。在富营养化海域，特别是以 N、P 营养盐浓度高的条件下，大型海藻细胞可以在短时间内吸收营养盐并转化为自身的组织氮、氨基酸、叶绿素、藻胆蛋白、酶类等存储下来。

福建省三沙湾水域开阔，是我国南方典型的近海封闭型海湾，不仅是全国唯一的内湾性大黄鱼产卵场与最大的网箱养殖基地，同时还有大型海藻、贝类和海参等养殖种类。近 10 年来，三沙湾海水养殖步伐放缓，从发展的眼光来看待当前海水养殖现状，仍存在诸多不尽合理的问题，快速发展的海水网箱养殖所带来的富营养化负面影响正逐渐凸显。

本章针对于我国封闭型海湾水环境质量富营养化和污染严重导致生境退化的实际，选择三沙湾盐田港为研究区域，首先，开展重点区域水环境质量现状调查与退化诊断，评价其对封闭型海湾水环境质量的影响并提出合理化生态养殖建议；其次，以大型海藻龙须菜与海带，根据海域环境特征和养殖现状，进行养殖生态系统生物修复策略研究；第三，建立基于大型海藻栽培生态系统生物修复的封闭海湾水质修复技术，提出修复策略（韦章良，2016）。

（1）三沙湾盐田港海水养殖海域现状调查

于 2012-2013 年对三沙湾盐田港养殖海域表层海水溶解无机碳体系各分量的浓度、pCO_2 和海-气界面 CO_2 交换通量进行估算，结果表明盐田港表层海水的 DIC、HCO_3^-、CO_3^{2-} 和 CO_2 浓度年变化范围分别为 955~1 957.08 μmol/L，905.08~1 848.13 μmol/L、10.14~124.78 μmol/L 和 11.48~39.78 μmol/L，不同季节之间差异极显著（$p<0.01$）。盐田港表层海水中的 pCO_2 在一年中的变化范围为 391.27~1 200.49 μatm，海-气界面 CO_2 交换通量全年的变化范围在 0.25~6.93 μmol/（$m^2 \cdot d$）之间，表现为大气 CO_2 的弱源。沉积物中有机氮（TN）、总磷（TP）和有机碳（OC）浓度差异显著（$p<0.05$），TN 和 TP 浓度年变化范围分别为 0.15~1.39 g/kg 和 0.11~1.08 g/kg，平均值分别为（0.89±0.36）g/kg 和（0.56±0.26）g/kg。OC 浓度年变化在 1.00~14.71 g/kg 之间，平均值为（8.26±3.78）g/kg。各站位沉积物中 TN 污染指数年变化范围为 0.25~2.53，四季超标率分别为 67%、81%、80% 和 90%；各站位 TP 污染指数四季变化范围为 0.18~2.63，4 个季节超标率分别为 35%、80%、40% 和 51%；各季节 OC 含量均未超标；OC/N 原子比全年变化范围在 8.4~10.3 之间，平均值为 8.9±0.6。三沙湾盐田港海域共发现浮游植物 6 门 147 种，含变种（属）。整个调查期间以硅藻门种类数量最多，共有 115 种，占种类总数的 78.23%；其次是甲藻门，22 种，占总数的 14.97%；各站位细胞丰度周年变化范围为 $1.97×10^4$~$3.99×10^4$ cells/L，年平均值为 $2.88×10^4$ cells/L。浮游植物的多样性指数（H'）变化范围在 0.309~4.240 之间，各站位全年平均值为 2.370。

（2）龙须菜对三沙湾盐田港养殖海域生物修复能力研究

在龙须菜-小黄鱼养殖系统中，龙须菜的栽培对提高水体中的 DO 浓度有着明显的改善作用（$p<0.05$），水体中 DO 浓度变化范围为（5.92±0.36）~（7.85±0.08）mg/L，平均值为（7.12±0.23）mg/L；龙须菜修复区的 DIN 和 DIP 浓度均显著低于小黄鱼单养区（$p<0.01$）。小黄鱼单养区、龙须菜修复一区和修复二区 DIN 浓度分别为（0.675±0.047）mg/L、（0.595±0.094）mg/L 和（0.549±0.128）mg/L，修复二区平均修复效率最高，为 18.7%，修复一区的 DIN 去除率为 11.8%；对于 DIP，监测期间，3 个功能区的平均值分别为（0.131±0.007）mg/L、（0.118±0.014）mg/L 和（0.117±0.012）mg/L，修复一区和修复二区对 DIP 的去除率分别为 10.4% 和 10.8%。

在龙须菜-长牡蛎养殖系统中，实验结束时修复一区和修复二区的龙须菜特定生长率为 4.52%/d 和 4.11%/d，而下游大规模特定生长率最小，平均为 3.66%/d；1 个月之后长牡蛎长、宽、高分别增加了 0.3 cm、0.4 cm 和 0.5 cm；根据方差分析结果显示，不同功能区之间的 DIN 和 DIP 浓度差异极显著（$p<0.01$），两个修复区的营养盐浓度显著低于牡蛎单养区，龙须菜修复一区和二区对 DIN 去除率最大值为 25.1% 和 32.4%；两个修复区的 DIP 平均去除效率为 11.1% 和 16.3%。

（3）海带对三沙湾盐田港养殖海域生物修复能力的研究

在海带-小黄鱼养殖系统中，小黄鱼单养区、海带修复一区和修复二区水体中的 DO 浓度平均值分别为（6.11±0.19）mg/L、（7.06±0.20）mg/L 和（6.98±0.22）mg/L，海带的栽培对提高水体中的 DO 浓度有明显作用；两个海带修复区水体中的 TN 浓度平均值分别为（0.782±0.084）mg/L 和（0.780±0.077）mg/L，对 TN 的去除效率基本相同，为 12.3%；网箱单养区 TP 平均浓度最高，为（0.149±0.014）mg/L，海带修复一区对 TP 的平均去除率最高，为 26.6%，修复二区水体中 TP

含量平均值为（0.116±0.009）mg/L，去除率为22.5%；根据方差结果显示，海带对鱼-藻养殖系统中DIN的修复效率极显著（$p<0.01$），最高去除率分别为36.7%和47.4%；对DIP的修复效率显著（$p<0.05$），海带在2个修复区的修复效率最高去除率分别为28.6%和41.1%。监测期间，修复区海带特定生长率分别为3.6%/d和3.8%/d，高于下游对照区的特定生长率3.2%/d，在综合养殖系统中海带的收获量高于海带单养时的产量。

在海带-长牡蛎养殖系统中，按照功能区的特征可以划分为牡蛎单养区、海带修复一区、修复二区和海带-牡蛎混养区。监测期间，海带对贝-藻养殖系统中DIN和DIP的修复效率极显著（$p<0.01$），整个监测期间，海带修复二区水体中的DIN平均浓度为（0.637±0.121）mg/L，去除率为29.1%，栽培密度较小的修复一区为（0.651±0.079）mg/L，平均去除率为27.5%，贝-藻混养区水体中DIN平均浓度为（0.650±0.092）mg/L，去除率为27.7%；相对于牡蛎单养区，贝-藻混养区对水体中DIP的去除率最大，为33.5%，而海带修复一区和二区的DIP去除率分别为24.9%和19.1%。

（4）大型海藻对三沙湾海水养殖海域的修复策略

三沙湾养殖海域根据季节的变化，轮换栽培龙须菜和海带，每年5-6月和9-12月主要挂养龙须菜，而从12月开始到翌年的5月养殖海带，仅在水温比较高的7-8月无大规模海藻栽培。根据本文研究，三沙湾盐田港是一个氮过剩的系统。海带体内组织氮含量在1.34%~2.06%之间，每亩产量鲜重约为3.88 t，以干湿比1：7计算，每亩海带干重为0.55 t。通过推算，每100个大黄鱼网箱养殖需要栽培龙须菜48.7亩（每亩1 000 m苗绳），需要海带养殖量为112.1亩。截至2015年底，整个三沙湾大型海藻养殖面积为3 290 hm²，即49 350亩，而网箱约有21万口。因此，还需扩大龙须菜栽培面积1.24倍、海带栽培面积2.38倍才能实现氮的收支平衡。

参考文献：

蔡清海.2007.福建三沙湾海洋生态环境研究[J].中国环境监测,23(6):101-105.

陈佳荣.2000.水化学[M].北京:中国农业出版社.

董双林,潘克厚.2000.海水养殖对沿岸生态环境影响的研究进展[J].青岛海洋大学学报,30(4):575-582.

房月英.2008.三都湾赤潮监控区海水富营养化与赤潮发生的关系研究[D].福州:福建师范大学.

方宗熙,欧毓麟,崔竞进.1985.海带杂种优势的研究和利用——"单杂10号"的培育[J].山东海洋学院学报,15(1):64 -72.

费修绠,鲍鹰,卢山.2000.海藻栽培——传统方式及其改造[J].海洋与湖沼,31:575-580.

冯士筰,张经,魏皓,等.2000.渤海环境动力学导论[M].北京:科学出版社:132-134.

福建省海洋污染基线调查报告编委.2000.福建省第二次海洋污染基线调查报告[R].福州:福建省海洋渔业局.

高学鲁,宋金明,李学刚,等.2008.中国近海碳循环研究的主要进展及关键影响因素分析[J].海洋科学,32(3):83-90.

国家环境保护局.1997.GB 3097-1997中华人民共和国海水质标准[S].北京:中国标准出版社.

国家科学技术部农村与社会发展司,国家科学技术部中国农村技术开发中心.1999.浅海滩涂资源开发[M].北京:海洋 出版社.

胡明,韦章良,韩红宾,等.2014.三沙湾盐田港海水养殖海域水质调查与评价[J].上海海洋大学学报,23(4):582-587.

黄东仁,丁光茂.2014.三沙湾海域化学需氧量（COD）分布特征及相关性分析[J].福建水产,22(6):453-458.

黄洪辉,林钦,甘居利,等.2007.大鹏澳海水鱼类网箱养殖对沉积环境的影响[J].农业环境科学学报,26(1):75-80.

黄通谋,李春强,于晓玲,等.2010.麒麟菜与贝类混养体系净化富营养化海水的研究[J].中国农学通报,26(18):419 -424.

黄一平,杨锋,陆建明,等.湛江港疏浚弃土悬浮物对3种浮游植物生长的影响[J].绿色科技,2010,11(10):67-69.

嵇晓燕,崔广柏,杨龙元,等.2006.太湖水-气界面CO$_2$交换通量观测研究[J].环境科学,27(8):1479-1486.

贾后磊,温琰茂.2005.哑铃湾网箱养殖水体中氮磷结构特征[J].海洋通报,24(2):87-91.

蒋增杰,方建光,毛玉泽,等.2010.宁波南沙港养殖水域沉积物-水界面氮磷营养盐的扩散通量[J].农业环境科学学报,29(12):2413-2419.

蒋增杰,方建光,毛玉泽,等.2010.宁波南沙港网箱养殖水域营养状况评价及生物修复策略[J].环境科学与管理,35(11):162-167.

蒋增杰,方建光,韩婷婷,等.2013.大型藻类规模化养殖水域海-气界面CO$_2$交换通量估算[J].渔业科学进展,2013,34(01):50-56.

蒋增杰,方建光,毛玉泽,等.海水鱼类网箱养殖水域沉积物有机质的来源甄别[J].中国水产科学,19(2):348-354.

蒋增杰,方建光,王巍,等.2012.乳山宫家岛以东牡蛎养殖水域秋季海-气界面CO$_2$交换通量研究[J].水产学报,36(10):1592-1598.

江志兵,曾江宁,陈全震,等.2006.大型海藻对富营养化海水养殖区的生物修复[J].海洋开发与管理,11(4):57-63.

金振辉,刘岩,张静,等.2009.中国海带养殖现状与发展趋势[J].海洋湖沼通报,11(1):141-150.

李成高,崔毅,陈碧鹃,等.2006.唐岛湾网箱养殖区底层水营养盐变化及营养状况分析[J].海洋水产研究,27(5):56-61.

李杰,雷驰宙,陈伟洲.2012.南澳贝藻混养互利机制的初步研究[J].水产科学,31(8):449-453

李顺志,张高怡,王宝捷,等.1983.扇贝海带间养试验研究[J].海洋湖沼通报,11(4):70-75.

林航.2014.福建三沙湾的潮汐特征[J].福建水产,36(4):306-314.

林更铭,杨清良.2006.三沙湾宁德火电厂周边海域初秋浮游植物的种类组成和数量分布[J].台湾海峡,25(2):243-249.

林金美.1993.三沙湾浮游植物的分布[J].台湾海峡,12(4):319-323.

林永泰,张庆,杨汉运,等.1995.黑龙滩水库网箱养鱼对水环境的影响[J].水利渔业,22(6):6-10.

林永添.2010.三沙湾赤潮种类与理化要素关系的初步探讨[J].现代渔业信息,25(6):11-15.

林贞贤,汝少国,杨宇峰.2006.大型海藻对富营养化海湾生物修复的研究进展[J].海洋湖沼通报,13(4):131.

刘佳,叶庆富,刘永立,等.2008.氮磷富营养及海带对赤潮三角褐指藻生长的影响[J].核农学报,22(4):499-502.

刘启珍,张龙军,薛明.2010.胶州湾秋季表层海水pCO$_2$分布及水-气界面通量[J].中国海洋大学学报,40(10):127-132.

吕晓霞.2003.黄海沉积物中氮的粒度结构及在生物地球化学循环中的作用[D].北京:中国科学院海洋研究所.

卢慧明,廖小建,杨宇峰,等.2008.大型海藻龙须菜浸出组分对中肋骨条藻的化感抑制作用[J].生态科学,27(5):424-426.

马祖友,夏永健,石志洲,等.2013.2011年三沙湾增养殖区水环境质量评价[J].海洋开发与管理,12(7):75-78.

宁修仁,胡锡钢.2002.象山港养殖生态和网箱养鱼养殖容量研究与评价[M].北京:海洋出版社.

潘齐坤,罗专溪,邱昭政,等.2011.九龙江口湿地表层沉积物氮的形态分布特征[J].环境科学研究,24(6):673-678.

曲宝晓,宋金明,袁华茂,等.2013.东海海-气界面二氧化碳通量的季节变化与控制因素研究进展[J].地球科学进展,28(7):783-793.

邵留,于克锋,霍元子,等.2014.三沙湾海域水质周年变化分析与评价[J].上海海洋大学学报,22(2):228-237.

沈淑芬.2013.海带的生物修复作用及无性繁殖系的建立[D].福州:福建师范大学.

沈春宁,蒋增杰,崔毅,等.2007.唐岛湾网箱养殖区水体氮、磷含量特征及潜在性富营养化评价[J].海洋水产研究,28(3):98-104.

石宁.2008.人类开发利用对对三沙湾水环境质量的影响研究[D].南京:河海大学.

舒廷飞,罗琳,温琰茂.2002.海水养殖对近岸生态环境的影响[J].海洋环境科学,21(2):74-79.

宋金明.1991.二氧化碳的温室效应与全球气候及海平面的变化[J].自然杂志,14(9):649-653.

宋金明.1998.中国近海沉积物-海水界面化学[J].地球科学进展,13(6):81.

宋金明.2003.海洋碳的源与汇[J].海洋环境科学,22(2):75-80.

宋金明.2004.中国近海生物地球化学[M].济南:山东科技出版社.

孙永杰,潘培舜,王林夫,等.1991.贻贝与海带兼养技术推广试验[J].齐鲁渔业,33(2):16-17.

汤坤贤,焦念志,游秀萍,等.2005.菊花心江蓠在网箱养殖区的生物修复作用[J].中国水产科学,12(2):156-161.

唐启升.2011.碳汇渔业与又快又好的发展现代渔业[C]//碳汇渔业与渔业低碳技术.北京:中国工程院:1-2.

田铸平,高凤鸣,孙送,等.1987.海带贻贝间养对环境条件影响的研究[J].海洋湖沼通报,11(2):60-66.

王春忠,苏永全.2007.鲍藻混养模式的构建及其效益分析[J].海洋科学,31(2):27-30.

王从敏,张启龙,苗辉,等.1993.长岛养殖扇贝丰、欠原因的初步探讨[J].海洋湖沼通报(3):94-100.

王菊英,马德毅,鲍永恩,等.2003.黄海和东海海域沉积物的环境质量评价[J].海洋环境科学,22(4):21-24.

王圣瑞,焦立新,金相灿,等.2008.长江中下游浅水湖泊沉积物总氮、可交换态氮与固定态铵的赋存特征[J].环境科学学报,28(1):37-43.

王文松,薛明,张龙军.2012.2011年3月胶州湾表层海水pCO_2及海-气界面通量[J].中国海洋大学学报:自然科学版,42(7/8):144-149.

汪心沅.1990.泥蚶和菲律宾蛤仔对环境中氨的耐受力[G]//90年代最新海水养殖技术:453-458.

王兴春.2006.三沙湾夏季浮游植物(Phytoplankton)分布状况初步研究[J].现代渔业信息,21(7):20-22.

王远隆,杨晓岩.1992.扇贝死亡原因及其防治[J].海水养殖,43-44(1/2):61-65.

王肇鼎,彭云辉,孙丽华,等.2003.大鹏澳网箱养鱼水体自身污染及富营养化研究[J].海洋科学,27(2):77-81.

翁焕新,陈立红,楼竹山,等.2004.沿海沉积营养物质对引发赤潮的潜在影响[J].浙江大学学报(理学版),31(5):595-600.

韦章良.2016.三沙湾盐田港养殖海域大型海藻生态修复策略研究[D].上海:上海海洋大学.

吴树敬.1997.海带贻贝套养技术[J].中国水产,11(8):30-31.

许强.2007.贝藻混养系统中贝类食物来源的定量分析[D].青岛:中国科学院海洋研究所.

徐恒振,周传光,马永安,等.2000.中国近海近岸海域沉积物环境质量[J].交通环保,21(3):16-18,46.

徐惠君,黄文怡,王菲,等.2011.洞头海区大型海藻养殖净化海水水质的研究[J].生物学通报,46(3):49-50.

徐姗楠,温珊珊,何培民,等.2008.真江蓠(Gracilaria verrucosa)对网箱养殖海区的生态修复及生态养殖匹配模式[J].生态学报,28(4):1466-1475.

徐姗楠.2008.大型海藻栽培对富营养化海区的生态修复功能研究[J].上海海洋大学学报,22(6):10-56.

徐永健,钱鲁闽.2004.海水网箱养殖对环境的影响[J].应用生态学报,15(3):532-536.

杨波,王保栋,韦钦胜,等.2012.低氧环境对沉积物中生源要素生物地球化学循环的影响[J].海洋科学,36(5):124-129.

叶海桃,王义刚,曹兵.2007.三沙湾纳潮量及湾内外的水交换[J].河海大学学报:自然科学版,35(1):96-98.

袁秀堂,杨红生,周毅,等.2008.刺参对浅海筏式贝类养殖系统的修复潜力[J].应用生态学报,19(4):866-872.

张继红,吴文广,任黎华,等.2013.桑沟湾表层水pCO_2的季节变化及影响因素分析[J].渔业科学进展,34(1):57-64.

张龙军,王婧婧,张云,等.2008.冬季北黄海表层海水pCO_2分布及其影响因素探讨[J].中国海洋大学学报,38(6):955-960.

曾志南,宁岳.2011.福建牡蛎养殖业的现状、问题与对策[J].海洋科学,35(9):112-118.

詹兴旺.安海湾环境容量及其应用研究[D].厦门:国家海洋局第三研究所.

中国海湾志编纂委员会.1994.中国海湾志[M].北京:海洋出版社.

钟文珏,曾毅,祝凌燕.2013.水体沉积物质量基准研究现状[J].生态毒理学报,8(3):285-294.

周然,彭士涛,覃雪波,等.2013.渤海湾浮游植物与环境因子关系的多元分析[J].环境科学,34(3):864-873.

周毅,杨红生,张福绥.2003.海水双壳贝类的生物沉积及其生态效应[J].海洋科学,27(2):23-26.

邹定辉,高坤山.2001.高 CO_2 浓度对石莼光合作用及营养盐吸收的影响[J].青岛海洋大学学报,31(6):877-882.

Alber M,Valiela I.1994.Production of microbial organic aggregates from macrophyte derived organic material[J].Limnology and Oceanography,39(1):37-50.

Alongi D M,Chong V C,Dixon P,et al.2003.The influence of fish cage aquaculture on pelagic carbon flow and water chemistry in tidally dominated mangrove estuaries of peninsular Malaysia[J].Marine Environmental Research,55(4):313-333.

Beveridge M,Ross LG,Kelly LA.1994.Aquaculture and biodiversity[J].Ambio,23:497-502.

Bolton J,Robertson-Andersson D V,Troell M, et al.2006.Integrated system incorporates seaweeds in South African abalone culture[J].Global Aquac Adv,9:54-55.

Buschmann A H,Riquelme V A,Hernandez-Gonzalez M C,et al.2006.A review of the impacts of salmonid farming on marine coastal ecosystems in the southeast Pacific[J].ICES Journal of Marine Science,63(7):1338-1345.

Cahoon L B,Nearhoof J E,Tilton C L.1999.Sediment grain size effect on benthicmicroalgal biomass in shallow aquatic ecosystems[J].Estuaries,22 (3B):735-741.

Chen Baohong,Xu Zhuhua,Zhou Qiulin, et al. 2010. Long-term changes of phytoplankton community in Xiagu waters of Xiamen,China[J].Acta Oceanology Sinica,29(6):104-114.

Chopin T,Buschmann A H,Halling C,et al.2001.Integrating seaweeds into marine aquaculture systems:A key toward sustainability[J].Journal of Phycology,37(6):975-986.

Cooper D J,Watson A J,Ling R D.1998.Variation of $p\mathrm{CO}_2$ along a North Atlantic shipping route (U.K.to Caribbean):A year of automated observations[J].Marine Chemistry,60:147-164.

Da Silva C A,Train S,Rodrigues L C.2005.Hytoplankton assemblages in a Brazilian subtropical cascading reservoir system[J].Hydrobiologia,537(1/3):99-109.

Enell M.1995.Environmental impact of nutrient from Nordic fish farming[J].Wat Sei Tech,31(10):61-71.

Fanning K A,Carder K L,Betzer P R.1982.Sediment resuspension by coastal waters:a potential mechanism for nutrient re-cycling on the ocean's margins[J].Deep-Sea Research,29:953-965.

Gao K,Mckinley K R.1994.Use of macroalgae for marine biomass production and CO_2 remediation:a review[J].Journal of Applied Phycology,1994,6:45-60.

Glibert P M,Garside C,Fuhrman J A,et al.1991.Time-dependent coupling of inorganic and organic nitrogen uptake and regeneration in the plume of the Chesapeake Bay estuary and its regulation by large heterotrophs[J].Limnology and Oceanography,36(3):895-909.

Haiyan Li,Xingju Yu,Yan Jin,et al.2008.Development of an eco-friendly agar extraction technique from the red seaweed Gracilaria lemaneiformis[J].Bioresource Technology,99:3301-3305.

Hall P O J,Anderson L G,Holby O,et al.1990.Chemical flux and mass balances in a marine fish cage farm I.Carbon[J].Marine Ecology Progress Series,61:61-73.

Holby O,Hall P O J.1991.Chemical flux and mass balances in a marine fish cage farm II.Phosphorus[J].Marine Ecology Progress Series,70:263-272.

Huo Y Z,Xu S N,Wen S S,et al.2012.Bioremediation efficiency of Gracilaria verrucosafor an integrated multi-trophic aquaculture system with Pseudosciaena croceain Xiangshan harbor,China[J].Aquaculture,326-329:99-105.

Jennings J C,Gordin L I,Nelson D M.1984.Nutrient depletion indicates high primary productivity in the Weddell Sea[J].Nature,309:51-54.

Jiang Z J,Fang J G,Mao Y Z,et al.2010.Eutrophication assessment and bioremediation strategy in a marine fish cage culture area in Nansha Bay,China[J].Journal of Applied Phycology,22:421-426.

Jones A B,Denhison W C,Stewart G R.1996.Macroalgal responses to N source and availability:Amino acid metabolic profiling as a bioindicator using Gracilares edulis(Rhodophyta)[J].Phycological Research(32):757-766.

Kautsky N,Evans S.1987.Role of biodeposition by Mytilusedulisin the circulation of matter and nutrients in a Baltic coastal ecosystem[J].Mar Ecol Prog Ser(38):201-212.

Lagus A,Suomela J,Weithoff G,et al.2004.Species-specific differences in phytoplankton responses to N and P enrichments and the N:P ratio in the Archipelago Sea,northern Baltic Sea[J].Journal of Plankton Research,26(7):779-798.

Lefebvre S,Barilléb L,Clerca M.2000.Pacific oyster (*Crassostreagigas*)feeding responses to a fish-farm effluent[J].Aquaculture,187(1/2):185-198.

Hernández I,Pérez-Pastor A,Vergara J J,et al.2006.Studies on the biofiltration capacity of Gracilariopsis longissima:From microscale to macroscale[J].Aquaculture,252(1):43-53.

Li Chaolun,Zhang Yongshan,Sun Song,et al.2010.Species composition,density and seasonal variation of phytoplankton in Sanggou Bay,China[J].Progress in Fishery Sciences,31(4):1-8

Liu C Q,Liu L S,Shen H T.2010.Seasonal variations of phytoplankton community structure in relation to physico-chemical factors in Lake Baiyangdian,China[J].Procedia Environment Science,2:1622-1631.

Martínez B,Pato L S,Rico J M.2012.Nutrient uptake and growth responses of three intertidal macroalgae with perennial,opportunistic and summer-annual strategies[J].Aquat Bot,96(1):14-22.

Mehrhach C,Cullberson C H,Hawley J E,et al.1973.Measurement of the apparent dissociation constants of carbonic acid in seawater of at atmospheric pressure[J].Limnol Oceeanoger,18(6):897-907

Millero F J.1995.Thermodynamics of the carbon dioxide system in the oceans[J].Geochimica et Cosmochimica Acta,59:661-677.

Myung Soo Han,Ken Furuya,Takahisa Nemoto.1989.Phytoplankton distribution in a frontal region of Tokyo Bay,Japan in November 1985[J].Journal of the Oceanographical Society of Japan,45:301-309.

Nakai S,Inoue Y,Hosomi M,et al.1993.Growth inhibition of blue-green algae by allelopathic effects of macroalgals[J].Water Science Technology,39:37-53.

Neori A,Cohen I,Gordin H.1991.Ulva lactucabiofilters for marine fishpond effluents:Ⅱ.Growth rate,yield and C:N ratio[J].Bot Mar,34:483-489.

Peng Shitao,Qin Xuebo,Shi Honghua,et al.2012.Distribution and controlling factors of phytoplankton assemblages in a semi-enclosed bay during spring and summer[J].Marine Pollution Bulletin,64:941-948.

Richlen M L,Morton S L,Jamali E A,et al.2010.The catastrophic 2008-2009 red tide in the Arabian gulf region,with observations on the identification and phylogeny of the fish-killing dinoflagellate Cochlodinium polykrikoides[J].Harmful Algae,9:163-172.

Sarà G,Scilipoti D,Mazzola A,et al.2004.Effects of fish farming waste to sedimentary and particulate organic matter in a southern Mediterranean area (Gulf of Castellammare,Sicily):a multiple stable isotope study (δ^{13}C and δ^{15}N)[J].Aquaculture,234:199-213.

Sarg,Scilipoti D,Mazzola A,et al.2004.Effects of fish farming waste to sedimentaryand particulate organic matter in a southern-Mediterranean area(Gulf of Castellammare,Sicily):a multiple stable sotopestudy (^{13}C and^{15}N)[J].Aquaculture,234:199-213.

Shpigel M,Lee J,Soohoo B,et al.1993.The use of out flow water from fish ponds as a good source for Pacific oyster (Crassostrea gigas)Thunberg[J].Aquac Fish Manage,24:529-543

Smith V H.1998.Cultural eutrophication of inland,estuarine,and coastal waters[M]//Successes Limitations and Frontiers in Ecosystem.Science Springer:7-49.

Sophie C,Leterme,Jan-Georg Jendyk,et al.2014.Annual phytoplankton dynamics in the Gulf Saint Vincent,South Australia,in 2011[J].Oceanologia,56(4):757-778.

Tang Q S,Zhang J H,Fang J G.2011.Shellfish and seaweed mariculture increase atmospheric CO_2 absorption by coastal ecosystems[J].Marine Ecology-progress Series,424:97-104.

Tsunogai S,Watanabe S,Sato T.1999.Is there a "continental shelf pump" for the absorption of atmospheric CO_2[J].Tellus B,51(3):701-712.

Turley C M.2000.Bacteria in the cold deep-sea benthic boundary layerand sediment-water interface of the NE-Atlantic[J].FEMS Microbiology Ecology,33:89-99.

Vandemeulen H,Gord H.1990.Ammonium uptake using Ulva (Chlorohphyta) in intensive fishpond systems:mass culture and treatment of effluent[J].J Appl Phycol,2:263-374.

Wang Lan,Wang Chao,Deng Daogui,et al.2015.Temporal and spatial variations in phytoplankton:correlations with environmental factors in Shengjin Lake,China[J] Environ Sci Pollut Res,22:14144-14156.

Wang X L,Lu Y L,He G Z,et al.2007.Exploration of relationships between phytoplankton biomass and related environmental variables using multivariate statistic analysis in a eutrophic shallow lake:A 5-year study[J].Journal of Environmental Sciences,19:920-927.

Weiss R F.1974.Carbon dioxide in water and seawater:the solubility of a non-ideal gas[J].Marine Chemistry,2(3):203-215.

Wilhm J L.1970.Range of diversity index in benthic macroinverte-brate populations[J].J Water Pollut Control Fed,42:221-224.

Wu R S S.1995.The environmental impact ofmarine fish culture towards a sustainable future[J].Marine Pollution Bulltin,31:159-166.

Ye L,Ritz D A,Fenton G E,et al.1991.Tracing the influence on sediments of organicwaste from a salmonid farm using stable isotope analysis[J].Journal of Experimental Marine Biology and Ecology,145:161-174.

Yu Z H,Zhou Y,Yang H S,et al.2014.Survival,growth,food availability and assimilation efficiency of the sea cucumber Apostichopus japonicusbottom-cultured under a fish farm in southern China[J].Aquaculture,426-427:238-248.

第7章　基于海陆统筹的海洋生态
文明建设推进对策

21世纪是海洋的世纪。科学开发和利用海洋资源，是解决人口增长、资源短缺、环境恶化三大世界难题的必然选择，是实现人类社会可持续发展的重要途径。国际上，越来越多的国家把目光转向海洋，对海洋发展战略给予了空前重视，海洋生态文明建设成为海洋可持续发展的重要保障。开展海洋生态文明建设，逐步形成海洋环境友好、海洋资源节约利用、海洋开发有度、海洋污染排放有序、海洋环境管理制度健全、全民参与、人海关系和谐的良好局面，基本形成节约海洋资源和保护海洋生态环境的海洋产业结构、经济增长方式和消费模式。加强海洋生态文明建设，提升海洋可持续发展能力，已成为沿海地区社会经济科学发展的当务之急，是全面推进国家生态文明建设、建设美丽中国的重要内容。

根据海洋生态文明建设的背景、压力剖析和案例研究分析可知，从海陆统筹的视角来看，我国海洋生态文明建设与海岸带生态系统管理面临的主要问题是：

（1）海洋生态环境健康的胁迫主要在陆上，生态效应主要反映在部分近岸海域（特别是重要海湾、河口、滨海湿地）富营养化等引发的生态退化。

（2）快速城镇化和工农业生产生活发展是流域污染负荷增加的主要因素，也给海岸带生态健康维持带来严峻挑战。

（3）基于生态系统的海洋管理缺乏有效抓手，海洋资源环境承载力监测、评估、预警及调控技术体系尚不健全，对海洋管理的支撑作用有待进一步加强。

据此，我们基于陆海统筹的理念提出当前我国海洋生态文明建设推进对策。

7.1　城镇化背景下海岸带生态健康保障对策与实施路径

城镇化影响下近海环境健康功能的保障，应以生态文明为理念，以海陆统筹为指导，以流域-河口-近岸海域为对象，以观测监测、评价评估、规划设计、管理控制、预测预警为基本手段，实现人与自然全面协调可持续发展。

一方面，对城镇化进程中不可避免的污染物入海排放、围海造地等行为，应以预防和减缓为原则，进行有效的管理和控制，完善城镇污染人工处理体系，加强围海造地活动总量控制和规划评估，争取从源头上减少城镇化对近海环境的影响。另一方面，对于已经产生的影响，如近海水质污染、岸线过度开发等，坚持自然恢复和工程修复相结合，健全近海环境污染防治与修复技术体系，完善海洋环境保护与生态修复的制度，全面推进近海环境健康功能保护和恢复。

同时，应建立和完善近海环境动态监测和评估体系，加快建立人类活动对近海环境影响机制的模拟仿真和预测预警体系，提高人们对风暴潮、赤潮等海洋灾害的应急和处理能力。

另外，应以宣传教育为主要手段，大力提倡爱护海洋环境的生活习惯，提高公众海洋环境保护意识，弘扬人与自然和谐相处的核心价值观，在全社会牢固树立海洋生态文明理念，把近海环境健康功能保障变成公众的自觉行动。

7.1.1 完善入海陆源污染物污染防控和治理

1) 建立流域–河口–近海综合协调机制

根据海陆统筹的指导，城镇化对近海环境排污的治理和控制应以流域–河口–近海为对象，进行综合规划和管理。从而，对于城镇化污染治理，一方面应加强流域地区和河流入海口污染的防控和治理，重视对河口地区和近岸海域生态环境的保护与修复；另一方面，应加强近海环境质量状况及其环境容量的监测和评估，尽快建立和实施重点海域主要污染物总量控制制度，控制陆源污染物排海总量。因此，城镇化对近海环境排污的管理应遵循流域–河口–近海综合治理方针，建立海陆统筹、河海统筹协调机制。

2) 加强陆源污染入海排放总量控制

开展陆源入海污染物调查，科学界定海洋环境容量，合理制定海域水质管理目标、减排指标和减排方案。采取排放浓度标准与排放总量指标相结合的方式来控制污染物排放，合理分配排放配额。污染入海排放除了必须达到国家和地方排放标准外，在海洋生态环境敏感区和脆弱区，在达标条件下所增加的污染物排放总量，要等量削减，有效控制地区污染负荷的增加。总量削减是污染入海排放总量控制的关键。不同区域和不同方式的污染削减对近岸海域水体的污染负荷不同，使得污染削减不仅涉及到近岸海域污染负荷的问题，还涉及到污染削减成本以及成本分担问题，应从科研和管理两方面科学设计最优的污染削减方案。同时，需要加快制定和完善与污染入海排放总量控制相关的政策、法规和标准体系。

3) 开展生态工程建设

根据生态文明理念，城镇化建设过程中，对流域–河口–近岸海域的环境保护和污染治理应以生态工程建设为手段。可以以支流、干流岸堤和区域防护林网为重点，带动全流域大面积绿化工程，形成河流、河口、沿海、城镇绿化体系。应充分发挥河口湿地净化能力，注重对已有生态环境的保护，建立以人工湿地为主的河口人工控制自然净化系统，对河流污染入海起到闸门的作用。同时，应科学论证和开展离岸排放工程，充分利用近岸海域的自净能力。另外，扩大海洋自然保护区面积，实施海岸带、重点海域以及典型生态系统的专项整治修复项目，加快修复受损区域生态系统功能。

7.1.2 加强围海造地规划与管理

1) 严格围海造地总量控制和审批

严格围填海项目审查，严格执行围填海禁填限填要求，从严限制单纯获取土地性质的围填海项目，对存在"围而不填、填而不建"的区域暂停受理围填海申请，引导新增建设项目向存量围填海区域聚集。明确不同围海造地项目的审批部门，强化围海造地审批管理，严格执行围海造地的申请与审批制度，建立健全围海造地预审制度。鼓励有利于海洋资源和生态环境保护的开发利用活动，严格控制较大程度影响海海洋生态环境的围海造地项目，严禁不符合海洋功能区划和海域使用规划、破坏海域资源等的围海造地项目。

2）完善围海造地规划论证

按照总量控制、提高利用效率和可持续利用的原则，根据经批准的海洋功能区划以及当地经济和社会发展状况、海洋环境保护和海上交通安全的要求，科学合理编制围海造地总体规划，统筹安排各区域围海造地项目。根据海洋经济发展规划和国家产业政策，适时适度调控围海造地规模。加强围海造地项目海域使用论证评估。

3）加强岸段保护与修复

一方面，加强自然岸段修复与保护。实施自然岸线保有率目标控制制度，将全国海洋功能区划确定的控制目标逐级细化分解至沿海各级政府，严格限制改变海岸自然属性的开发利用活动，集中布局确需占用岸线的建设用海，将占用自然岸线长度作为项目用海审查的重点内容。实施自然岸线专项整治修复项目，加快修复受损自然岸线的生态系统。另一方面，加强对人工岸线的生态化建设。科学合理利用现有人工岸线，优化和调整人工岸线开发类型与程度，加强对部分人工岸线的生态化建设。在开发利用人工岸线时，充分考虑能否使人工岸线发挥一部分生态功能。将部分合适的人工岸线建设成为生态岸线，以补偿由于自然岸线保有率低而导致的海岸线生态系统功能低的状况。

4）建立围海造地生态补偿机制

建立切实可行的围海造地生态补偿机制，合理利用经济机制和利益杠杆类工具来约束和调整盲目圈占海域、竞相围海造地的行为，实现海域资源的高效配置和良性循环，减少和防止经济增长过程中的资源浪费和环境破坏。应制定和颁布目标清晰、责任明确的围海造地生态补偿机制的法律法规，明确界定围海造地生态补偿的主体、对象、补偿内容、补偿形式、补偿标准以及相应的法律责任等。其中，围海造地补偿形式除了征收一定补偿金额之外，还应包括对受损区域的生态修复等实际补救措施。

7.1.3 加快建立海岸带生态健康监测评估和预测预警机制

1）完善海岸带生态健康监测评估体系

以海岸带复合生态系统理论为指导，以海陆统筹为原则，基于海洋生态系统服务，综合监测和评估海岸带生态系统健康状况，指导海洋生态文明示范区建设。海洋生态系统服务是海洋生态文明的基础，海岸带生态系统健康是海洋生态文明示范区建设的根本保障。基于生态系统服务的海岸带生态健康监测和评估是将人类对自然和生态系统的认识成果应用于海洋经济决策的桥梁，是海洋生态保护与恢复、基于生态系统的海岸带综合管理等的科学指导，同时也为海洋生态文明示范区建设指标的确定提供重要依据。

2) 推进海岸带生态系统模拟仿真与预测预警

动态监测和预测预警的有效结合，是保障城镇化影响下海岸带生态健康的重要机制，而人类活动对近海生态系统影响的模拟仿真体系是建立该机制的基础平台。我国的海洋动态监测评估尚未与有效的海洋生态系统模拟仿真平台相结合，未能及时有效地提供精确的预测预警信息。对于城镇化影响下的海岸带生态健康保障，一方面应建立流域-河口-近岸海域的综合影响模拟仿真体系，弄清不同区域之间的相互作用，同时加强对近岸海域风暴潮、赤潮等海洋灾害的预测预警；另一方面，围海造地对海洋生态系统影响复杂，应加快建立和完善围海造地对海洋生态系统影响的模拟系统，建立围海造地影响预测预警体系，提高围海造地管理的科学性。

7.2 基于海洋资源环境承载能力的区域可持续发展提升对策

7.2.1 加快建立海洋资源环境承载能力监测预警机制

建立资源环境承载能力监测预警机制，是全面深化改革的一项创新性工作，是促进区域可持续发展的重要措施。党的十八届三中全会通过的《中共中央关于全面深化改革若干重大问题的决定》指出："建立资源环境承载能力监测预警机制，对水土资源、环境容量和海洋资源超载区域实行限制性措施"。该机制的建立，有利于更加清晰认识不同区域国土空间的特点和属性，协调人口、经济和资源环境；有利于科学评价待定区域资源环境超载问题的根源，有效控制开发强度；有利于明确资源利用上限、环境容量底线和生态保护红线，指导政府空间开发管控；有利于推动形成按资源环境承载能力谋划发展的长效机制，推进生态文明建设。

资源环境承载能力监测预警机制的建立，应从资源环境承载能力的科学内涵出发，以区域可持续发展为导向，探究资源、环境等构成的自然条件这一承载体与人类生产生活这一承载对象之间的交互过程。海洋资源环境承载能力预警主要包括两方面，一是从资源环境约束上限或人口经济合理规模等关键阈值开展的超载预警，二是从自然条件变化或资源利用和环境影响变化开展的过程预警。前者主要关注资源的最大可持续利用量、环境容量以及最大种群数量等单因素的阈值计算。除了监测预警资源环境利用过程中是否超出其合理阈值之外，可持续管理应同时超前给出临界预警。在合理阈值没有具体定量化之前，科学监测资源环境承载能力影响因素，按照环境质量标准或环境质量变化状态给出过程预警，不失为一种科学有效的管理方式。

长期以来，我国建立了较为系统的海洋资源、环境监测体系，特别是对近岸海域经常开展海洋生态环境监测评价。但这些工作往往过多关注海洋自然生态系统状况本身，监测评价结果与近海海域人类活动干扰和强度的联系缺乏系统的分析，关于如何根据资源环境承载状况开展人类活动的预警并作出调整对策的研究和技术支撑工作更为少见。

当前，基于生态系统的海洋管理缺少有效抓手。关键在于生态系统的生态要素及其关系复杂，海洋环境、资源监测要素繁多，单纯从单一要素来分析海洋生态系统的健康状态往往顾此失彼，缺少综合性的科学评估指标，亟待建立资源环境承载力评价指标体系和常态化监测预警制度。

7.2.2 加快制定并完善生态红线

为强化生态保护，《国务院关于加强环境保护重点工作的意见》（国发〔2011〕35号）明确提出，在重要生态功能区、陆地和海洋生态环境敏感区、脆弱区等区域划定生态红线。国家提出划定生态保护红线的战略决策，旨在构建和强化国家生态安全格局，遏制生态环境退化趋势，力促人口资源环境相均衡、经济社会和生态效益相统一。

海洋生态文明建设应将海洋生态红线制度作为重要示范内容，将重要、敏感、脆弱海洋生态系统纳入海洋生态红线区管控范围并实施强制保护和严格管控。2016年，国家海洋局印发《关于全面建立实施海洋生态红线制度的意见》指出海洋生态红线划定的基本原则是保住底线、兼顾发展、分区划定、分类管理、从严管控；管控指标包括海洋生态红线区面积、大陆自然岸线保有率、海岛自然岸线保有率、海水质量4项；管控措施包括严控开发利用活动、加强生态保护与修复、强化陆海污染联防联治3类。为从技术上保障全国海洋生态红线划定工作的规范性，国家海洋局配套印发了《海洋生态红线划定技术指南》，对海洋生态红线的划定原则、控制指标确定、划定技术流程、红线区识别和范围确定等进行了全面详细的规范。

同时，我们注意到海洋生态红线内涵非常丰富，既可以指需要保护的海域地理边界，也可以指海洋资源开发的上限，可以是海岸带地区承载的人类开发强度，还可以理解为渔业资源捕捞的时间范围和强度……因此，海洋生态红线是海洋生态系统管理的标尺，随着管理工作的不断深入和需求的不断细化，对生态红线划定的要求会越来越高。海洋生态红线划定技术亟待深入研究和完善。

7.2.3 加快推进海洋生态修复科技创新

我国近岸海域生态退化的主要因素可分为围填海等引起的生境破碎或丧失、过渡捕捞等引起的渔业资源衰退、污染等引起的富营养化及其进而发生的赤潮、绿潮灾害、生物多样性降低等多种类型（石洪华等，2012）。同时，我国近岸海域生态类型多样，既包含河口、海湾、开阔性海域，也有红树林、珊瑚礁、海草、芦苇、碱蓬、柽柳等典型滨海湿地，更有各种类型的海水养殖区，还有鱼类产卵场、索饵场、育幼场和洄游通道等重要生境。不同生态类型和特征的生态系统稳定性维持机制及退化机制各有特点，不同区域的海域人类活动干扰也不尽相同。因此，需要加强海洋生态修复技术的科技攻关，建立不同类型海域、不同修复目的、不同压力情境下的海洋生态修复技术体系，为海洋生态文明建设和资源环境承载力修复及提升提供基础技术保障（姜欢欢等，2013）。

7.3 健全海洋生态文明制度

海洋生态文明建设应以法律法规为基础。国家海洋局高度重视顶层设计，为海洋生态文明建设织起了严密保护的"笼子"，让绿色发展"底色"更亮，健全制度，使保护生态有章可循（崔鲸涛，2017）。

目前，国家关于海洋生态文明建设发布的主要规范性文件和制度有：《中共中央 国务院关于加快推进生态文明建设的意见》《生态文明体制改革总体方案》《全国海洋主体功能区规划》《水污染防治行动计划》《海洋环境保护法》（2016 年 11 月，新修改的《海洋环境保护法》经全国人大常委会审议通过）等。国家海洋局发布的关于海洋生态文明建设的管理制度包括：国家海洋局《关于开展"海洋生态文明示范区"建设工作的意见》（国海发〔2012〕3 号）、国家海洋局关于印发《海洋生态文明示范区建设管理暂行办法》和《海洋生态文明示范区建设指标体系（试行）》的通知（国海发〔2012〕44 号）、国家海洋局关于印发《海洋生态损害评估技术指南（试行）》的通知（国海环字〔2013〕583 号）、《国家海洋局海洋生态文明建设实施方案》（2015 年–2020 年）（国海发〔2015〕8 号）、国家海洋局关于印发海洋督察方案的通知（国海发〔2016〕27 号）、《关于全面建立实施海洋生态红线制度的意见》（国家海洋局，2016 年 6 月）、《国家海洋局印发<国家海洋局关于进一步加强渤海生态环境保护工作的意见>的通知（国海发〔2017〕7 号）》等。这些法律法规和制度为海洋生态文明建设提供了法制保障。

同时，我们注意到关于流域污染防治、海洋生态补偿制度、海湾污染防治、海洋资源环境承载力监测预警等方面尚缺少专门的法律法规，我国海洋生态文明建设的制度建设亟待完善。

7.3.1 加快建立完善海洋生态补偿制度

以海岸带复合生态系统理论为指导，进一步强化人在海岸带复合生态系统中的调控作用研究。以海洋生态补偿作为海岸带生态系统人海关系调控的重要途径。按照破坏者付费（破坏者应当就其行为对海洋生态系统造成的负面影响负责）、使用者付费（海洋环境资源的使用者应当就使用稀缺资源向政府或社会补偿）、受益方付费原则（受益方应当补偿海洋生态系统服务的供应方）、对保护者的补偿（对海洋生态建设做出贡献的群体或个体应当按照其投资和机会成本得到补偿）的主要原则，本着谁开发谁保护、谁破坏谁赔偿、保护与开发并重的海洋自然资源利用与保护思想，将海洋环境的优良状态作为海洋资源品质的重要衡量标准，积极推进海洋环境损害、海洋工程影响、海洋生态修复、海洋保护区建设等产生的海洋生态系统服务利益相关者之间生态、经济利益平衡与调整，建立海洋生态补偿的理论、技术和制度体系（郑伟等，2011）。

7.3.2 加快推进海洋自然资源资产负债表制度

海洋自然资源资产负债表是指记录一定时期内海洋自然资源资产的实物量和价值量、存量和流量、分类量和综合量等各种项目的列表，反映海洋开发利用活动所消耗自然资源资产、破坏生态环境的状况。海洋自然资源资产负债表制度对海洋生态文明建设具有重大意义，不但是对传统海洋资源管理方式的创新，还能为转变海洋资源的开发利用方式、提高海洋资源的利用效率提供充分依据，并为将海洋资源状况纳入海洋生态文明建设绩效考核机制提供一种科学合理的量化考核工具（刘大海等，2016）。应进一步开展海洋自然资源资产负债表理论研究和实践应用，遵循"先实物、再价值"、"先存量、再流量"、"先分类、再综合"的原则（石洪华等，2016），建立海洋自然资源资产负债表实物账户和价值账户，加快推进海洋自然资源资产负债表制度，为海洋生态文明建设提供基础制度支撑。

7.4　以点带面推进海洋生态文明示范区建设

7.4.1　遵循海洋生态文明示范区建设的原则

国家海洋局 2012 年印发的《海洋生态文明示范区建设管理暂行办法》指出："海洋生态文明示范区建设应当遵循统筹兼顾、科学引领、以人为本、公众参与、先行先试的原则。坚持在开发中保护、保护中开发，坚持规划用海、集约用海、生态用海、科技用海、依法用海，促进海洋资源环境可持续利用和沿海地区科学发展"（国海发〔2012〕44 号）。

7.4.2　明确海洋生态文明示范区建设的目标

1）总体目标

海洋生态文明建设，也就是逐步形成环境友好、资源节约、开发有度、排放有序、管理有据、全民参与的人海关系和谐的良好局面，基本形成节约海洋资源和保护海洋生态环境的海洋产业结构、增长方式、消费模式。具体表现为：海陆统筹、河海兼顾，建立海洋生态保护与建设的综合协调机制，加强海洋污染物防治和管控能力，健全海域海洋环境状况监测和预报机制，提高海洋突发事件处理和应急能力；进一步提升海洋生态环境质量，使受损海洋生境的生态系统结构和功能得以修复，重要生境得以有效保护，海洋资源环境承载能力有效提高，海洋对社会经济发展的支持和保障作用进一步提升；进一步规范海洋经济开发秩序，建立和健全各具特色、功能完备的海洋保护区网络体系，加强海洋生态文明宣传教育活动，使公众的海洋环境保护意识和海洋生态文明意识明显提高；基本形成节约海洋资源和保护海洋生态环境的海洋产业结构、增长方式、消费模式，探索沿海地区生态保护与建设的先进模式和经验，支撑国家海洋强国战略的实施。

2）目标体系

党的十八大报告指出，"要把资源消耗、环境损害、生态效益纳入经济社会发展评价体系，建立体现生态文明要求的目标体系、考核办法、奖惩机制"。海洋生态文明示范区的申报、考察、考核和评估应严格按照海洋生态文明示范区建设的目标体系。

作者所在的国家海洋局第一海洋研究所课题组作为技术支撑团队参与了海洋生态文明示范区建设指标体系研究。国家海洋局 2012 年印发了《海洋生态文明示范区建设指标体系（试行）》（国海发〔2012〕44 号），包括海洋经济发展、资源集约利用、生态保护建设、海洋文化建设、海洋管理保障五个方面的海洋生态文明示范区建设指标体系。这些指标体系提出了具体的参考标准和评分方法，也可作为当前海洋生态文明示范区建设的目标体系。

7.4.3 发挥海洋生态文明示范区的推动和引领作用

国家海洋局《关于开展"海洋生态文明示范区"建设工作的意见》（国海发〔2012〕3号）指出，深入开展海洋生态文明示范区建设，积极探索沿海地区经济社会发展与海洋生态环境保护相协调的科学发展模式，是落实科学发展观、推动我国海洋生态文明建设的重要举措。当前，国家海洋局已于2013年批准山东省威海市、日照市、长岛县，浙江省象山县、玉环县、洞头县，福建省厦门市、晋江市、东山县，广东省珠海横琴新区、南澳县、徐闻县为首批国家级海洋生态文明建设示范市、县（区）；于2015年批准辽宁省盘锦市、大连市旅顺口区，山东省青岛市、烟台市，江苏省南通市、东台市，浙江省嵊泗县，广东省惠州市、深圳市大鹏新区，广西壮族自治区北海市，海南省三亚市和三沙市等全国12个地区为国家级海洋生态文明建设示范区。国家级海洋生态文明建设示范区是深化海洋综合管理、促进海洋强国建设的重要抓手，对于推动沿海地区经济、社会发展方式转变，实现海洋环境生态融入沿海经济社会发展具有重要作用。

海洋生态文明示范区建设应重点在海洋经济发展方式、海洋重要生境保护经验、海洋生态修复技术、海陆统筹发展方式等方面大胆探索，为全国海洋生态文明建设先行先试，发挥技术引领作用。

参考文献：

崔鲸涛.2017-06-05.绿色:厚植绿色海更蓝[N].中国海洋报.

姜欢欢,温国义,周艳荣,等.2013.我国海洋生态修复现状、存在的问题及展望[J].海洋开发与管理,30(1):35-38.

刘大海,欧阳慧敏,李晓璇,等.2016.海洋自然资源资产负债表内涵解析[J].海洋开发与管理,33(6):3-8.

石洪华,池源,郑伟.2016.海岛自然资源资产负债表设计基本思路[J].中国海洋经济(2):138-145.

石洪华,丁德文,郑伟,等.2012.海岸带复合生态系统评价、模拟与调控关键技术及其应用[M].北京:海洋出版社.

郑伟,王宗灵,石洪华,等.2011.典型人类活动对海洋生态系统服务影响评估与生态补偿研究[M].北京:海洋出版社.